**让我们扬帆远航，投身企业级容器云落地实践的浪潮中**

近年来，Kubernetes的版本和社区均发生了翻天覆地的变化

Kubernetes也已成为容器集群管理的事实标准

而本书作者团队紧紧抓住其中的机遇

适时出版了

《Kubernetes权威指南：从Docker到Kubernetes实践全接触》的第1版、第2版和纪念版

这些书均记录了Kubernetes发展历程中各里程碑版本的核心思想

可帮助我们开启全面了解和掌握Kubernetes的大门

当然，该书还会持续更新，为我们呈现更新的版本及更优化的内容

《Kubernetes权威指南：企业级容器云实战》则通过全新的视角

针对容器云领域现下的热点和技术难点

给出了基于Kubernetes的企业级容器云落地指南

为企业传统IT转型和业务上云提供助力

之后

我们会不断发现本书作者团队的新思路和新视角

这些都会帮助我们开启美妙的技术之旅

# Kubernetes权威指南

## 企业级容器云实战

闫健勇 龚正 吴治辉 刘晓红 崔秀龙 等编著

電子工業出版社
Publishing House of Electronics Industry
北京•BEIJING

## 内 容 简 介

本书是基于《Kubernetes 权威指南：从 Docker 到 Kubernetes 实践全接触》进行企业级容器云平台建设的实战指南，力图对容器云平台的建设、应用和运营过程提供全方位的指导。其中，第 1 章对企业级容器云平台应该如何进行规划和建设提供指导。第 2 章对在容器云平台上如何管理需要为租户提供的计算资源、存储资源、网络资源和镜像资源等基础资源进行分析和说明。第 3 章从应用部署模板、应用配置模板、应用的灰度发布更新策略、弹性扩缩容等方面对容器云平台上应用部署的相关管理工作进行讲解。第 4 章从微服务架构的起源、Kubernetes 的微服务体系、Service Mesh 及多集群统一服务管理等方面对容器云平台的微服务管控机制进行分析和说明。第 5 章从容器云平台的 DevOps 管理、应用的日志管理、监控和告警管理、安全管理、平台数据的备份等方面对生产运营过程中的主要工作进行分析和说明。第 6 章通过常见系统的容器化改造迁移方案，为传统应用如何上云提供指导。第 7 章对容器云 PaaS 平台的建设和应用进行说明。第 8 章通过 3 个案例，对大型项目在容器云 PaaS 平台上的应用、复杂分布式系统的容器化实践为读者提供参考。

无论是对于系统架构师、开发和测试人员、运维人员，还是对于企业 IT 主管、系统管理员、平台管理员、SRE 人员等，本书都非常有参考价值。本书也适合作为高等院校计算机专业云计算及容器技术方面的教材使用。

未经许可，不得以任何方式复制或抄袭本书之部分或全部内容。
版权所有，侵权必究。

**图书在版编目（CIP）数据**

Kubernetes 权威指南：企业级容器云实战 / 闫健勇等编著. —北京：电子工业出版社，2018.8

ISBN 978-7-121-34674-3

Ⅰ. ①K… Ⅱ. ①闫… Ⅲ. ①Linux 操作系统－程序设计－指南 Ⅳ. ①TP316.85-62

中国版本图书馆 CIP 数据核字（2018）第 149266 号

策划编辑：张国霞
责任编辑：徐津平
印　　刷：北京捷迅佳彩印刷有限公司
装　　订：北京捷迅佳彩印刷有限公司
出版发行：电子工业出版社
　　　　　北京市海淀区万寿路 173 信箱　　邮编 100036
开　　本：787×980　1/16　印张：18　字数：400 千字
版　　次：2018 年 8 月第 1 版
印　　次：2021 年 10月第 4 次印刷
定　　价：89.00 元

凡所购买电子工业出版社图书有缺损问题，请向购买书店调换。若书店售缺，请与本社发行部联系，联系及邮购电话：（010）88254888，88258888。

质量投诉请发邮件至 zlts@phei.com.cn，盗版侵权举报请发邮件至 dbqq@phei.com.cn。

本书咨询联系方式：010-51260888-819，faq@phei.com.cn。

# 前 言

在开源云计算技术蓬勃发展的过程中，Kubernetes、容器、微服务、区块链、智能运维、大数据等技术和理念的融合应用，无疑已经成为影响云计算发展格局的几项关键技术。云计算是 IT 信息技术发展和服务模式创新的集中体现，是信息化发展的重大变革和必然趋势。有不少企业已经在生产环境中大规模使用容器技术支撑微服务化的应用，获得了灵活、快速、弹性、高效所带来的收益。越来越多的企业也已经顺应趋势、改变思路，开始尝试或者采用该类技术，根据业务特性选择适合的业务，通过逐步推进来建设自己的企业级容器云平台。容器云平台推动了软件开发、测试、部署、运维和运营模式的创新，承载了企业的 IT 基础设施和基础技术服务，为企业业务应用的创新和发展提供了强有力的支撑，同时促进了与产业链生态环境中上下游系统的高效对接与协同创新。

对于传统企业来说，数字化转型的需求日益迫切，其 IT 架构面临着互联网融合业务中海量用户和快速迭代的巨大挑战。传统企业对容器云平台服务的市场需求，也从试探性的技术引入，转向行业纵深定制化的普及推广应用。建设企业级容器云 PaaS 平台是企业 IT 架构新模式转型的必然趋势，在传统行业中 PaaS 平台的应用也将迎来真正的市场爆发。

在企业进行 IT 云化实施的过程中，各种新技术的优势显现，但我们也发现了在探索和应用新技术的过程中随之而来的风险和问题。本书总结了我们在运用云计算技术的实践过程中遇到的各种关键环节、经验和教训，以提醒我们今后不再犯同样的错误，同时我们希望本书能给读者带来建设容器云平台的思路和帮助。

全书总计 8 章，这些章节既彼此独立又相互关联，力图对容器云平台的建设、应用和运营过程提供全方位的指导。

第 1 章对企业级容器云平台应该如何进行规划和建设提供指导。

第 2 章对在容器云平台上如何管理需要为租户提供的计算资源、存储资源、网络资源和镜像资源等基础资源进行分析和说明。

第 3 章从应用部署模板、应用配置模板、应用的灰度发布更新策略、弹性扩缩容等方面对容器云平台上应用部署的相关管理工作进行讲解。

第 4 章从微服务架构的起源、Kubernetes 的微服务体系、Service Mesh 及多集群统一服务管理等方面对容器云平台的微服务管控机制进行分析和说明。

第 5 章从容器云平台的 DevOps 管理、应用的日志管理、监控和告警管理、安全管理、平台数据的备份等方面对生产运营过程中的主要工作进行分析和说明。

第 6 章通过常见系统的容器化改造迁移方案，为传统应用如何上云提供指导。

第 7 章对容器云 PaaS 平台的建设和应用进行说明。

第 8 章通过 3 个案例，对大型项目在容器云 PaaS 平台上的应用、复杂分布式系统的容器化实践为读者提供参考。

本书作者大多数是《Kubernetes 权威指南：从 Docker 到 Kubernetes 实践全接触》的作者，力图在 Docker 和 Kubernetes 带来的容器化浪潮中，将基于 Docker 和 Kubernetes 打造企业级容器云平台的经验分享给读者。本书以容器技术为核心，对容器云平台的各个功能组件进行详细的技术架构设计，并对开源软件进行选型建议及应用场景分析，为容器云平台的具体实现提供建议。书中的许多示例都可以在《Kubernetes 权威指南：从 Docker 到 Kubernetes 实践全接触》一书中找到完整的部署方法。可以说，本书是基于《Kubernetes 权威指南：从 Docker 到 Kubernetes 实践全接触》进行企业级容器云平台建设的实战指南，旨在为容器技术如何在实际的企业 IT 系统中落地、实践提供参考和借鉴。

本书适用于系统架构师、开发和测试人员、运维人员、企业 IT 主管、系统管理员、平台管理员、SRE 人员等，也适合作为高等院校计算机专业云计算及容器技术方面的教材使用。

刘晓红<br>HPE 高级咨询顾问

## 读者服务

轻松注册成为博文视点社区用户（www.broadview.com.cn），扫码直达本书页面。

- **下载资源**：本书如提供示例代码及资源文件，均可在 下载资源 处下载。
- **提交勘误**：您对书中内容的修改意见可在 提交勘误 处提交，若被采纳，将获赠博文视点社区积分（在您购买电子书时，积分可用来抵扣相应金额）。
- **交流互动**：在页面下方 读者评论 处留下您的疑问或观点，与我们和其他读者一同学习交流。

页面入口：http://www.broadview.com.cn/34674

# 目 录

# 第 1 章 容器云平台的建设和规划

实战之前，规划先行。毋庸置疑，企业在具体实施容器云平台之前，首先要分析现状，结合实际的业务需求，做出经过考量的符合未来 3 ~ 5 年发展方向的总体性规划设计，并配合该总体性规划设计制定整套行动方案来付诸实施，这是非常重要的，能达到事半功倍的效果。

本章主要介绍容器云平台的整体建设和规划，首先进行问题分析，说明为什么要建设容器云平台，并结合系统的实际情况进行详细调研和分析；然后对当前流行的几种技术方案进行设计选型，最终构建出整个容器云平台的架构方案；最后结合 PaaS 与 IaaS 的边界限定及应遵循的建设标准等进行全面说明。

## 1.1 为什么要建设企业级容器云

在企业 IT 系统的建设过程中，采用烟囱式系统建设模式的整体资源利用率较低，系统无法适应市场需求的快速变化且运维效率较低，面对这些痛点，我们分析一下在建设企业级容器云平台时需要考虑的主要因素。

首先，如何改变烟囱式的系统建设模式是企业在信息化建设的过程中经常遇到的问题，即各个业务系统孤立建设、越建越多，系统之间存在大量复杂的接口交互和数据传递。虽然很多大型企业在 IT 系统构建中已经引入了 SOA 集成平台，但是平台本身的作用仍然停留在数据集成和系统间的接口管理上。即集成平台虽然解决了传统的点对点集成到总线式集成和统一管控的转变，但是业务系统本身孤立和竖井式建设的本质并没有改变。业务系统中大量可复用的能力并没有被提取并抽象到平台层的统一建设上，业务系统本身也没有基于“平台即服务”参考架构的理念进行灵活构建，这些都导致整个 IT 系统和环境日趋复杂。而且在现实中，我们也看到 IT 管理流程和技术的割裂，业务应用系统和 IT 部门自身系统建设的割裂，以及业务流程和 IT 流程的割裂。这种割裂的局面导致各领域在面对问题的时候只能各自修修补补，无法从全局性、系统性的角度来规划、分析和解决问题。

其次，在资源管理层面，大多数企业都有多个数据中心或多个机房，或者有跨多个网络域的多种类型的资源设施，或者已经进行了虚拟化资源池的建设和实施，甚至有的企业已经初步搭建了自己的 IaaS 层管理平台，或者购买并使用了公有云服务。但是，对于各个业务系统来说，资源的占用和分配基本上都是固定的，在业务忙闲不同的时候，很难真正去动态调度底层的逻辑资源能力，无法实现资源的最大化利用；分散的资源没能形成池化，无法动态调配和共享，也无法峰谷互补并应对突发性的资源需求。

然后，在互联网飞速发展的今天，新一代应用的特点已变为用户群体庞大、市场需求变化快、用户需求个性化等，这对于传统企业来说是个不小的挑战。传统企业面临业务增长带来的压力，应用架构也难以支撑未来发展的需求。云计算和 DevOps 都是“敏捷 IT”理念下的技术组合，目的在于快速开发并交付业务，而且要求系统大规模稳定运行，而敏捷的挑战主要来自“高速度”和“低风险”。面对互联网融合业务中海量用户和海量数据的挑战，传统企业 IT 架构的应对速度和风险的矛盾愈演愈烈。

最后，在 IT 技术发展的过程中，人们对运维的要求也在不断提高，运维工程师的角色已被服务保障工程师（Services Reliability Engineering，SRE）的角色置换，传统运维模式也已开始被开发运维一体化（DevOps）和智能运维（AIOps）等新型运维模式取代。

因此，随着传统企业对数字化转型需求的日益迫切，用户对容器和 PaaS 服务的市场需求也从单纯技术试探性引入，转向行业纵深定制化推广和应用，建设企业级容器云 PaaS 平台成为企业 IT 架构新模式转型的必然趋势，在传统行业中 PaaS 平台的应用也将迎来真正的市场爆发。

## 1.2 企业 IT 系统现状调研分析

在进行企业级容器云 PaaS 平台规划和设计之前，我们有必要对整个企业的 IT 资源做全面的现状调研和需求分析，以便对其现状有较完整的认识，包括数据中心、服务器硬件、存储、网络设备和拓扑等 IT 资源的数量、类型、组网等，在此基础上分析不足和发掘潜在的需求，才能有针对性地对容器云 PaaS 平台的合理规划、建设路径、业务支撑能力做出评估和建议。

整个企业的 IT 资源现状调研工作一般分为以下三个阶段。

**第一阶段：调研准备阶段**

◎　确认调研对象
◎　确定调研范围
◎　普及容器云平台的目的和意义
◎　收集资料
◎　准备调研材料
◎　了解企业现状

**第二阶段：调研阶段**

◎　调研数据中心的现状
◎　调研企业软硬件的现状
◎　收集调研反馈
◎　资料与现状的一致性对比
◎　定点访谈

**第三阶段：调研总结与分析阶段**

◎　整理调研数据
◎　分析现状问题
◎　数据分析和调研分析
◎　总结调研报告
◎　规划容器云平台战略

在具体的调研实践过程中，一般以项目为单位进行。鉴于每个企业的现状不同，这里给出一些比较通用的调研模板以供参考。

项目资源现状调研报告模板的参考示例如表 1-1 所示。

表 1-1

<table>
<tr><th colspan="7">XX 项目资源现状调研报告</th></tr>
<tr><td colspan="2">物理分布</td><td colspan="5"></td></tr>
<tr><td colspan="2">网络结构</td><td colspan="5"></td></tr>
<tr><td colspan="2">系统架构</td><td colspan="5"></td></tr>
<tr><td colspan="2">业务特点</td><td colspan="5"></td></tr>
<tr><td colspan="7">主机情况</td></tr>
<tr><td>机房</td><td>环境类型</td><td>小机数量</td><td>刀片服务器数量</td><td>PC Server 数量</td><td>虚拟机数量</td><td>备注</td></tr>
<tr><td>XX 机房</td><td>生产/测试/容灾</td><td>X 台</td><td>X 台</td><td>X 台</td><td>X 台</td><td>型号包括：XX</td></tr>
<tr><td></td><td></td><td></td><td></td><td></td><td></td><td></td></tr>
<tr><td>合计</td><td></td><td></td><td></td><td></td><td></td><td></td></tr>
<tr><td colspan="7">存储情况</td></tr>
<tr><td colspan="2"></td><td colspan="3">存储数量</td><td colspan="2">存储类型</td></tr>
<tr><td colspan="2">XX 机房</td><td colspan="3"></td><td colspan="2"></td></tr>
<tr><td colspan="2">XX 机房</td><td colspan="3"></td><td colspan="2"></td></tr>
<tr><td colspan="7">网络情况</td></tr>
<tr><td colspan="3"></td><td colspan="2">XX 机房</td><td>XX 机房</td><td>XX 机房</td></tr>
<tr><td colspan="3">管理网络</td><td colspan="2"></td><td></td><td></td></tr>
<tr><td colspan="3">存储网络</td><td colspan="2"></td><td></td><td></td></tr>
<tr><td colspan="3">业务网络</td><td colspan="2"></td><td></td><td></td></tr>
<tr><td colspan="7">网络拓扑</td></tr>
<tr><td colspan="7"></td></tr>
</table>

项目资源现状调研分析报告模板的参考示例如表 1-2 所示。

表 1-2

<table>
<tr><th colspan="4">XX 项目资源现状调研分析报告</th></tr>
<tr><td></td><td>主机</td><td>存储</td><td>网络</td></tr>
<tr><td>资源现状</td><td></td><td></td><td></td></tr>
<tr><td>存在问题</td><td></td><td></td><td></td></tr>
<tr><td>面临挑战</td><td></td><td></td><td></td></tr>
<tr><td>目标需求</td><td></td><td></td><td></td></tr>
<tr><td>分析结论</td><td colspan="3"></td></tr>
</table>

业务系统现状调研分析模板的参考示例如表 1-3 所示。

表 1-3

| XX 业务系统现状调研分析 | | | | |
|---|---|---|---|---|
| 业务系统 | 涉及语言类型 | 涉及业务类型 | 涉及数据库类型 | 涉及待容器化组件 |
| XX 系统 | | | | |
| | | | | |
| 分析结论 | | | | |

在容器云 PaaS 平台的具体规划和实践中，只有理清当前项目的系统软硬件架构、相关组件、主机、存储、网络资源的现状，才能做到有的放矢；通过分析现状、梳理问题、以理论结合实际，才能有针对性地对容器云平台的目标架构进行设计，避免规划只是空中画饼、难以落地。因此，根据经验，在规划之前进行企业 IT 系统现状调研及分析是非常有必要的。

## 1.3 企业级容器云技术选型

关于技术选型，有很多复杂的影响因素。一个企业在应用新技术前，需要考虑 IT 部门自身的技术能力、开发能力、运维能力，以及组织结构、管理模式等各种非技术因素，还需要考虑自身的业务系统在开发平台及开发规范等方面是否有决策和控制的能力。

Kubernetes、Mesos 和 Docker Swarm（简称 Swarm）都是行业内开源的比较火热的容器资源编排解决方案，但它们各有千秋。在应用的发布环节方面，Swarm 的功能、Kubernetes 的编排和 Mesos 的调度管理很难决出高下。如果我们结合企业级业务应用场景来辅助容器技术的选型，则会更有意义。

**场景一：企业规模不是很大，应用不是太复杂**

在这种简单场景下，Swarm 是比较好用的，能和 Docker 很好地结合在一起，并且能和 Docker Compose 很好地一起工作，因此非常适合对其他调度器不太了解的开发者。

**场景二：企业规模较大，应用较复杂，有多种应用框架**

在集群规模和节点较多，且拥有多个工作任务（Hadoop、Spark、Kafka 等）时，使用

Swarm 就显得力不从心了，这时可以使用 Mesos 和 Marathon。Mesos 是一个非常优秀的调度器，强调的是资源混用的能力，它引入了模块化架构，双层调度机制可以使集群的规模大很多。Mesos Master 的资源管理器为不同的应用框架提供底层资源，同时保持各应用框架的底层资源相互隔离。它的优势是在相同的基础设施上使用不同的工作负载，通过传统的应用程序 Java、无状态服务、批处理作业、实时分析任务等，提高利用率并节约成本。这种方法允许每个工作负载都有自己专用的应用程序调度器，并了解其对部署、缩放和升级的具体操作需求。

**场景三：企业规模大，业务复杂，应用粒度划分更细**

在这种场景下，采用 Kubernetes 就更适合了，其核心优势是为应用程序开发人员提供了强大的工具来编排无状态的 Docker 容器，而不必与底层基础设施交互，并在跨云环境下为应用程序提供了标准的部署接口和模板。Kubernetes 提供了强大的自动化机制和微服务管理机制，可以使后期的系统运维难度和运维成本大幅度降低。Kubernetes 模块的划分更细、更多，比 Marathon 和 Mesos 的功能更丰富，而且模块之间完全松耦合，可以非常方便地进行定制。并且，Kubernetes 社区非常活跃，能让使用 Kubernetes 的公司或人员很快得到帮助，方便解决问题和弥补缺陷。

根据以上场景分析，如果企业的主要目标是通过搭建 PaaS 平台管理容器集群来为业务服务，则采用 Kubernetes 比较合适。如果企业的主要目标是实现 DCOS（Data Center Operating System，数据中心操作系统）平台，则采用 Mesos 是个不错的选择。结合目前大多数客户的实际需求，本书选择以 Kubernetes+Docker 为基础来搭建企业级容器云 PaaS 平台，支撑基于微服务架构开发的应用程序，实现对大规模容器集群的有效管理。

以上技术方案在核心特点、量级、复杂性、稳定性、扩展性、二次开发工作量等方面的比较如表 1-4 所示。

表 1-4

| 要比较的方面 | Kubernetes | Mesos | Swarm |
|---|---|---|---|
| 定位 | 专注于大规模容器集群管理。<br>从 Service 的角度定义微服务化的容器应用。<br>整个框架考虑了很多生产中需要的功能，比如 Proxy、Service | 是一个分布式系统内核，将不同类型的主机组织在一起当作一台逻辑计算机。<br>专注于资源的管理和任务调度，并不针对容器管理。Mesos 上所有 | 是目前 Docker 社区原生支持的集群工具，它通过扩展 Docker API，力图让用户像使用单机 Docker API 一样驱动整个集群 |

续表

| 要比较的方面 | Kubernetes | Mesos | Swarm |
| --- | --- | --- | --- |
| | DNS、LivenessProbe 等，基本上不用经过二次开发就能应用到生产环境中 | 的应用部署都需要有专门的框架支撑，例如若要支撑 Docker，则必须安装 Marathon；在安装 Spark 和 Hadoop 时需要不同的框架 | |
| 对容器的支撑 | 天生针对容器和应用的云化，通过微服务的理念对容器进行服务化包装 | 支撑 Docker，必须安装 Marathon 框架。只关注对应用层资源的管理，其余由框架完成 | 原生支持 Docker，使用标准的 Docker API，任何使用 Docker API 与 Docker 进行通信的工具都可以无缝地和 Swarm 协同工作 |
| 对资源的控制 | 本身具备资源管控能力，可以控制容器对资源的调用 | Mesos 将所有的主机虚拟成一个大的 CPU、内存池，可以定义资源分配，也可以动态调配 | 在 Swarm 集群下可以设置参数或编排模板对应用进行资源限制 |
| 是否支持资源分区 | 能通过 Namespace 和 Node 进行集群分区，能控制到主机、CPU 和内存 | 支持资源分区，可以定义 CPU、内存、磁盘等 | 通过将集群分成具有不同属性的子集群来创建逻辑集群分区 |
| 开发成本 | 原生集成了 Service Proxy、Service DNS，在应用实例动态扩展时实时更新 Proxy 的转发规则。基本上没有二次开发成本，而且便于多集群的集成 | 要实现生产应用，需要增加很多功能，例如 HA Proxy Service DNS 等，需要自己实现集群扩展和 Proxy 的集成。二次开发成本高，需要专业的实施团队 | 由于对外提供完全标准的 Docker API，所以只需理解 Docker 命令，用户就可以使用 Swarm 集群。团队不需要有足够丰富的 Linux 和分布式经验 |
| 非 Docker 应用的集成 | 不能实现 Docker 化的应用，可通过外部 Service 方式集成到集群中 | 必须自行开发 Framework 来集成到 Mesos 中 | 通过外部 Service 方式集成到集群中 |

Kubernetes 集群管理技术已经过 Google 十多年的生产验证，成熟度高，支持裸机、VM 等混合部署，适合多种应用场景，可以用快速、简单、轻量级的方式来解决企业在 IT 建设中存在的问题，并帮助其进行面向集群的开发。

根据云原生计算基金会（Cloud Native Computing Foundation，CNCF）最近发布的一项调查，超过 75%的受访者将 Kubernetes 应用于实际生产环境中。目前，众多大型全球性机构正在大规模使用 Kuberentes 从事生产活动。近期公布的实际应用案例如下。

◎ 全球最大的电信设备制造商之一的华为公司将其内部 IT 部门的应用迁移至 Kubernetes 上运行，使得其分布在全球各地的 IT 系统的部署周期从原本的一周缩短到数分钟，应用交付效率提高了数十倍。

◎ 全球五大在线旅行社及酒店集团之一的锦江之星旅游公司利用 Kubernetes 将其软件发布时间由数小时缩短至数分钟，并利用 Kubernetes 提高在线工作负载的可扩展性与可用性。

◎ 来自德国的媒体与软件企业 Haufe Group 利用 Kubernetes 将新版本的发布时间从原先的数天减少到半小时以内。此外，还能在夜间将应用容量缩减一半，从而节约 30%的硬件成本。

◎ 全球最大资产管理企业 BlackRock 利用 Kubernetes 实现了运营效率的提升，并在 100 天内完成了一款面向投资者的 Web 应用程序的开发与交付。

## 1.4 企业级容器云总体架构方案设计

在新战略和新形势下，企业加快系统架构云化的转型势在必行，IT 业务支撑系统正在由分散逐步走向集中。新一代的云计算技术毫无疑问会给整个企业的开发、运维、服务管理、持续集成、持续交付、传统中间件及业务应用带来深刻的变化，实现更高的性能及效率。在设计企业级容器化 PaaS 平台架构方案时，需要从以下两方面进行考虑。

（1）如何建设和维护大型业务处理和计算集群。

（2）开发和运营团队如何在这种新型的 PaaS 平台上高效工作，以及如何定义一套完整有效的工具集，以及容器云平台的建设运营框架体系。

容器云 PaaS 平台的建设是企业基础设施平台云化建设的基石，因此，必须有一个长远性、全局性、方向性的整体规划。我们以“厚 PaaS、轻应用、微服务”为架构设计的总原则，来构建企业级容器云平台。在具体设计容器化 PaaS 平台架构之前，我们设计了企业混合云（Hybrid IT）的整体架构规划，如图 1-1 所示。

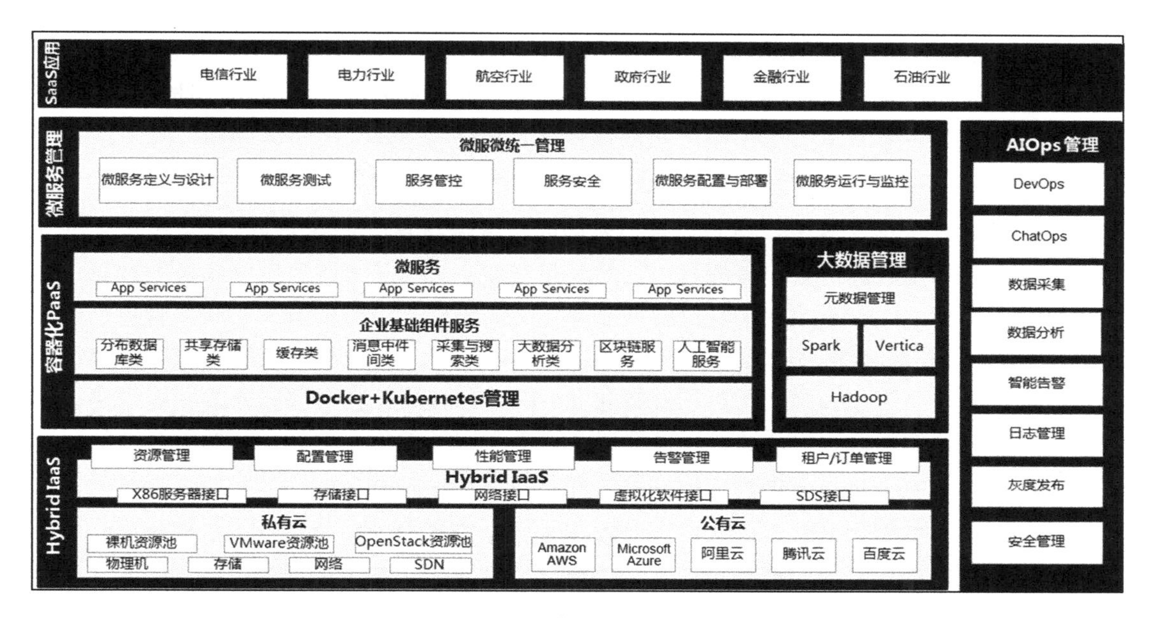


图 1-1

该架构规划分为以下几个关键部分。

（1）**Hybrid IaaS 子系统**：实现对数据中心 IT 设备（主机、存储、网络）整个生命周期（即 IT 设备上架后的发现、纳管、配置、运行监控、故障告警和脱管下架）的管理，其中包括对资源、配置、性能、告警、租户及订单的管理。南向提供各类接口，与 X86 服务器、存储、网络、虚拟化软件、SDN、分布式存储等各类私有云资源池的资源进行对接，并提供与公有云的接口，快速实现与 Amazon AWS、Microsoft Azure、阿里云、腾讯云、百度云等各类主流公有云的对接。

（2）**容器化 PaaS 子系统**：是一个全新的基于容器技术的分布式架构的集群管理平台，选择以开源技术 Docker 和 Kubernetes 为基础来构建，以“容器+微服务”为架构核心，形成标准化、灵活、开放的平台核心支撑层；以容器为基础封装各类应用和运行环境，为上层应用提供一个统一的开发、测试和运行环境；提供多租户安全集中管控、镜像管理、应用统一部署、应用配置统一管理、域名统一管理、服务配置数据管理等功能；并内置各种基础的通用的技术服务（例如数据库类、存储类、缓存类、消息类、日志类等），满足企业应用能力的复用、整合和快速开发部署的需求。

（3）**大数据管理子系统**：该系统通过以 Hadoop 架构为基础的大数据处理平台，对内核进行了优化和重构，满足其在广域网环境下的高性能数据处理需求；采用分布式处理，以 HDFS 为存储介质，用 MR 编程模型编写和处理应用，对数据进行采集、处理、转换、汇总、过滤和加载等，实现容器云平台的多样化，以及海量数据的聚合与处理；基于事件触发的数据调度引擎对数据全生命周期进行管理，并结合 Spark、MPP 的高性能数据分析和挖掘引擎，为企业内外的各系统提供高价值的数据服务与数据应用支撑能力。

（4）**微服务管理子系统**：微服务管理架构的总体思路是以容器云 PaaS 平台为基础支撑，采用容器化技术进行微服务的封装、部署和管控；为不同类型的微服务提供差异化的管理策略，并通过微服务治理平台进行微服务定义与设计、微服务测试、服务管控、服务安全、微服务配置与部署，以及微服务运行与监控，以实现多种复杂应用场景的敏捷交付、独立快速部署、高可用和弹性扩展。容器化 PaaS 平台有效解决了微服务的环境搭建、部署及运维成本高的问题，为开发者提供部署和管理微服务的简单方法，它把所有这些问题都打包和内置解决了，大大推动了微服务的大规模应用。

（5）**AIOps 管理子系统**：该系统主要聚焦于开发运维一体化流水线、持续集成、灰度发布、智能运维机器人、智慧分析、智能告警、安全管理等能力的建设。随着 AI 技术在各个行业和应用领域的落地及实践，IT 运维也将迎来一个智能化运维的新时代。在运维发展的过程中最早出现的是手工运维，在大量的自动化脚本产生后就有了自动化运维，后来又出现了 DevOps 和 AIOps 智能运维。通过持续的机器学习，智能运维将把运维人员从纷繁复杂的告警和噪声中解放出来。

（6）**SaaS 应用子系统**：在应用层面，可以实现在容器云 PaaS 平台基础架构的基础上，快速支撑电信、电力、航空、政府、金融、石油等行业的 SaaS 应用。

容器云 PaaS 平台是企业 IT 集中化建设的基础设施平台，在本书的企业级容器云 PaaS 平台的实践中，我们的建设目标是结合业务场景需求，构建容器化 PaaS 基础设施服务平台，并在此基础上对微服务进行集中管控、智能运维和容器云全生命周期等运营管理。在容器云 PaaS 平台的集中管控框架下，对主机、网络、存储、应用环境、开发、部署、集成、运维等过程等进行分析和规划，以资源的集中管理及应用的统一快速部署、不中断业务的灰度发布、集中操作管控及集中运维监控为核心管理目标，构建一个高可用、高性能、高扩展的集中化 PaaS 平台，并相应地制定一系列标准、规范和流程来保障运营过程。

在容器云 PaaS 平台的总体架构设计中，项目技术团队根据 IT 业务支撑系统的应用特性、部署现状、未来发展和云化实践的现状，对系统架构做了大量的分析、探讨和研究，提出了如图 1-2 所示的容器云 PaaS 平台的技术架构规划。

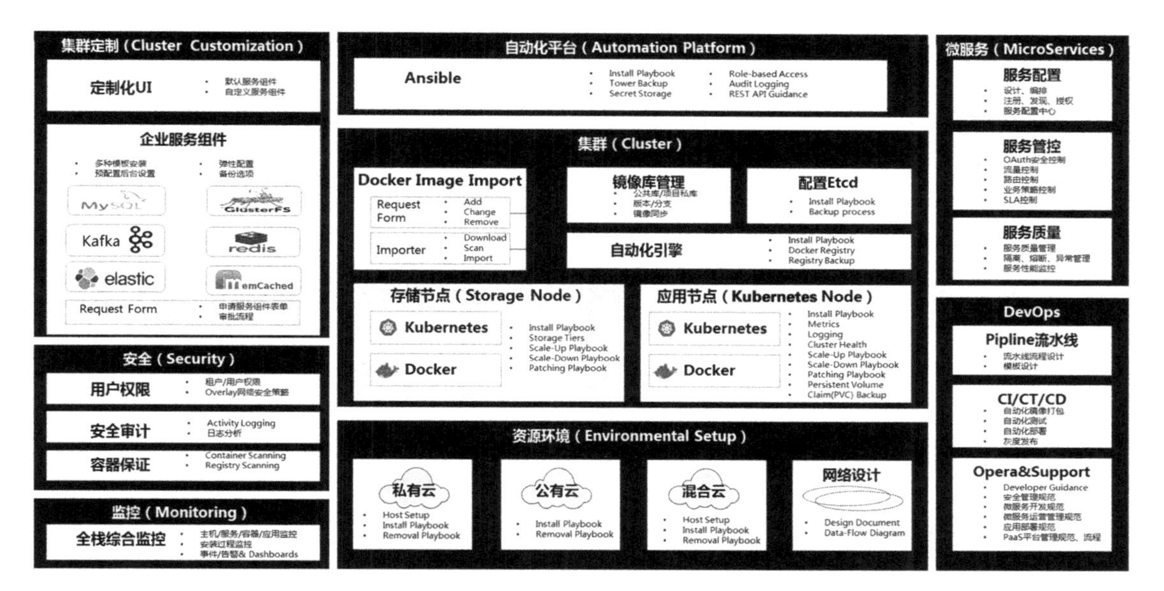


图 1-2

该架构以 Docker 容器为承载，以微服务架构为支撑，将 Kubernetes 作为集群管理平台。容器云 PaaS 平台基于廉价、异构的小机、X86 物理机、虚拟机等，实现对多集群的统一管理，通过微服务管理框架实现灵活的业务服务管理，通过多租户设计实现资源的安全隔离，通过智能调度引擎实现应用的快速发布和应用的弹性扩缩容，来构建一个高效、弹性、智能的容器化 PaaS 平台。

在企业级容器云架构方案的设计过程中，需要遵循以下设计原则。

（1）**先进性和成熟性**：互联网技术发展迅速，新的技术不断涌现并趋于成熟，系统设计需要在满足实用性的基础上，立足高起点，选用先进性和成熟性融合较好的技术，既要确保平台领先，满足 3～5 年的技术发展需要，又要确保较好地经过实践验证。

（2）**开放性与标准化**：平台选用的所有产品和技术都需要符合国际、国家相关标准，是开放的可兼容系统，能兼容不同厂商的产品。因此，在总体设计中应秉承开放式、松耦合、标准化的设计原则，使系统有适应外界环境变化的能力，易于调整、扩充和组合，最大限度地满足业务要求。

（3）**可靠性与安全性**：安全可靠地运行是整个系统建设的基础。平台需要提供良好的安全可靠性策略，支持多种安全可靠性技术手段，制定严格的安全可靠性管理措施。并且要具备容错、备份及自诊断模块，便于快速判断和排除故障点，还要配置严密的数据安全体系，避免非法入侵，确保系统数据的准确性、正确性，防止异常情况的发生。

（4）**可维护性和易用性：**平台要提供界面化的管理工具，实现对系统的日常维护，提供智能运维、运维机器人等先进的运维管理手段，同时提供及时可靠的告警和通知机制。在容器技术普及之前，企业通常都已经有比较成熟和稳定的其他 IT 系统，为了使容器平台更容易被接受和使用，应让容器平台融入企业原有的整个 IT 系统。

（4）**运营流程的敏捷性与规范性：**平台要具备系统开发和更新的敏捷性，能够敏捷地支撑各类复杂业务的交付，同时对流程复杂的应用具备可管理性。因此，平台具备一个高效的流程设计和管理工具就成为一个必要条件，在业务变更时使开发过程更加规范、高效和快捷。

## 1.5 企业级容器云 PaaS 与 IaaS 的边界限定

如图 1-3 所示为云计算的三种服务模式。由于 PaaS 平台的发展和被应用程度较晚于 IaaS，所以在建设大部分 PaaS 平台时，由于历史的积累，企业已经存在多个数据中心或资源池，或可能已经完成 IaaS 平台的建设。因此，我们在规划容器云 PaaS 平台的过程中，应先明确 PaaS 平台和 IaaS 平台的功能分工和边界定位。

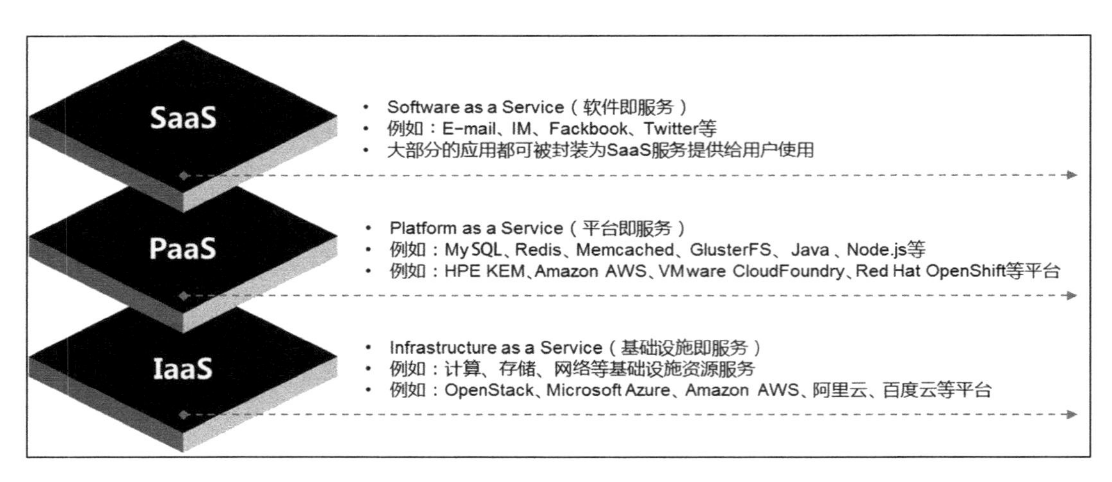


图 1-3

对于企业级容器云 PaaS 与 IaaS 的边界限定如下。

（1）IaaS 管理平台主要实现裸金属的资源分配、操作系统的安装和升级、服务器的启动和停止，以及网络的配置等，并对外提供资源的访问接口，不负责上层应用的安装配置。

（2）PaaS 平台除了实现跨机房的资源的逻辑管理、与应用关联的资源分配和调度，还实现应用的自动化安装部署、应用模板/策略管理、镜像管理、微服务管理、配置和应用监控管理等。PaaS 平台与应用有强关联性，在 PaaS 平台上承载的应用要符合容器规范，符合各类应用的迁移规范，能够动态漂移；应用需要解耦，要进行容器化和微服务化才能正常运行。

如图 1-4 所示为容器云 PaaS 平台与 IaaS 管理平台的分工界面。

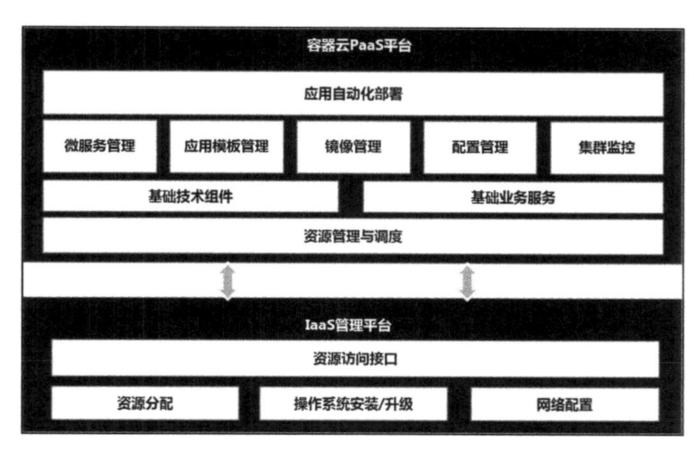


图 1-4

对于容器云 PaaS 平台的核心能力定位，应主要体现在以下几方面。

**（1）资源的逻辑管理：** 主要实现对主机、存储和网络的集中管理，对租户提供资源的统一分配及应用的统一部署，实现与 IaaS 资源的互动，动态替换和补充资源。

**（2）统一应用部署：** 是 PaaS 平台的重要核心能力之一，整个发布过程要通过可视化定义发布模板及自动化工具一键完成，实现全网多中心的统一发布、业务不中断的应用灰度发布。

**（3）弹性伸缩和扩缩容：** 能够快速实现资源动态调度和扩缩容，能够定义动态弹性伸缩策略，应用容量可根据策略自动进行服务的动态扩展。

**（4）微服务统一管控：**提供非侵入式的微服务管理基础架构设施，实现对微服务全生命周期的服务治理，解决微服务架构的复杂性，确保可靠、快速地进行应用交付。

**（5）高可用和容灾管理：**实现跨数据中心的容灾切换，保障高可用。

**（6）集中化运营监控：**提供可视化、自助化运维工具，实现对所有项目、租户、集群、资源、应用、容器的集中运维和监控。

## 1.6 企业级容器云建设应遵循的标准

云计算作为战略性新兴产业的重要组成部分，是信息技术服务模式的重大创新，对贯彻实施《中国制造 2025》和“互联网+”行动计划具有重要意义。为加快推进云计算标准化工作，提升标准对构建云计算生态系统的整体支撑作用，工业和信息化部办公厅组织相关单位、标准化机构和标准化技术组织编制了《云计算综合标准化体系建设指南》（参见工信厅信软〔2015〕132 号），作为企业级容器云 PaaS 平台的规划、设计和实施应该遵循和参考的标准。详细内容可参考 http://www.miit.gov.cn/n1146295/n1652858/n1652930/n3757022/c4414407/content.html。

其中，云计算综合标准化体系框架包括云基础、云资源、云服务和云安全 4 部分，如图 1-5 所示。

- ◎ **基础标准**。用于统一云计算及相关概念，为其他各部分标准的制定提供支撑，主要包括术语、参考架构、标准集成应用指南等方面的标准。
- ◎ **资源标准**。用于规范和引导建设云计算系统的关键软硬件产品研发，以及计算、存储等云计算资源的管理和使用，实现云计算的快速弹性和可扩展性，主要包括关键技术、资源管理和资源运维等方面的标准。
- ◎ **服务标准**。用于规范云服务设计、部署、交付、运营和采购，以及云平台间的数据迁移，主要包括服务采购、质量管理、计量和计费、能力要求等方面的标准。
- ◎ **安全标准**。用于指导实现云计算环境下的网络安全、系统安全、服务安全和信息安全，主要包括云计算环境下的安全管理、服务安全、安全技术与产品、安全基础等方面的标准。

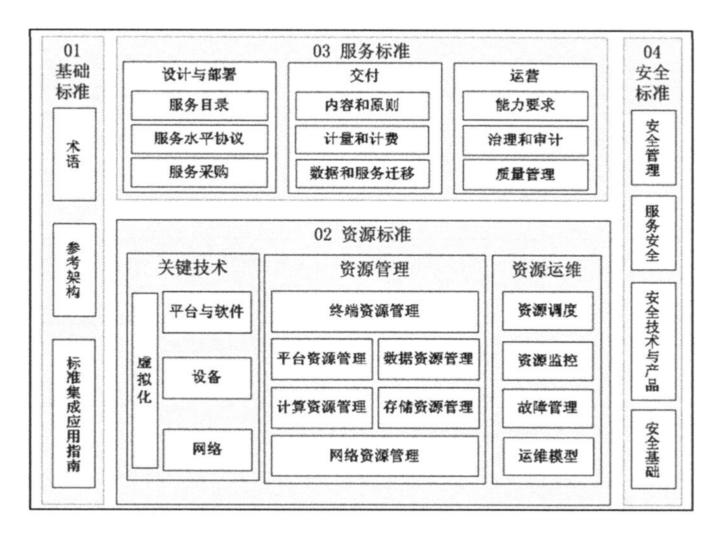


图 1-5

如表 1-5 所示为云计算标准研制方向的明细表。

表 1-5

| 序 号 | 类　　型 | 子 类 型 | 编　号 | 标准研制方向 | 对云计算发展关键环节的支撑作用及情况说明 |
|---|---|---|---|---|---|
| 1 | 01<br>基础标准 | 0101<br>术语 | 010101 | 云计算术语 | 主要制定云计算的术语、定义和概念，以及关键特征、服务类型和部署模式等方面标准，用于统一对云计算的认识，指导其他标准的制定 |
| 2 | | 0102 参考架构 | 010201 | 云计算参考架构 | 主要制定参考框架标准，规定云计算生态系统中的各类角色、活动，以及用户视图和功能视图，为云服务的开发、提供和使用提供技术参考 |
| 3 | | 0103 标准集成应用指南 | 010301 | 标准集成应用指南 | 主要结合公共云、专有云和混会云建设，以及不同的云服务采购和使用场景，开发标准集成应用方案，支持实现标准配套应用 |
| 4 | 02<br>资源标准 | 0201 关键技术 | 020101 | 虚拟化 | 主要制定虚拟机总体技术要求、虚拟资源管理要求、虚拟资源描述格式、虚拟资源监控要求和监控指标等方面的标准，用于指导虚拟化技术和虚拟化产品的研发、测试，支持实现应用和数据迁移 |
| 5 | | | 020102 | 网络 | 主要制定云内（或数据中心内）、云间（或数据中心间）、用户到云（承载网）的网络互联互通方面的标准，规范云内网络连接、网络服务、网络管理 |

续表

| 序号 | 类　型 | 子类型 | 编　号 | 标准研制方向 | 对云计算发展关键环节的支撑作用及情况说明 |
|---|---|---|---|---|---|
| 6 | | | 020103 | 设备 | 主要制定适用于云计算的服务器、存储、网络、终端等设备的技术要求、功能、性能、系统管理等方面的标准，规范设备的设计、研发、生产及使用 |
| 7 | | | 020104 | 平台与软件 | 主要制定 PaaS 参考架构，以及 PaaS 平台上的应用程序管理接口和应用打包格式，为应用程序在不同的 PaaS 平台之间的移植提供支持 |
| 8 | | 0202 资源管理 | 020201 | 计算资源管理 | 主要制定用户和计算服务的交互接口，用以支持用户在多个服务提供商中进行选择，并支持用户对上层应用的跨计算平台部署 |
| 9 | | | 020202 | 数据资源管理 | 主要制定：<br>（1）云数据存储和管理接口功能和协议，规范云数据存储和管理的体系结构，以及对象存储、文件存储、基于 Key-Value 的存储等云存储服务接口及其测试；<br>（2）在复杂的异构云存储环境下资源存储信息模式和管理等方面的技术和管理要求，规范云存储系统的体系结构、主要功能和性能等 |
| 10 | | 0203 资源运维 | 020301 | 资源监控 | 主要制定计算、存储、网络等云计算资源的监控、响应支持、优化改善、应急处置等方面的标准，用于指导云计算系统的运维，支持运维软件系统的研发 |
| 11 | | | 020302 | 运维模型 | 主要制定云计算资源运维的参考模型和接口规范，用于指导云计算系统运维的实施 |
| 12 | 03<br>服务标准 | 0301 设计与部署 | 030101 | 服务目录 | 主要根据云服务分类制定云服务目录建设规范，包括服务目录列表和服务内容详述等方面的要求，规范服务目录的内容和描述形式 |
| 13 | | | 030102 | 服务级别协议 | 主要制定服务级别协议的术语和定义、框架、度量指标和核心要求、度量方法等标准，为云服务商和用户建立服务级别协议提供所需的通用概念、需求描述、术语及度量指标和测量方法 |
| 14 | | | 030103 | 云服务采购指南 | 主要制定云服务采购方法、流程，以及采购过程评价等方面的标准，为用户采购、评价和选择云服务提供指导 |
| 15 | | 0302 交付 | 030201 | 服务计量和计费 | 主要制定不同的云服务使用计量和计费标准，规范各类云服务的计量和计费原则 |
| 16 | | 0303 运营 | 030301 | 服务能力要求 | 主要制定运营云服务应具备的基本条件和能力，以及 IaaS、PaaS、SaaS 等云服务能力分级方面的标准，规范各类云服务的服务能力要求与分级规则，并为选择云服务提供商提供参考 |

续表

| 序号 | 类　型 | 子类型 | 编　号 | 标准研制方向 | 对云计算发展关键环节的支撑作用及情况说明 |
|---|---|---|---|---|---|
| 17 | | | 030302 | 服务质量管理 | 主要制定云服务质量模型、评价指标体系和评价方法，以及云数据质量等方面的标准，为开展云服务和云数据质量评价和管理提供指导 |
| 18 | 04 安全标准 | 0401 安全基础 | 040101 | 云安全术语 | 主要统一与云计算相关的基本术语、定义和概念，用于指导云计算平台安全方面的设计、开发、应用、维护、监管及云服务安全等 |
| 19 | | | 040102 | 云安全指南 | 主要制定合规性、身份管理、虚拟化、数据和隐私保护、可用性、事件响应等方面的云安全标准，为保障云安全提供指导 |
| 20 | | | 040103 | 模型与框架 | 主要制定云计算安全参考模型和框架标准，规定云安全中的各类角色、活动，为云服务的开发和使用提供安全参考框架 |
| 21 | | 0402 安全技术与产品 | 040201 | 软件安全 | 主要制定接口安全、虚拟机安全、身份管理、密钥管理、云存储安全等方面的软件安全标准，为软件设计、开发提供支持 |
| 22 | | | 040202 | 设备安全 | 主要制定虚拟防火墙、入侵检测系统、虚拟网关、服务器、终端等设备的安全标准，为设备的设计、开发和交付提供支持 |
| 23 | | | 040203 | 技术和产品安全测评 | 主要制定软件产品、系统和设备测试方法的标准，为开展技术和产品安全测评提供指导 |
| 24 | | 0403 服务安全 | 040301 | 业务安全 | 主要制定云计算数据中心、移动云、健康云、政务云等业务应用的安全标准，为行业云的建设和应用提供支持 |
| 25 | | | 040302 | 运营安全 | 主要制定云服务运营安全方面的标准，规范云服务运营安全目标、安全过程、安全风险管理等 |
| 26 | | | 040303 | 服务安全测评 | 主要制定云服务安全测评方面的标准，规范云服务安全测试和评价 |
| 27 | | 0404 安全管理 | 040401 | 管理基础 | 主要制定数据保护、供应链保护、通信安全和个人信息保护等方面的安全管理标准，提出数据保护、供应链保护、通信安全及个人信息采集、存储和使用等特定的安全控制措施和实施指南 |
| 28 | | | 040402 | 管理支撑技术 | 主要制定云安全配置基线、安全审计流程等方面的标准，规范云平台上的安全配置基线、安全审计、安全责任认定、隐私保护及风险评估等架构和要求 |
| 29 | | | 040403 | 安全监管 | 主要制定政府部门对云服务进行安全监管方面的标准，规范云服务提供商应满足的安全要求，云计算平台应具备的安全功能和应采取的安全措施，以及对云服务提供商进行测评的第三方测评机构的认可要求 |

## 1.7 小结

本章讲解了对于容器云 PaaS 平台如何进行规划建设、调研分析、技术选型、架构设计，以及应遵循的标准。在容器云 PaaS 平台的具体建设实施过程中，需要应用一系列技术和工具来实现平台需要提供的功能。在接下来的章节中，我们将基于 Kubernetes 对容器云 PaaS 平台的具体实现进行详细说明。

在具体应用 Kubernetes 和其他开源工具时，本书将以关键信息的示例为主，完整的系统搭建和配置过程可参考《Kubernetes 权威指南：从 Docker 到 Kubernetes 实践全接触》一书中的详细说明。

# 第 2 章 资源管理

容器云平台的一个基本要求是能够为多个租户同时提供服务，所以接下来的章节都会以多租户的视角来讲解如何设计容器云平台应该提供的各种功能。

在租户能够在容器云平台上部署和管理应用之前，容器云平台首先应该对租户可用的资源进行设置和管理。容器云平台如何对资源进行精细管理，对平台的可用性、可维护性和易用性起着至关重要的作用，是容器云平台能够为用户提供丰富的微服务管理的基石。在云计算领域，资源可被分为计算资源、网络资源和存储资源三大类，也可被分别称作计算云、网络云和存储云。在以容器为核心的云平台上，应用容器镜像也是一种资源。本章将从计算资源、网络资源、存储资源及镜像资源几个方面，对容器云平台上的资源管理进行讲解。

## 2.1 计算资源管理

计算资源在云平台上主要指应用程序运行时所需的资源，也主要指 CPU 资源和内存资源。由于云平台默认的基本要求是为多个租户提供服务，所以在同一台工作节点的服务器（物理机或虚拟机）上就有可能同时运行多个租户的应用容器。这些应用容器如何共享该节点上的 CPU 和内存资源，以及如何避免不必要的资源争抢，是云平台首先要解决的问题。

在 Kubernetes 体系中，对计算资源的管理可以在 Namespace、Pod 和 Container 三个级

别完成，同时可以根据应用计算资源的需求和限制，提供不同级别的服务质量（QoS）管理。下面先看看在 Namespace 级别对资源的管理。

## 2.1.1 多集群资源管理

在一个大型企业中，将企业各数据中心的服务器全部纳入一个 Kubernetes 集群中进行管理是不切实际的，常见的考虑因素如下。

◎ 需要容灾备份的数据中心提供服务，保证业务的高可用性。
◎ 多个数据中心分布在不同的地区，数据中心之间的网络延时较长。
◎ 服务器由不同的云服务商托管，相互之间无法直接互联互通。
◎ 多个数据中心的安全策略和安全等级不同。

基于以上因素，我们通常需要部署多个 Kubernetes 集群，来共同完成应用的发布和运行。

在容器云平台上，对资源的管理首先是将多个 Kubernetes 集群纳入管理，以便能够对所有资源进行统一分配和管理。如图 2-1 所示，容器云平台应对所有 Kubernetes 集群统一进行资源管理。

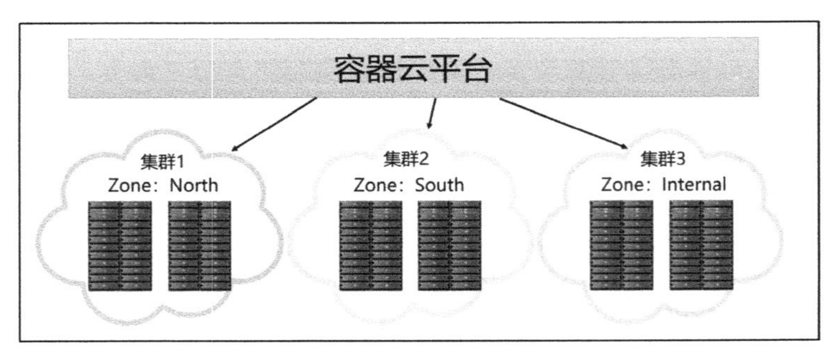


图 2-1

将多个 Kubernetes 集群纳入统一管理的常见方案有如下两种。

（1）通过对接每个 Kubernetes 集群的 Master，来完成集群内的资源管理和应用部署管理。

（2）通过使用统一的 Federation 控制平面（Kubernetes 的一个子项目）来对多个 Kubernetes 集群进行统一管理。

在采用第 1 种方案时，容器云平台需要通过 Kubernetes Master 提供的 Restful API 去控制整个集群，包括对各种 Kubernetes 资源对象的创建、更新、删除、查询等管理功能。还需要完成应用的多集群部署管理、跨集群水平扩展、跨集群的服务发现和自动灾难切换等多集群管理，并设置相应的网络策略，以保护各集群的 Master 不被攻击。

第 2 种方案来自 Kubernetes 的子项目——Federation，也被称为集群联邦。Federation 的设计目标是对多个 Kubernetes 集群进行统一管理，将用户的应用部署到不同地域的数据中心或者云环境下，通过动态优化部署来节约运营成本。在 Federation 架构中，引入了一个位于所有 Kubernetes 集群之上的 Federation 控制平面，屏蔽了后端的各 Kubernetes 子集群，向客户提供了一个统一的管理入口，如图 2-2 所示。

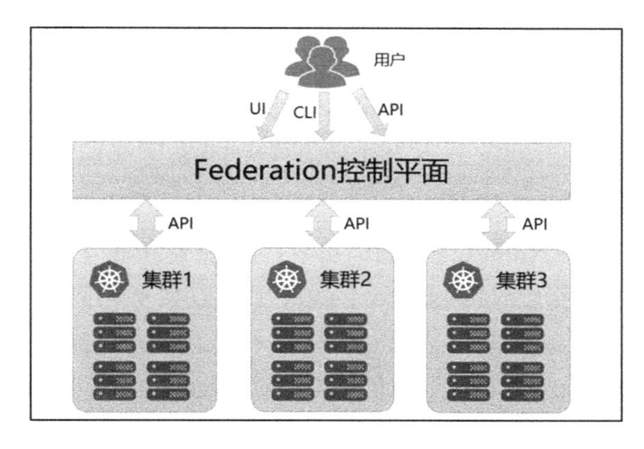


图 2-2

Federation 控制平面“封装”了多个 Kubernetes 集群的 Master 角色，提供了一个统一的 Master，包括 Federation API Server、Federation Controller Manager，用户可以像操作单个集群一样操作 Federation；还统一管理了全部 Kubernetes 集群的 DNS、ConfigMap，并将数据保存在集中的 etcd 数据库中。

在方便用户统一操作多个 Kubernetes 集群的同时，Federation 也带来了一些新的问题。

◎ 为确保所有集群的运行状态符合预期，Federation 控制平面会持续监控所有集群，导致网络开销和成本显著增加。
◎ Federation 控制平面是“中心化”的总控节点，一旦出现问题，就可能会影响到所有集群。
◎ Federation 出现较晚，还不很成熟，目前 Kubernetes 中的资源对象只有一部分在 Federation 中是可用的。

### 2.1.2 资源分区管理

在容器云平台纳管了全部 Kubernetes 集群之后，平台管理员就可以进行资源分配的工作，为多个租户提供应用部署环境了。

在一个 Kubernetes 集群中，提供计算资源的实体被称为 Node，也叫作工作节点。Node 既可以是物理机服务器，也可以是虚拟机服务器。每个 Node 都提供了 CPU、内存、网络、磁盘等资源，应用系统则是这些资源的使用者。

为了支持多租户模型，Kubernetes 的 Namespace 提供了一种将一个集群进一步划分为多个虚拟分区进行管理的方法。每个 Namespace 为某个租户提供的一个逻辑上的分区，与其他租户的应用相互隔离、互不干扰。与互联网的域名类似，Namespace 的名称可以被看作一级域名，在 Namespace 中部署的服务名称则可以被看作二级域名。例如，在名为 default 的 Namespace 下部署的 myweb 服务，在 Kubernetes 集群中具有唯一的域名形式的服务名 myweb.default.svc；我们在另一个名为 test 的 Namespace 中也能部署名为 myweb 的服务，其服务名为 myweb.test.svc，与 default 中的 myweb 互不影响。

在 Kubernetes 集群中，Namespace 的“分区”概念是逻辑上的，Namespace 并不与特定的物理资源进行绑定。多个 Namespace 下的应用可以共享相同的 Node 资源，将“小而轻”的容器应用以更加合理的方式在物理资源中进行调度。以图 2-3 为例，分别属于 Project1、Project2 和 Project3 的 Namespace 应用被部署在 3 个 Node 上，以尽可能最大化地利用 Node 的资源。

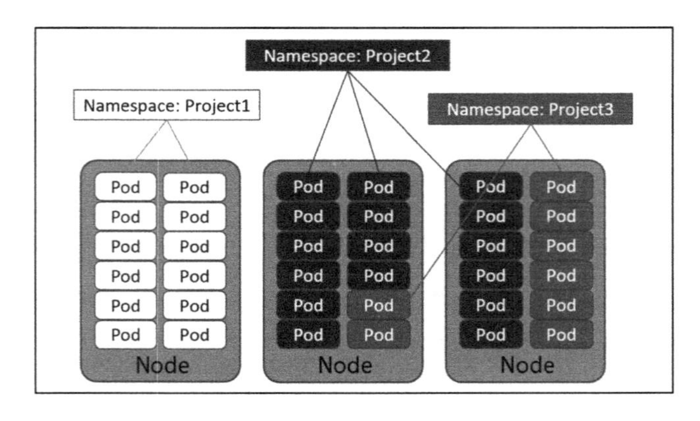


图 2-3

对于某些独享资源的租户，则需要为其划分固定的 Node 范围。在 Kubernetes 中，对 Node 的管理也很方便，通过给 Node 设置特定的 Label（标签），就可以标注该 Node 属于哪个租户。在总体资源不够充分的情况下，也可以将一个 Node 设置多个 Label，让多个租户共享。如图 2-4 所示，租户 1 独享 Node1 和 Node2 的资源，租户 2 和租户 3 共享 Node3 的资源，租户 3 和租户 4 共享 Node4 的资源。

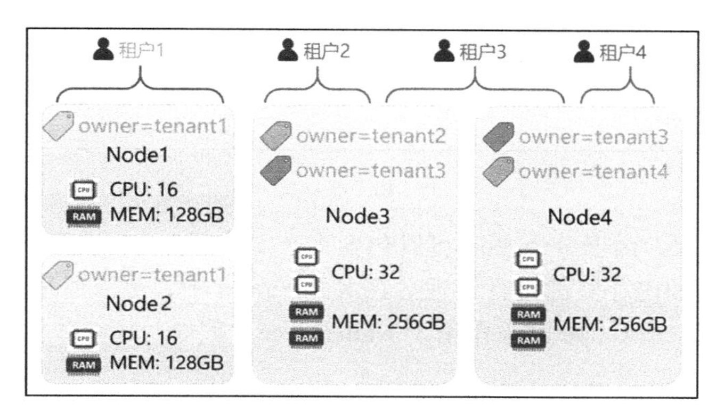


图 2-4

### 2.1.3　资源配额和资源限制管理

在共享使用资源的环境下，管理员需要为租户设置更精细的资源配额和资源限制的管理。各租户在自己的资源分区上部署应用时，将只能使用被分配到的总资源数量。容器云平台应该持续监控和统计各租户对资源的使用情况，为未来是否应该为租户增加资源或减少资源提供依据。

在 Kubernetes 体系中，为了完成资源的配额管理和限制管理，可以从 Namespace、Pod 和 Container 三个级别进行管理。

（1）在 Container（容器）级别可以对两种计算资源进行管理：CPU 和内存。对它们的配置项又包括两种：一种是资源请求（Resource Requests），表示容器希望被分配到的可完全保证的资源量，Requests 的值会被提供给 Kubernetes 调度器（Scheduler），以便于优化基于资源请求的容器调度；另一种是资源限制（Resource Limits），Limits 是容器能用的资源上限，这个上限的值会影响在节点上发生资源竞争时的解决策略。图 2-5 显示了在设置 CPU Request 和 Limit 后，容器可以使用的 CPU 资源的范围。对于内存的设置是类似的。

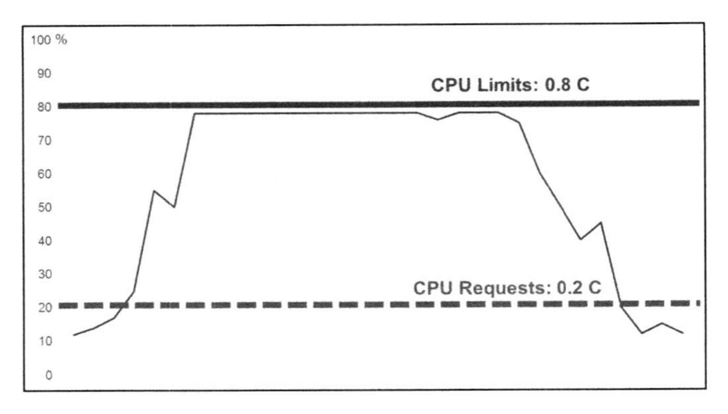


图 2-5

（2）在 Pod 级别，由于一个 Pod 可以包含多个 Container，所以可以对 Pod 所含的全部容器所需的 CPU 和内存资源进行管理。在 Kubernetes 中，可以通过创建 LimitRange 资源对象完成设置。LimitRange 对象作用于 Namespace，例如：

```
apiVersion: v1
kind: LimitRange
metadata:
  name: mylimits
spec:
  limits:
  - max:
      cpu: "4"
      memory: 2GB
    min:
      cpu: 200m
      memory: 6MB
    maxLimitRequestRatio:
      cpu: 3
      memory: 2
    type: Pod
  - default:
      cpu: 300m
      memory: 200MB
    defaultRequest:
      cpu: 200m
      memory: 100MB
    max:
      cpu: "2"
```

```
      memory: 1GB
    min:
      cpu: 100m
      memory: 3MB
    maxLimitRequestRatio:
      cpu: 5
      memory: 4
    type: Container
```

从这个例子可以看出，可以在Pod级别和Container级别设置CPU和内存资源的最小值、最大值及Limit与Request的最大比例，在Container级别还可以额外设置默认的Request和Limit值。

（3）在Namespace级别，则可以通过对ResourceQuota资源对象的配置，提供一个总体的资源使用量限制：一方面可以设置该Namespace中Pod可以使用到的计算资源（CPU和内存）的总量上限；另一方面可以限制该Namespace中某种类型对象的总数量上限（包括可以创建的Pod、RC、Service、Secret、ConfigMap及PVC等对象的数量）。

如下所示，在compute-resources.yaml中设置了Namespace“default”的所有容器的CPU Request总和不能超过1，CPU上限为2，内存Request的总和不能超过1GB，内存上限为2GB，Pod的数量不能超过4个，Service的数量不能超过10个，等等：

```
apiVersion: v1
kind: ResourceQuota
metadata:
  name: compute-resources
  namespace: default
spec:
  hard:
    requests.cpu: "1"
    requests.memory: 1GB
    limits.cpu: "2"
    limits.memory: 2GB
    pods: "4"
    configmaps: "10"
    persistentvolumeclaims: "4"
    replicationcontrollers: "20"
    secrets: "10"
    services: "10"
    services.loadbalancers: "2"
```

在一个定义了 ResourceQuota 的 Kubernetes 集群中部署了许多符合资源条件的容器应用之后，系统会统计出容器已经使用的资源数量，例如：

```
$ kubectl describe quota compute-resources
Name:                      compute-resources
Namespace:                 default
Resource                   Used    Hard
---------                  ----    ----
limits.cpu                 0.8     2
limits.memory              0.5     2GB
requests.cpu               0.1     1
requests.memory            0.1     1GB
pods                       1       4
configmaps                 0       10
persistentvolumeclaims     0       4
replicationcontrollers     1       20
secrets                    1       10
services                   1       10
services.loadbalancers     0       2
```

## 2.1.4 服务端口号管理

对于租户来说，只要服务的名称保证唯一性，不同的服务（Service）便可以使用相同的端口号。但是，对于需要对外提供服务的 Service 来说，需要映射服务端口号到 Node 上（NodePort 模式）。容器云平台应该对映射到 Node 上的服务端口号提供统一管理，以保证各服务的 NodePort 端口号不会冲突，同时要确保与 Node 上其他应用监听的端口号不会产生冲突。

在容器云平台上，对端口的管理至少应该包含以下功能。

（1）可以查看当前对外服务使用的 NodePort 列表，如表 2-1 所示。

表 2-1

| Namespace | Service Name | Service IP | NodePort |
|---|---|---|---|
| default | webservice1 | 20.1.19.95 | 8089 |
| partition1 | webservice1 | 20.1.213.64 | 9091 |
| partition2 | dbservice | 20.1.10.200 | 3306 |

（2）在部署新的服务且用户输入 NodePort 时，平台应该提示该端口号是否已被之前部署的服务使用了。

（3）Kubernetes 集群外的服务可以被作为虚拟的 Service 纳入 Kubernetes 集群中，统一管理其在物理机上监听的端口号，如表 2-2 所示。

表 2-2

| Namespace | Service Name | Service IP | NodePort |
|---|---|---|---|
| default | externalservice1 | 192.168.18.4 | 8081 |
| default | externalservice2 | 192.168.18.5 | 8082 |

## 2.2　网络资源管理

网络资源作为容器云平台的基础设施，需要为多租户的微服务之间的互联互通提供保障。在基于 Kubernetes 的容器云平台上，对于网络资源的需求通常包括以下内容。

（1）跨主机的容器之间的网络互通。

（2）多租户之间和服务之间的网络隔离。

（3）集群边界路由器 Ingress 管理。

（4）集群 DNS 域名服务管理。

本节将针对这些需求，对 Kubernetes 集群中网络资源的管理进行详细说明，并对主流的开源网络方案进行介绍。

### 2.2.1　跨主机容器网络方案

在 Kubernetes 体系中，Kubernetes 网络模型设计的一个基本原则：每个 Pod 都拥有一个独立的 IP 地址，而且假定所有 Pod 都在一个可以直接联通的、扁平的网络空间中，不管它们是否运行在同一个 Node（宿主机）中，都可以直接通过对方的 IP 进行访问。也就是说，Kubernetes 默认的要求是各 Node 之间的容器网络能够联通，但 Kubernetes 本身并不提供跨主机的容器网络解决方案。公有云环境（例如 AWS、Azure、GCE）通常都提供了容器网络方案，但在私有云环境下，仍然需要容器云平台为不同的租户提供各种容器网络方案。

目前，为容器设置 Overlay 网络是最主流的跨主机容器网络方案。Overlay 网络是指在不改变现有网络配置的前提下，通过某种额外的网络协议，将原 IP 报文封装起来，形成一个逻辑上的新网络。Overlay 网络为容器云平台提供了灵活的配置方法，能够应对更多的业务需求。在 Kubernetes 平台上，建议通过 CNI 插件的方式部署容器网络。

CNI（Container Network Interface，容器网络接口）是 CNCF 基金会下的一个项目，由一组用于配置容器的网络接口的规范和库组成，现在已经被 Kubernetes、rkt、Apache Mesos、Cloud Foundry 和 Kurma 等项目采纳。CNI 定义的是容器运行环境与网络插件之间的接口规范，仅关心容器创建时的网络配置和容器被销毁时网络资源的释放。一个容器可以通过绑定多个 CNI 网络插件加入多个网络中。图 2-6 描述了容器运行环境与各种网络插件通过 CNI 进行网络配置的模型。

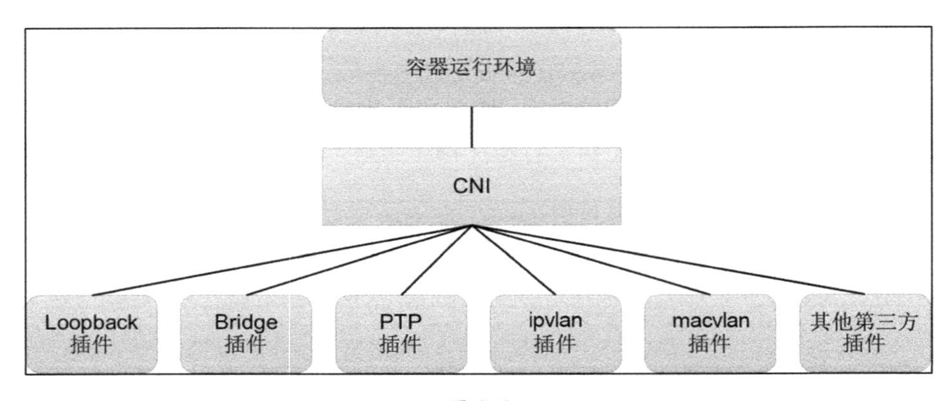


图 2-6

目前，Flannel、Contiv Networking、Project Calico、Weave、SR-IOV、Cilium、Infoblox、Multus、Romana 等开源项目均为 Kubernetes CNI 提供了具体的插件实现方式。本节将对部分主流方案的特点和应用场景进行说明。

### 1. Flannel

Flannel 是 CoreOS 公司为 Kubernetes 集群设计的一个 Overlay 网络方案，通过实现以下两种功能，使各 Node 上的容器之间能够实现网络互通。

（1）为每个 Node 上的 docker0 网桥配置一个互不冲突的 IP 地址池。

（2）为各 Node 的 docker0 虚拟网络建立一个覆盖网络（Overlay Network），通过这个覆盖网络，将数据包原封不动地传递到目标容器中。

如图 2-7 所示，Flannel 在每台 Node 上创建了一个名为 flannel0 的网桥，这个网桥的一端连接 docker0 网桥，另一端连接 flanneld 服务进程。

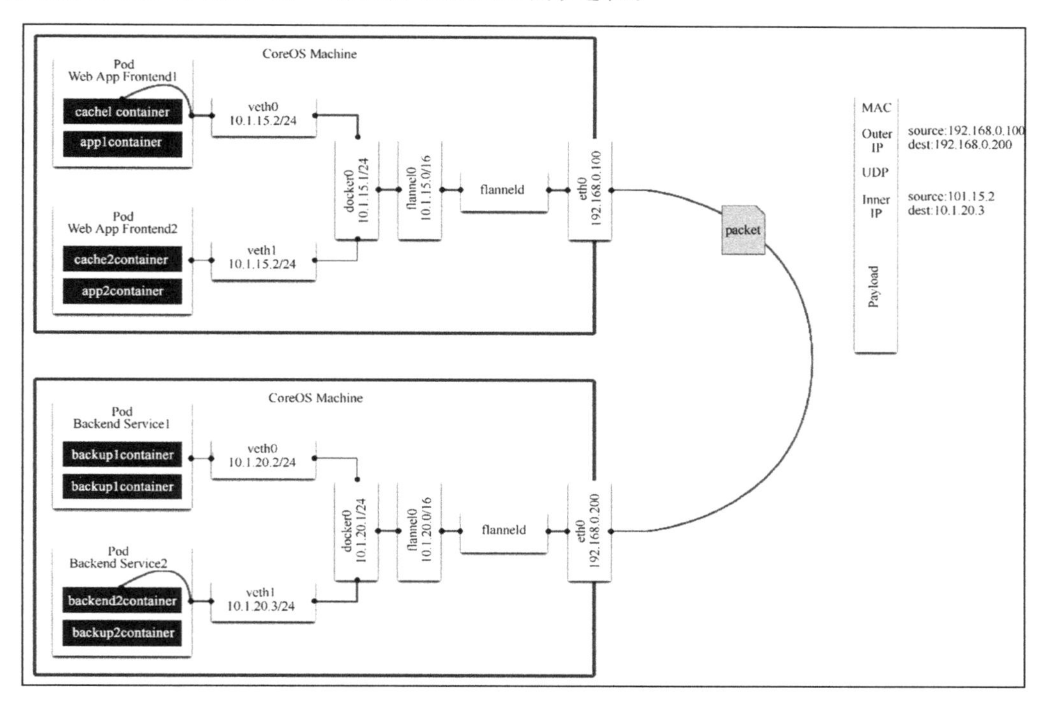


图 2-7

Flannel 使用 Kubernetes API 或 etcd 存储网络配置数据、子网分配和其他辅助信息。对于跨主机容器之间网络数据包的转发，Flannel 支持以下几种模式。

◎ **VxLAN**：使用 Linux Kernel 的 VxLAN 功能完成 VxLAN 的创建和管理。

◎ **UDP**：使用 UDP 完成封包和解包的操作。

◎ **host-gw**：将主机当作网关使用，要求所有主机都在同一个局域网内，保证二层网络联通。

实验阶段的网络模式还包括以下几种。

◎ **AliVPC**：在阿里云的 VPC 路由表中创建 IP 路由规则。

◎ **AWS VPC**：在 AWS 云的 Amazon VPC 路由表中创建 IP 路由规则。

◎ **GCE**：在 Google 公有云上直接对接 Google Compute Engine Network，需要为虚拟机实例启用 IP Forwarding 功能。

◎ **IPIP**：使用 Linux Kernel 的 IPIP 模块完成封包。

◎ **IPSec**：使用 Linux Kernel 的 IPSec 模块完成封包和加密。

一个典型的 Flannel CNI 网络配置如下：

```
/etc/cni/net.d/10-flannel.conflist
{
  "name": "cbr0",
  "plugins": [
    {
      "type": "flannel",
      "delegate": {
        "hairpinMode": true,
        "isDefaultGateway": true
      }
    },
    {
      "type": "portmap",
      "capabilities": {
        "portMappings": true
      }
    }
  ]
}
net-conf.json
{
  "Network": "10.244.0.0/16",
  "Backend": {
    "Type": "vxlan"
  }
}
```

### 2. Calico

Calico 是由 Tigera 公司开发的基于 BGP 的纯三层的网络方案，与 OpenStack、Kubernetes、AWS、GCE 等云平台都能够良好地集成。Calico 的系统架构如图 2-8 所示，其主要组件如下。

◎ **Felix**：为 Calico 的 Agent，运行在每台 Node 上，负责为容器设置网络资源（IP 地址、路由规则、Iptables 规则等），保证跨主机的容器网络互通。

◎　**etcd**：为 Calico 使用的后端存储。

◎　**BGP Client（BIRD）**：负责把 Felix 在各 Node 上设置的路由信息通过 BGP 协议广播到 Calico 网络中。

◎　**BGP Route Reflector（BIRD）**：通过一个或者多个 BGP Route Reflector 来完成大规模集群的分级路由分发。

◎　**CalicoCtl**：为 Calico 的命令行管理工具。

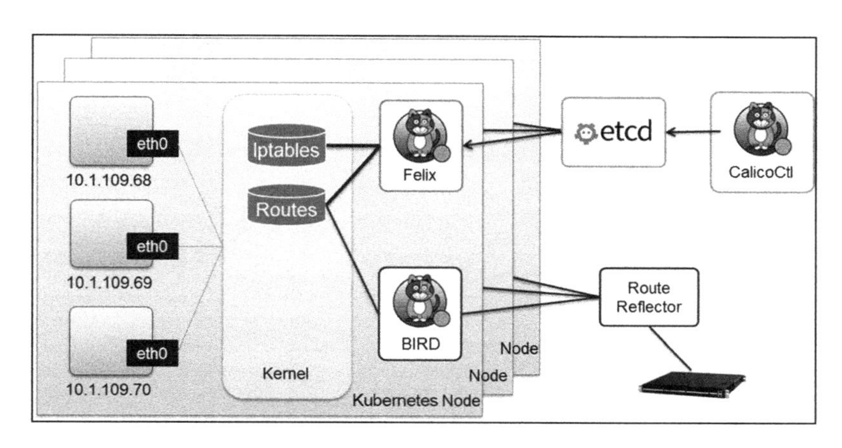


图 2-8

Calico 保证所有容器之间的数据流量都是通过 IP 路由的方式完成互联互通的。Calico 节点组网可以直接利用数据中心的网络结构（L2 或者 L3），不需要额外的 NAT、隧道或者 Overlay Network，没有额外的封包、解包，能够节约 CPU 运算且提高网络效率，如图 2-9 所示。

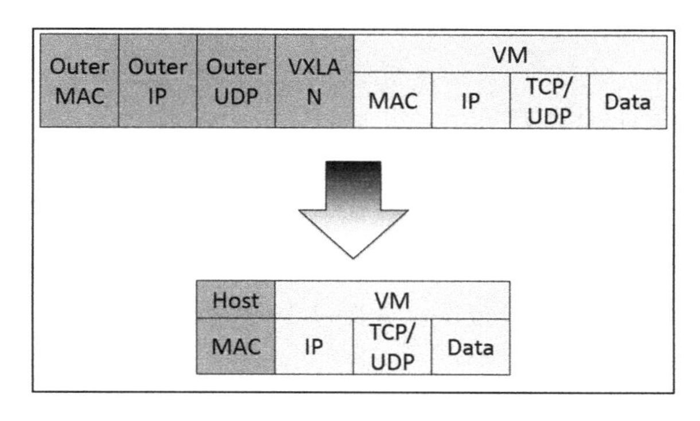


图 2-9

一个典型的 Calico CNI 网络配置如下：

```
{
  "name": "k8s-pod-network",
  "cniVersion": "0.3.0",
  "plugins": [
    {
      "type": "calico",
      "etcd_endpoints": "http://192.168.18.3:2379",
      "log_level": "info",
      "mtu": 1500,
      "ipam": {
          "type": "calico-ipam"
      },
      "policy": {
          "type": "k8s"
      },
      "kubernetes": {
          "kubeconfig": "/etc/cni/net.d/calico-kubeconfig"
      }
    },
    {
      "type": "portmap",
      "snat": true,
      "capabilities": {"portMappings": true}
    }
  ]
}
```

### 3. macvlan

macvlan 是 Linux Kernel 的特性之一，通过 macvlan 配置的容器网络与主机网络同属一个局域网，使得容器具有和主机一样的网络能力。使用 macvlan 可以在主机的一个网络接口上配置多个虚拟的网络接口，它们都具有独立的 MAC 地址和 IP 地址。macvlan 中的容器网络和主机网络在同一个网段中，可以直接访问主机所在的局域网，无须进行 IP 地址转换，这是一种高效的虚拟网络技术，如图 2-10 所示。

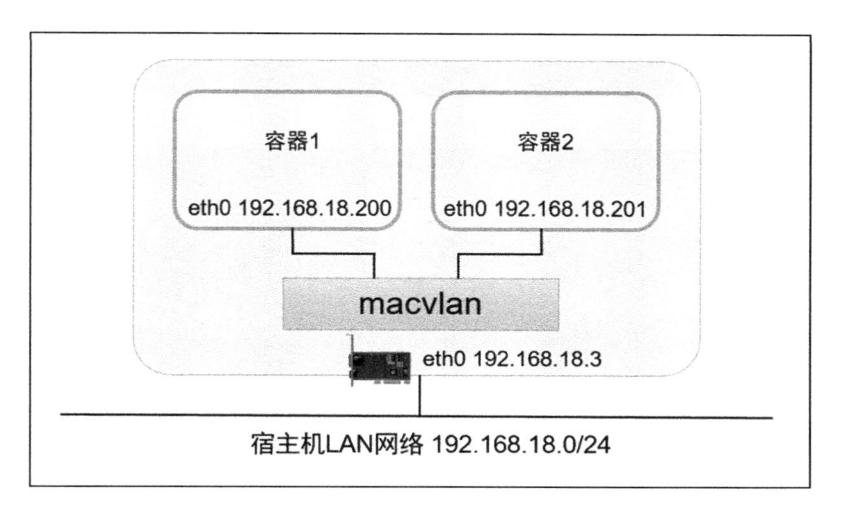


图 2-10

一个典型的 Calico CNI 网络配置如下：

```
{
  "type": "macvlan",
  "master": "p1p1",
  "mode": "bridge",
  "ipam": {
    "type": "host-local",
    "subnet": "192.168.18.0/24",
    "rangeStart": "192.168.18.200",
    "rangeEnd": "192.168.18.216",
    "routes": [
      { "dst": "0.0.0.0/0" }
    ],
    "gateway": "192.168.18.1"
  }
}
```

### 4．Linen（基于 Open vSwitch 的 Overlay 网络方案）

Open vSwitch 是一个开源的虚拟交换机软件，类似于 Linux 的虚拟网桥，但是功能要复杂得多。Open vSwitch 的网桥可以直接建立多种通信通道（隧道），例如 Open vSwitch with GRE/VxLAN。这些通道的建立可以很容易地通过 OVS 的配置命令实现。在 Kubernetes 中主要是建立 L3 到 L3 的隧道。Linen CNI 插件的架构图如图 2-11 所示。

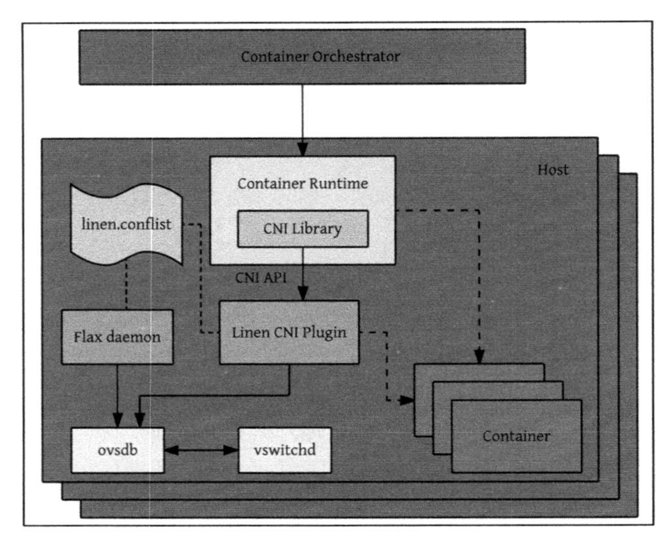


图 2-11

Linen CNI 插件通过 Flax daemon 和 Linen CNI 这两个组件完成 OVS 网络的配置。

◎ **Flax daemon**：在每台 Node 上运行，当有新的 Node 加入时自动将其加入当前的 Overlay 网络中。

◎ **Linen CNI**：由 Kubelet 调用为容器提供网络设置。

Linen CNI 插件将在每个 Node 上创建 vSwitch，并使用 VxLAN 隧道技术实现网络联通。跨主机容器网络的数据包通信过程如图 2-12 所示。

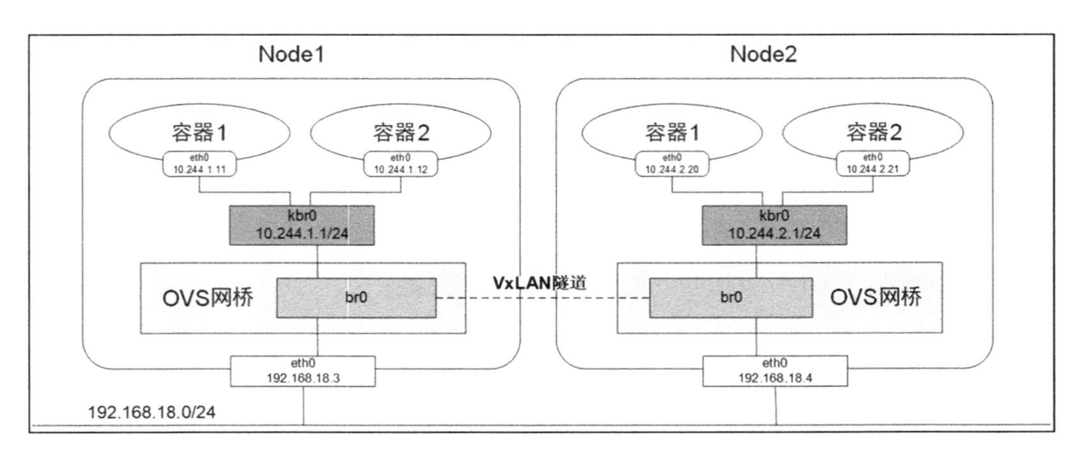


图 2-12

一个典型的 Linen OVS CNI 网络配置如下：

```
{
  "name":"linen-network",
  "cniVersion": "0.3.1",
  "plugins":[
    {
      "type":"bridge",
      "bridge":"kbr0",
      "isGateway":true,
      "isDefaultGateway":true,
      "forceAddress":false,
      "ipMasq":true,
      "mtu":1400,
      "hairpinMode":false,
      "ipam":{
        "type":"host-local",
        "subnet":"10.244.0.0/16",
        "rangeStart":"10.244.1.10",
        "rangeEnd":"10.244.1.150",
        "routes":[
          {
            "dst":"0.0.0.0/0"
          }
        ],
        "gateway":"10.244.1.1"
      }
    },
    {
      "type":"linen",
      "runtimeConfig":{
        "ovs":{
          "isMaster":true,
          "ovsBridge":"br0",
          "vtepIPs":[
            "10.245.2.2",
            "10.245.2.3"
          ],
          "controller":"192.168.3.100:6653"
        }
      }
```

```
        }
    ]
}
```

5．直接路由

在一个二层互通的网络中，可以将每个 Node 上的容器网桥（例如 docker0）和 Node 的匹配关系配置在 Linux 的路由表中，发起通信的容器就能够根据路由表直接找到目标 Pod 所在的 Node，将数据传输过去，如图 2-13 所示。

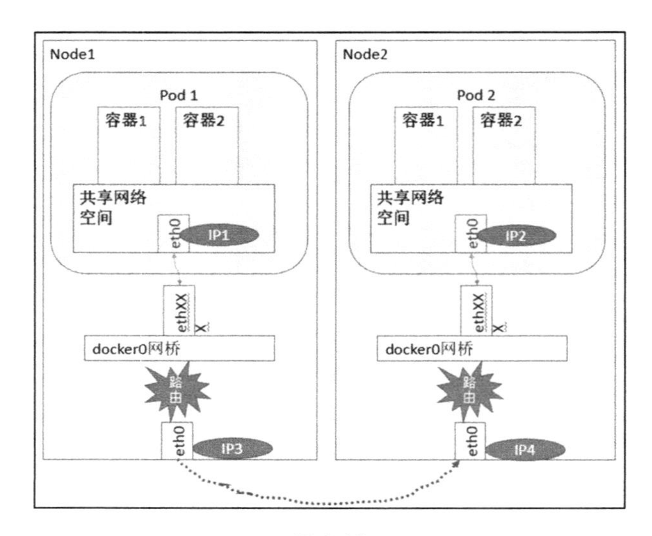


图 2-13

在各 Node 之间设置路由规则时，只需要在每个 Node 的路由表中增加到其他 Node 的 docker0 的路由规则，网关则为本 Node 的 IP 地址。

例如，Pod1 所在 docker0 网桥的 IP 子网是 10.1.10.0，Node 的地址是 192.168.1.128；而 Pod2 所在 docker0 网桥的 IP 子网是 10.1.20.0，Node 的地址是 192.168.1.129。

在 Node1 上通过 route add 命令增加一条到 Node2 上 docker0 的静态路由规则：

```
# route add -net 10.1.20.0 netmask 255.255.255.0 gw 192.168.1.129
```

同样，在 Node2 上增加一条到 Node1 上 docker0 的静态路由规则：

```
# route add -net 10.1.10.0 netmask 255.255.255.0 gw 192.168.1.128
```

在 Node1 上通过 ping 命令验证到 Node2 上 docker0 的网络联通性。这里 10.1.20.1 为

Node2 上 docker0 网桥自身的 IP 地址。

```
$ ping 10.1.20.1
PING 10.1.20.1 (10.1.20.1) 56(84) bytes of data.
64 bytes from 10.1.20.1: icmp_seq=1 ttl=62 time=1.15 ms
64 bytes from 10.1.20.1: icmp_seq=2 ttl=62 time=1.16 ms
64 bytes from 10.1.20.1: icmp_seq=3 ttl=62 time=1.57 ms
......
```

路由转发规则生效，Node1 的容器可以直接访问 Node2 上的 docker0 网桥，也可以访问属于 docker0 网段的容器 IP。

在集群中的 Node 数量较多时，我们需要为每个 Node 配置到其他 Node 的 docker0 的路由规则，这显然会带来很大的工作量；并且在新增 Node 时，对所有 Node 都需要修改配置；同时，各 Node 上 docker0 容器的 IP 地址池不能重叠，这些都让网络管理更加复杂。为了能够自动完成各 Node 之间 docker0 的路由规则设置，我们通常可以使用动态路由发现协议来完成各 Node 的路由表设置。常用的动态路由发现协议包括 RIP、BGP、OSPF 等。在前面介绍的 Flannel、Calico 等 Overlay 网络方案中，也都可以实现直接路由的模式。

### 6. 方案对比

跨主机容器网络实现的方案各具特点，下面从方案特性、对底层网络的要求、配置难易度、网络性能、网络联通性限制等方面对这些方案进行对比和分析，如表 2-3 所示。

表 2-3

| 方案<br>特性 | Flannel | Calico | macvlan | Open vSwitch | 直接路由 |
|---|---|---|---|---|---|
| 方案特性 | 通过虚拟设备 flannel0 实现对 docker0 的管理 | 基于 BGP 协议的纯三层的网络方案 | 基于 Linux Kernel 的 macvlan 技术 | 基于隧道的虚拟路由器技术 | 基于 Linux Kernel 的 vRouter 技术 |
| 对底层网络的要求 | 三层互通 | 三层互通 | 二层互通 | 三层互通 | 二层互通 |
| 配置难易度 | 简单<br>基于 etcd | 简单<br>基于 etcd | 简单<br>直接使用宿主机网络，需要仔细规划 IP 地址范围 | 复杂<br>需手工配置各节点的 bridge | 简单<br>使用宿主机 vRouter 功能，需要仔细规划每个 Node 的 IP 地址范围 |

续表

| 特性＼方案 | Flannel | Calico | macvlan | Open vSwitch | 直接路由 |
|---|---|---|---|---|---|
| 网络性能 | host-gw > VxLAN > UDP | BGP 模式性能损失小<br>IPIP 模式较小 | 性能损失可忽略 | 性能损失较小 | 性能损失小 |
| 网络联通性限制 | 无 | 在不支持 BGP 协议的网络环境下无法使用 | 基于 macvlan 的容器无法与宿主机网络通信 | 无 | 在无法实现大二层互通的网络环境下无法使用 |

迄今为止,还没有哪个 Overlay 网络方案能称得上完美,它们都有各自的优势和劣势。在不同的企业数据中心内，网络环境通常都不相同，我们在搭建容器云网络时需要综合考虑，以选择最合适的方案。

## 2.2.2 网络策略管理

Kubernetes 从 v1.3 版本开始引入了 Network Policy 机制，主要用于对容器间的网络通信进行限制和准入控制，作用于 Namespace 之间和服务之间。

在 Kubernetes 中使用 NetworkPolicy 资源对象设置网络策略。但仅定义一个网络策略是无法完成实际的网络隔离的，还需要一个策略控制器（policy controller）来实现。策略控制器由第三方网络组件提供，目前 Calico、Romana、Weave 等开源项目均支持 Kubernetes 网络策略的具体实现。

通过 Network Policy 实现的 Pod 之间的入站和出站访问策略如图 2-14 所示。

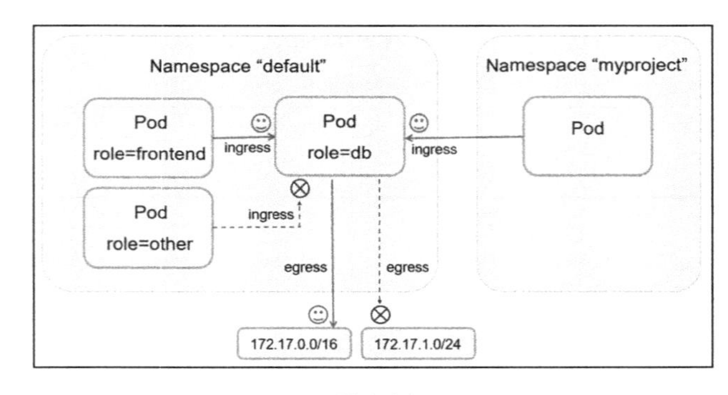


图 2-14

网络策略的设置包括默认策略和自定义策略，以完成粗粒度和细粒度的策略设置。一个典型的 NetworkPolicy 配置如下：

```
apiVersion: networking.k8s.io/v1
kind: NetworkPolicy
metadata:
  name: test-network-policy
  namespace: default
spec:
  podSelector:
    matchLabels:
      role: db
  policyTypes:
  - Ingress
  - Egress
  ingress:
  - from:
    - ipBlock:
        cidr: 172.17.0.0/16
        except:
        - 172.17.1.0/24
    - namespaceSelector:
        matchLabels:
          project: myproject
    - podSelector:
        matchLabels:
          role: frontend
    ports:
    - protocol: TCP
      port: 6379
  egress:
  - to:
    - ipBlock:
        cidr: 10.0.0.0/24
    ports:
    - protocol: TCP
      port: 5978
```

关键的配置信息如下。

（1）**podSelector**：策略作用于目标 Pod 所拥有的标签（Label）。

（2）**policyTypes**：策略类型，包括入站（Ingress）和出站（Egress）。

**（3）ingress**：入站白名单策略配置，允许满足两个条件的连接入站。

◎ 通过 from 指定的来源（ipBlock、namespaceSelector 或 podSelector）。
◎ 入站端口号为 ports 指定的端口号。

**（4）egress**：出站白名单策略配置，允许满足两个条件的连接出站。

◎ 通过 to 指定的目的地（ipBlock）。
◎ 目的地端口号为 ports 指定的端口号。

在上例中设置的网络策略规则如下。

（1）该网络策略作用于在 Namespace“default”下拥有标签“role=db”的 Pod。

（2）入站允许访问的来源包括：

◎ 在 Namespace“default”下拥有标签“role=frontend”的 Pod；
◎ 拥有标签“project=myproject”的 Namespace 下的 Pod；
◎ 源 IP 地址属于 172.17.0.0/16 段，但不包括 172.17.1.0/24 段的客户端。

（3）出站允许访问的目的地包括：目的地 IP 地址，属于 10.0.0.0/24 段，目标端口号为 TCP 5978。

在设置自定义网络策略之前，我们还可以在 Namespace 级别设置禁止或允许网络连接的默认策略，目前包括在 Ingress 和 Egress 两个方向上设置的 5 种默认策略。

◎ 默认禁止全部 Ingress 的访问。
◎ 默认允许全部 Ingress 的访问。
◎ 默认禁止全部 Egress 的访问。
◎ 默认允许全部 Egress 的访问。
◎ 默认禁止全部 Ingress 和 Egress 的访问。

通过默认策略和自定义策略的组合设置，就能实现在网络层面上对租户之间和服务之间进行禁止访问或允许访问的策略限制，能够起到类似于在防火墙上设置黑白名单的效果。

### 2.2.3 集群边界路由器 Ingress 的管理

在 Kubernetes 集群内，容器应用默认以 Service 的形式提供服务，由 kube-proxy 实现 Service 到容器的负载均衡器的功能。可以看出，Service 的概念仅能够作用于 Kubernetes

集群内部，集群外的客户端应用默认无法知道 Service 名称的意义，也无法直接连接这些服务。对于需要为 Kubernetes 集群外的客户端提供服务的 Service，可以通过 Ingress 将服务暴露出去，并且如果该集群（网站）拥有真实域名，则还能将 Service 直接与域名进行对接。

在 Kubernetes 中可以通过对 Ingress 资源对象的配置，将不同 URL 的访问请求转发到后端不同的 Service 上。Kubernetes 将一个 Ingress 资源对象的定义和一个具体的 Ingress Controller 相结合来实现 7 层负载均衡器。Ingress Controller 在转发客户端请求到后端服务时，将跳过 kube-proxy 提供的 4 层负载均衡器的功能，直接转发到 Service 的后端 Pod（Endpoints），以提高网络转发效率。

图 2-15 显示了一个典型的 HTTP 层路由的 Ingress 例子，其中，

◎　对 http://mywebsite.com/api 的访问将被路由到后端名为“api”的 Service；
◎　对 http://mywebsite.com/web 的访问将被路由到后端名为“web”的 Service；
◎　对 http://mywebsite.com/doc 的访问将被路由到后端名为“doc”的 Service。

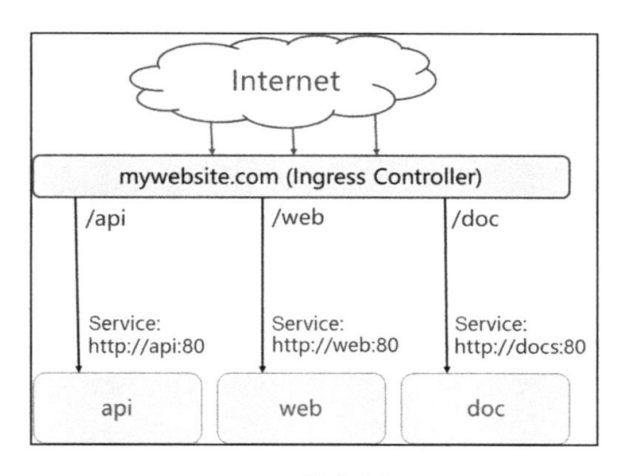


图 2-15

如下所示是一个典型的 Ingress 策略，将客户端到 mywebsite.com/demo 路径的访问请求转发到了后端服务 webapp 上：

```
apiVersion: extensions/v1beta1
kind: Ingress
metadata:
  name: mywebsite-ingress
spec:
  rules:
```

```
  - host: mywebsite.com
    http:
      paths:
      - path: /demo
        backend:
          serviceName: webapp
          servicePort: 8080
```

通过该 Ingress 策略的定义，Ingress Controller 将对目标地址 http://mywebsite.com/demo 的访问请求转发到集群内部服务的 webapp 上（webapp:8080/demo）。

### 1. 常用的 Ingress 策略

Ingress 可以按多种方式进行配置，以实现灵活的 7 层路由转发策略，下面对几种常见的 Ingress 策略进行说明。

#### 1）将请求转发到单个后端服务上

基于这种设置，从客户端到 Ingress Controller 的访问请求都将被转发到后端唯一的 Service 上，在这种情况下 Ingress 无须定义任何规则。例如，将客户端的访问请求都转发到 myweb:8080 这个服务上的 Ingress 策略配置如下：

```
apiVersion: extensions/v1beta1
kind: Ingress
metadata:
  name: test-ingress
spec:
  backend:
    serviceName: myweb
    servicePort: 8080
```

#### 2）将到同域名不同 URL 的请求转发到不同的后端服务上

这种配置常用于一个网站通过不同的路径提供不同的服务的场景。例如，/web 表示访问 Web 页面，/api 表示访问 API 接口，对应到后端的两个服务。例如，将对 URL “mywebsite.com/web” 的访问请求转发到 web-service:80 服务上，且将 mywebsite.com/api 的访问请求转发到 api-service:80 服务上的 Ingress 策略配置如下：

```
apiVersion: extensions/v1beta1
kind: Ingress
metadata:
```

```
  name: test-ingress
spec:
  rules:
  - host: mywebsite.com
    http:
      paths:
      - path: /web
        backend:
          serviceName: web-service
          servicePort: 80
      - path: /api
        backend:
          serviceName: api-service
          servicePort: 8081
```

**3）将到不同域名的请求转发到不同的后端服务上**

这种配置常用于一个网站通过不同的域名或虚拟主机名提供不同的服务的场景。例如，foo.bar.com 域名由 service1 提供服务，bar.foo.com 域名由 service2 提供服务，将 foo.bar.com 的访问请求都转发到“service1:80”服务上，且将 bar.foo.com 的访问请求都转发到“service2:80”服务上的 Ingress 策略配置如下：

```
apiVersion: extensions/v1beta1
kind: Ingress
metadata:
  name: test
spec:
  rules:
  - host: foo.bar.com
    http:
      paths:
      - backend:
          serviceName: service1
          servicePort: 80
  - host: bar.foo.com
    http:
      paths:
      - backend:
          serviceName: service2
          servicePort: 80
```

**4）不使用域名的转发规则**

这种配置用于一个网站不使用域名直接提供服务的场景，此时通过任意一台运行 ingress-controller 的 Node 都能访问到后端的服务。例如，将“<ingress-controller-ip>/demo”的访问请求转发到“webapp:8080/demo”服务上的 Ingress 策略配置如下：

```
apiVersion: extensions/v1beta1
kind: Ingress
metadata:
  name: test-ingress
spec:
  rules:
  - http:
      paths:
      - path: /demo
        backend:
          serviceName: webapp
          servicePort: 8080
```

需要注意的是，在使用无域名的 Ingress 转发规则时，将默认使用 HTTPS 安全协议进行转发。如需使用非安全的 HTTP，则需要调整 Ingress Controller 的配置，通常在一个安全的网络环境下使用。

### 2. 常用的 Ingress Controller

目前针对 Kubernetes Ingress 提供具体 Controller 的开源工具包括 Nginx、HAProxy 和 Traefik。

**1）Nginx**

Nginx 是一款流行的反向代理服务器软件，也是一个全栈的 Web 服务器，可以提供 Web 服务器、HTTP 代理服务器、邮件代理服务器和负载均衡器功能，如图 2-16 所示。目前 Kubernetes 社区主要维护基于 Nginx 的 Ingress Controller（参见 https://github.com/kubernetes/ingress-nginx），其主要工作机制：通过监听用户设置的 Ingress 策略，自动完成 Nginx 相关 upstream 配置的生成和在线更新。

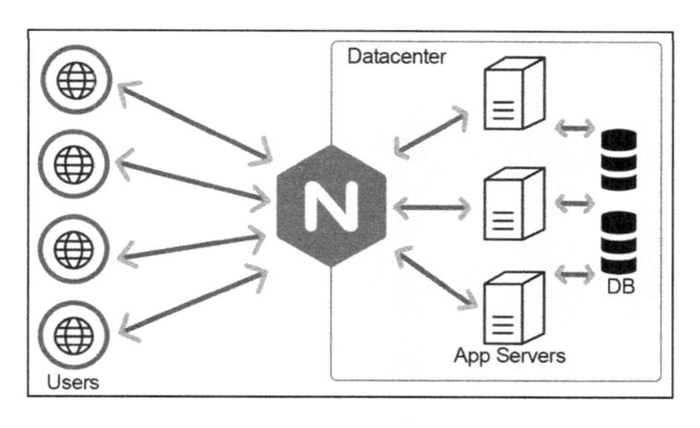


图 2-16

Nginx 的特点包括：

◎　工作在网络 7 层；
◎　模块化，有丰富的第三方功能模块支持；
◎　支持强大的正则匹配规则；
◎　配置文件热更新；
◎　除了做负载均衡，还可以做静态 Web 服务器、缓存服务器。

**2）HAProxy**

HAProxy 是另一个流行的开源代理服务器软件，使用 C 语言编写而成，提供高可用性、负载均衡、4 层和 7 层代理服务器功能，如图 2-17 所示。目前面向 Kubernetes 的 HAProxy Ingress Controller 在 GitHub 上维护（参见 https://github.com/jcmoraisjr/haproxy-ingress）。

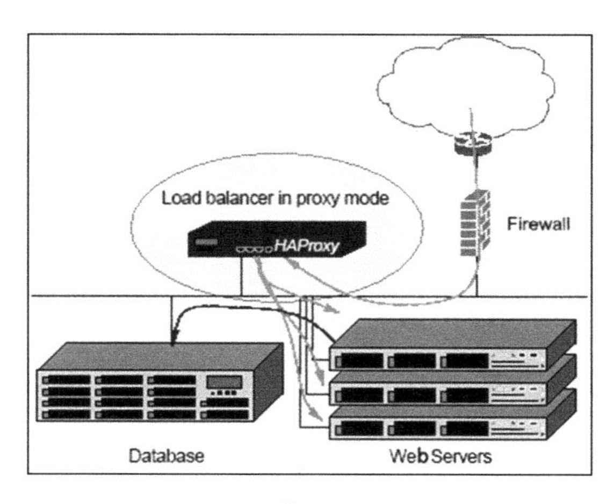


图 2-17

HAProxy 的特点包括：

◎ 速度非常快；
◎ 节约计算资源（CPU 和内存）；
◎ 配置文件热更新；
◎ 支持 TCP 与 HTTP，工作在网络 4 层和 7 层；
◎ 支持 Session 共享、Cookies 引导；
◎ 支持通过获取指定的 URL 来检测后端服务器的状态。

此外，HAProxy 提供了完整的状态统计 Web 页面，如图 2-18 所示。

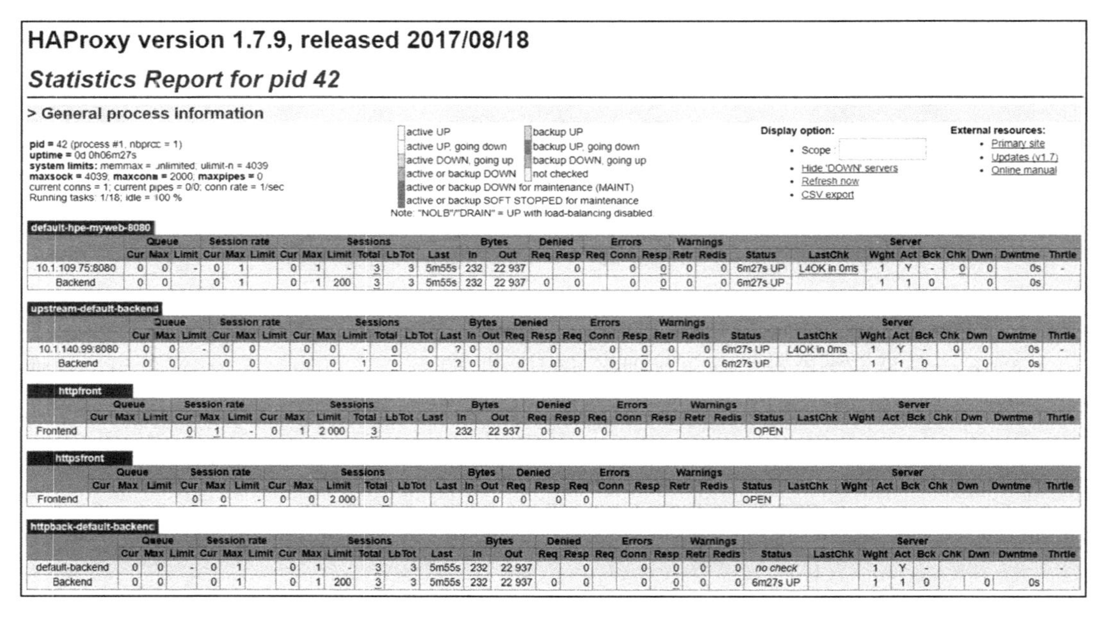


图 2-18

### 3）Traefik

Traefik（参见 https://traefik.io）是近两年出现的面向微服务架构的前端负载均衡器，它能够自动感知 Kubernetes 集群中 Service 后端容器的变化，自动动态刷新配置文件，以实现快速的服务发现，如图 2-19 所示。

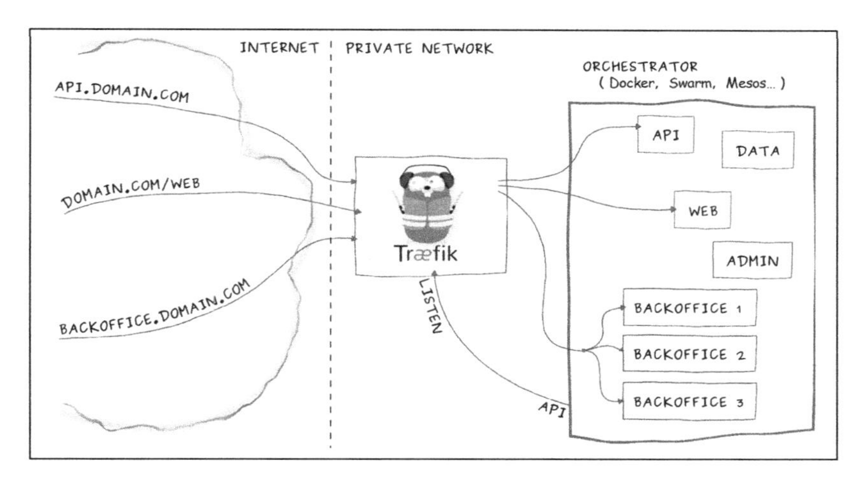


图 2-19

Traefik 的特点如下：

◎ 提供多种后台支持，比如 Rancher、Docker、Swarm、Kubernetes、Marathon、Mesos、Consul 和 etcd，等等；
◎ 支持 Rest API；
◎ 配置文件热更新；
◎ 支持 SSL、WebSocket、HTTP/2；
◎ 高可用集群模式。

总的来说，Nginx、HAProxy 和 Traefik 都能够用于 Kubernetes 的 Ingress Controller，如表 2-4 所示为三者在性能、配置难易度、负载均衡机制、社区活跃度和功能适用面方面的对比。

表 2-4

| 特性 \ 方案 | Nginx | HAProxy | Traefik |
|---|---|---|---|
| 性能 | 转发效率高 | HTTP 转发效率最高 | 吞吐率约为 Nginx 的 85%（参见 https://docs.traefik.io/benchmarks） |
| 配置难易度 | 简单<br>支持强大的正则匹配规则 | 简单 | 简单<br>与微服务架构对接最好 |
| 负载均衡机制 | 一般 | 会话保持和健康检查机制全面 | 会话保持和健康检查机制全面 |

续表

| 特性 \ 方案 | Nginx | HAProxy | Traefik |
| --- | --- | --- | --- |
| 社区活跃度 | 活跃 | 一般 | 一般 |
| 功能适用面 | 除了可以用作代理服务器，还可以用作 Web 服务器和邮件服务器 | 代理服务器和负载均衡器 | 代理服务器和负载均衡器 |

## 2.2.4 集群 DNS 域名服务管理

在 Kubernetes 集群内推荐用服务的名字（Service Name）作为目的服务的访问地址，这就需要在一个集群范围内的 DNS 服务来完成从服务名到 ClusterIP 的解析工作。

### 1. 集群内的 DNS 服务

在 Kubernetes 集群内，DNS 作为特殊的系统级服务，首先需要在 Service ClusterIP 地址范围内指定一个固定的 IP 地址，例如 169.169.0.100；然后需要在每台 Node 的 Kubelet 启动参数上指定--cluster-dns=169.169.0.100 --cluster-domain=cluster.local。

在经过这样的设置后，Kubelet 会在每个 Pod 内部为其设置 DNS 服务器的配置，容器内的/etc/resolv.conf 配置文件的内容如下：

```
search default.svc.cluster.local svc.cluster.local cluster.local
nameserver 169.169.0.100
options ndots:5
```

这就为容器环境设置了集群范围内的 DNS 服务器 169.169.0.100，由其完成服务名与服务 ClusterIP 的解析。

接下来，需要部署这个集群内的 DNS 服务。DNS 服务作为 Kubernetes 的 addon 组件发布，经历了从 skyDNS 到 kubeDNS 再到 coreDNS 的演进历程。在此回顾一下各个版本的 DNS 服务的演进历程。

**1）skyDNS**

Kubernetes 在 v1.3 版本之前，使用的是 skyDNS addon 服务组件，由 kube2sky、skyDNS、etcd 容器组成。图 2-20 描述了 skyDNS 的总体架构，其工作原理：首先，kube2sky 通过 Kubernetes API 监听集群中 Service 的变化，生成 DNS 记录并将其同步写入 etcd 中；然后，

skyDNS 获取 etcd 中的数据来对外提供 DNS 查询服务。

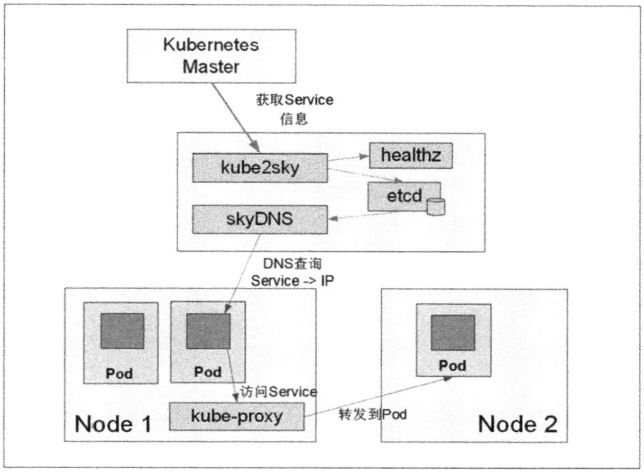

图 2-20

**2）kubeDNS**

从 v1.3 版本开始，Kubernetes 使用新的 kubeDNS 和 dnsmasq 代替了原来的 skyDNS 和 etcd 数据库。我们可以将 kubeDNS 应用看作 kube2sky 和 skyDNS 的二合一版本，同时不再使用 etcd 数据库，而是将 DNS 记录直接放在内存中，并通过 dnsmasq 的缓存功能共同提高 DNS 查询的效率。图 2-21 描述了 kubeDNS 的总体架构。

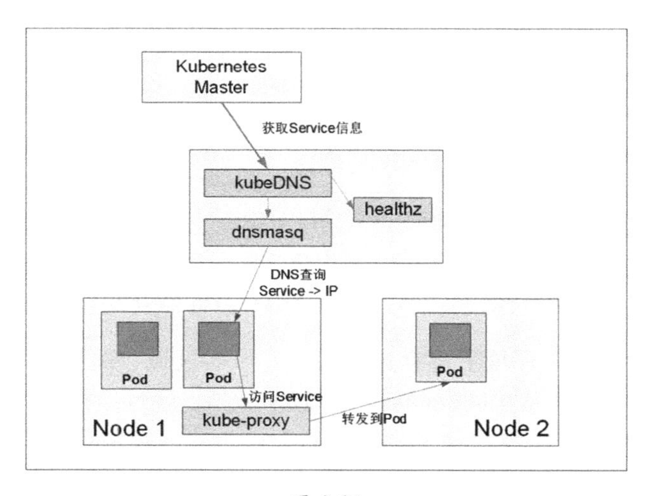


图 2-21

### 3）CoreDNS

CoreDNS 是 CoreOS 公司开发的 Kubernetes DNS 服务框架，于 2017 年年初加入 CNCF 基金会成为其孵化项目，在 2017 年 12 月发布了 1.0 版本，并且在 Kubernetes v1.10 版本中作为 beta 版集群 DNS 服务，将来可替代 kubeDNS 服务。CoreDNS 具有非常灵活、可扩展的插件式模型，各种插件根据请求提供不同的操作，例如日志记录、重定向、自定义 DNS 记录等。图 2-22 描述了 CoreDNS 的总体架构。

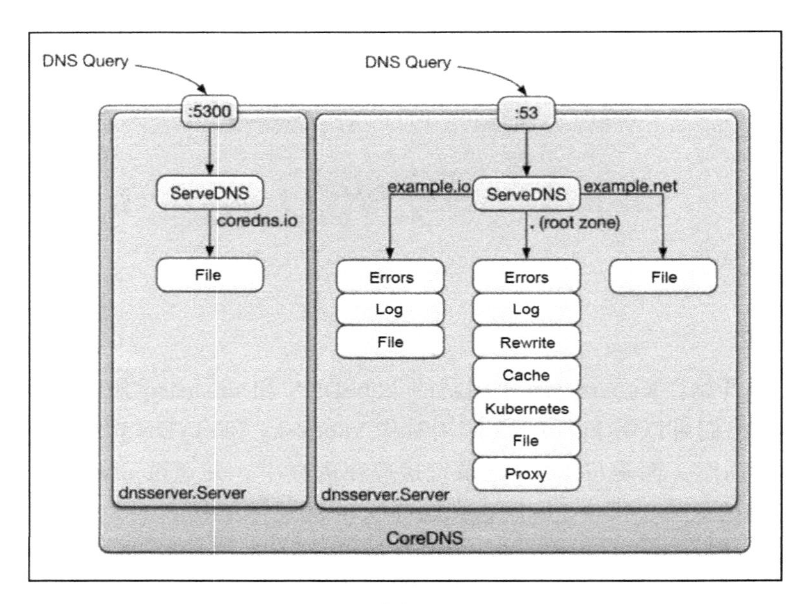


图 2-22

## 2. 自定义 DNS 服务器和上游 DNS 服务器

根据前文，我们可以设置 Kubernetes 集群内的统一 DNS 服务，但这个服务主要用于解析集群内各个 Service 的服务名，并且这个 DNS 服务的地址在整个集群中需要固定下来（例如 169.169.0.100），不能与物理网络的真实 DNS 服务器互相产生干扰。

同时，很多企业在实际环境下都有自己的私有域名区域，例如，可能希望在集群内解析其内部的".corp"域名。从 Kubernetes v1.6 版本开始，就可以在 Kubernetes 集群内配置私有 DNS 区域（通常被称为存根域 Stub Domain），并在 Kubernetes 集群外配置上游域名服务了。

**1）Kubernetes 默认的域名解析流程**

Kubernetes 目前在 Pod 定义中支持两个 DNS 策略：Default 和 ClusterFirst，dnsPolicy 默认为 ClusterFirst。如果将 dnsPolicy 设置为 Default，则域名解析配置将完全从 Pod 所在的节点（/etc/resolv.conf）继承而来，如图 2-23 所示。

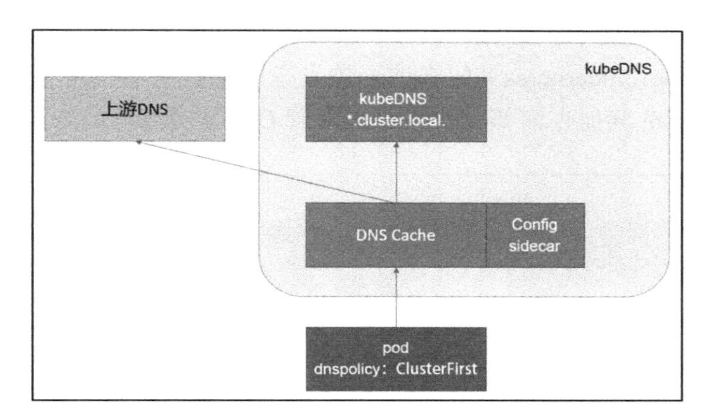


图 2-23

如果将 dnsPolicy 设置为 ClusterFirst，则 DNS 查询会被发送到集群 DNS 服务（由 skyDNS、kubeDNS 或 CoreDNS 提供具体实现）。集群 DNS 服务负责以集群域名为包含域名后缀的服务名（例如.cluster.local），进行从服务名到 ClusterIP 地址的解析。客户端对其他域名（如 www.kubernetes.io）的查询则会被转发给在节点上定义的上游域名服务器。

**2）自定义 DNS 服务器地址**

从 Kubernetes v1.6 版本开始，便可以使用 ConfigMap 指定自定义的存根域和上游 DNS Server。

如下所示设置了一个存根域和两个上游域名服务器，对域名后缀为 out-of.kubernetes 的查询会被发送到地址为 10.140.0.5 的 DNS 服务，并设置 8.8.8.8 和 8.8.4.4（Google DNS 服务器）为上游 DNS 服务器的地址：

```
apiVersion: v1
kind: ConfigMap
metadata:
  name: kube-dns
  namespace: kube-system
data:
  stubDomains: |
```

```
    {"out-of.kubernetes": ["10.140.0.5"]}
  upstreamNameservers: |
    ["8.8.8.8", "8.8.4.4"]
```

图 2-24 显示了基于上述配置的 DNS 域名解析流程。在 dnsPolicy 被设置为 ClusterFirst 时，DNS 查询首先被发送到 kubeDNS 的 DNS 缓存层，从这里开始检查域名后缀，然后发送到指定的 DNS。在本例中，集群后缀的域名（.cluster.local）被发送到 kubeDNS，域名后缀符合配置（.out-of.kubernetes）的查询会被发送到配置中的自定义解析服务器进行解析，不符合以上后缀的其他查询都会被转发到上游 DNS 进行解析。

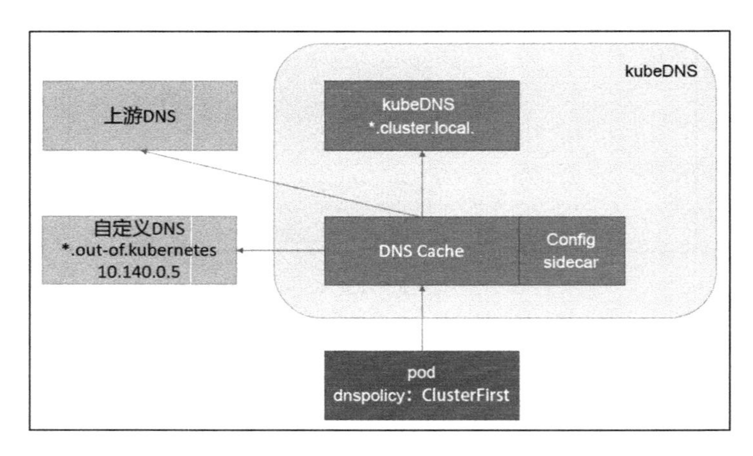


图 2-24

对各个不同域名解析使用的 DNS 服务器如表 2-5 所示。

表 2-5

| 域　　名 | 使用的 DNS 服务器 |
| --- | --- |
| kubernetes.default.svc.cluster.local | kubeDNS |
| foo.out-of.kubernetes | 自定义 DNS：10.140.0.5 |
| widget.com | 上游 DNS：8.8.8.8 或 8.8.4.4 |

### 3．通过域名访问集群外的服务——自定义 DNS 记录

在企业数据中心环境下，常常还需要将某些主机的 IP 地址设置为某个内部域名，以支持客户端应用仅需配置域名就能访问 Kubernetes 集群外的服务。

kubeDNS 和 CoreDNS 均支持用户自定义的 DNS 记录。以 CoreDNS 为例，可以配置

一个新的 custom-hosts 文件，在其中定义域名（mywebsite.com）与 IP 地址的记录，例如：

```
    mywebsite.com.              IN    SOA  sns.dns.icann.org. noc.dns.icann.org.
(2017042745 7200 3600 1209600 3600)
    mywebsite.com.              IN    NS   a.iana-servers.net.
    mywebsite.com.              IN    NS   b.iana-servers.net.
    service1.mywebsite.com.     IN    A    192.168.18.4
```

然后通过 CoreDNS 的配置文件 Corefile 指定对该自定义域名文件的引用：

```
{
    ......
    file /etc/coredns/custom-hosts
    ......
}
```

通过这种配置即可实现在 Pod 内对域名“service1.mywebsite.com”的访问了。

综上所述，通过 Kubernetes 中 Service 的 DNS 解析、Kubernetes 外 DNS 服务器的设置和自定义 DNS 记录等机制，可以实现对 Kubernetes 集群内各容器应用所需的 DNS 服务进行完整管理，以及与物理网络环境的 DNS 服务进行对接。

## 2.3　存储资源管理

存储资源作为容器云平台的另一个核心基础设施，需要为不同的容器服务提供可靠的存储服务。在基于 Kubernetes 的容器云平台上，对存储资源的使用需求通常包括以下几方面：

◎　应用配置文件、密钥管理；
◎　应用的数据持久化存储；
◎　在不同的应用间共享数据存储。

Kubernetes 的 Volume 抽象概念就是针对这些问题提供的解决方案。Kubernetes 的 Volume 类型非常丰富，从临时目录、宿主机目录、ConfigMap、Secret、共享存储（PV 和 PVC），到从 v1.9 版本引入的 CSI（Container Storage Interface）机制，都可以满足容器应用对存储资源的需求。本节从 Kubernetes 支持的 Volume 类型、共享存储、CSI 和存储资源的应用场景等方面对存储资源的管理进行说明。

### 2.3.1 Kubernetes 支持的 Volume 类型

Kubernetes 支持的 Volume 类型包括以下几类。

（1）临时目录（随着 Pod 的销毁而销毁）

◎ **emptyDir**

（2）配置类（将配置以 Volume 的形式挂载到 Pod 内）

◎ **ConfigMap**：将保存在 ConfigMap 资源对象中的配置文件信息挂载到容器内的某个目录下。

◎ **Secret**：将保存在 Secret 资源对象中的密码密钥等信息挂载到容器内的某个文件中。

◎ **downwardAPI**：将 downward API 的数据以环境变量或文件的形式注入容器中。

◎ **gitRepo**：将某 Git 代码库挂载到容器内的某个目录下。

（3）本地存储类

◎ **hostPath**：将宿主机的目录或文件挂载到容器内进行使用。

◎ **local**：Kubernetes 从 v1.9 版本引入，将本地存储以 PV 的形式提供给容器使用，并能够实现存储空间的管理。

（4）共享存储类

◎ **PV（Persistent Volume）**：将共享存储定义为一种“持久存储卷”，可以被多个容器应用共享使用。

◎ **PVC（Persistent Volume Claim）**：用户对存储资源的一次“申请”，PVC 申请的对象是 PV，一旦申请成功，应用就能够像使用本地目录一样使用共享存储了。

### 2.3.2 共享存储简介

共享存储主要用于多个应用都能够使用的存储资源，例如 NFS 存储、光纤存储、GlusterFS 共享文件系统等，在 Kubernetes 系统中通过 PV/StorageClass 和 PVC 来完成定义，并通过 volumeMount 挂载到容器的目录或文件进行使用。

PV 可以被看作可用的存储资源，PVC 则是对存储资源的需求，PV 和 PVC 的相互关系遵循如图 2-25 所示的生命周期管理。

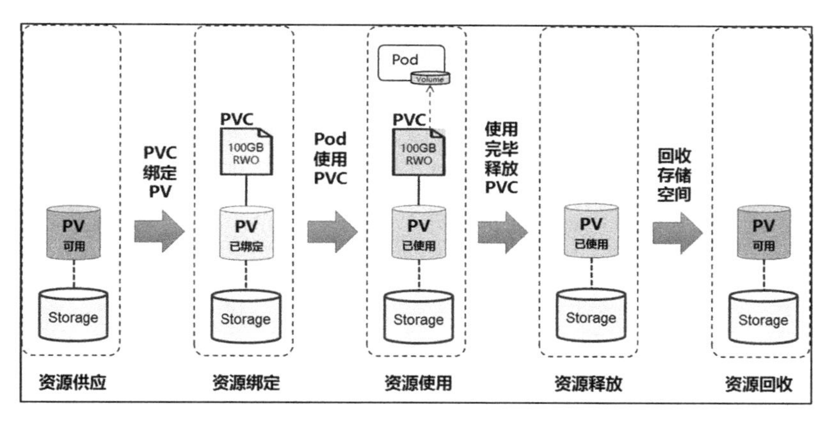


图 2-25

Kubernetes 的共享存储供应模式包括静态模式（Static）和动态模式（Dynamic），资源供应的结果就是创建好的 PV。

◎ **静态模式**：集群管理员手工创建许多 PV，在定义 PV 时需要设置后端存储的特性。

◎ **动态模式**：集群管理员无须手工创建 PV，而是通过对 StorageClass 的设置对后端存储进行描述，标记为某种“类型（Class）”。此时要求 PVC 对存储的类型进行声明，系统将自动完成 PV 的创建及与 PVC 的绑定。PVC 可以声明 Class 为""，说明该 PVC 禁止使用动态模式。

图 2-26 描述了在静态资源供应模式下通过 PV 和 PVC 完成绑定并供 Pod 使用的存储管理机制。

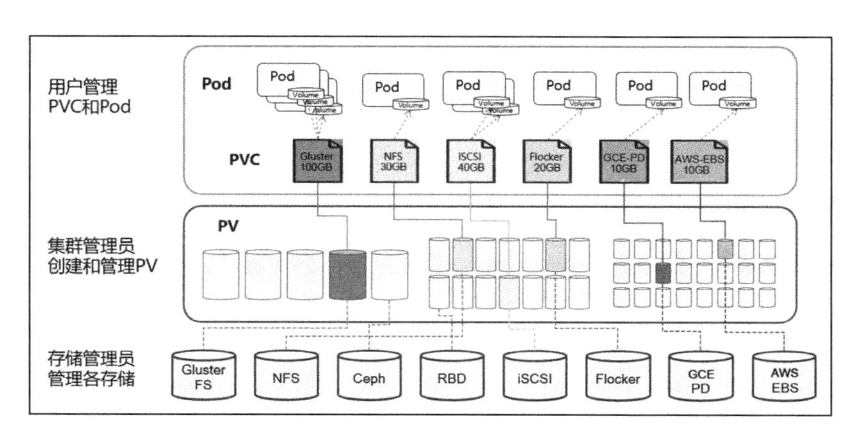


图 2-26

例如，对于 NFS 共享存储，可以先创建一个 PV 对象，对 NFS 存储进行引用：

```
apiVersion: v1
kind: PersistentVolume
metadata:
  name: pv1
  labels:
    type: nfs
spec:
  capacity:
    storage: 5GB
  accessModes:
    - ReadWriteOnce
  persistentVolumeReclaimPolicy: Recycle
  storageClassName: nfs
  nfs:
    path: /tmp
    server: 172.17.0.2
```

然后创建一个 PVC 对象,通过 storageClassName 和 Label Selector 选择之前创建的 PV：

```
kind: PersistentVolumeClaim
apiVersion: v1
metadata:
  name: myclaim
spec:
  accessModes:
    - ReadWriteOnce
  resources:
    requests:
      storage: 5GB
  storageClassName: nfs
  selector:
    matchLabels:
      type: "nfs"
```

之后，Pod 就能够将 PVC“myclaim”挂载到容器的某个目录进行使用了。

图 2-27 描述了在动态资源供应模式下，通过 StorageClass 和 PVC 完成资源动态绑定（系统自动生成 PV）并供 Pod 使用的存储管理机制。

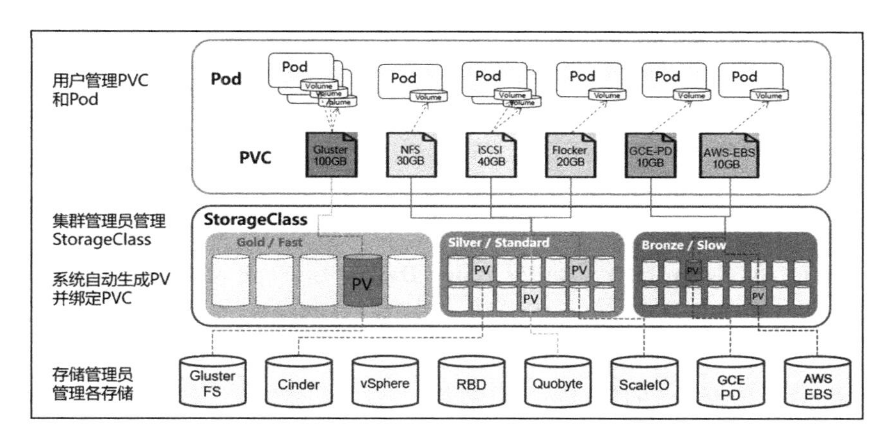


图 2-27

例如，对于 GlusterFS 共享存储，可以先创建一个 StorageClass 对象，对 GlusterFS 存储的 Heketi 进行引用：

```
apiVersion: storage.k8s.io/v1
kind: StorageClass
metadata:
  name: gluster-heketi
provisioner: kubernetes.io/glusterfs
parameters:
  resturl: "http://172.17.2.2:8080"
```

然后创建一个 PVC 对象，通过 storageClassName 选择到 StorageClass，Kubernetes 会触发自动创建 PV 的流程：

```
kind: PersistentVolumeClaim
apiVersion: v1
metadata:
  name: pvc-gluster-heketi
spec:
  storageClassName: gluster-heketi
  accessModes:
    - ReadWriteOnce
  resources:
    requests:
      storage: 1GB
```

对于不同类型的共享存储，有的需要以静态模式进行管理（例如 NFS），有的可以以动态模式进行管理（例如 GlusterFS）。

下面是 Kubernetes 支持的共享存储类型。

◎ **FC（Fibre Channel）**：光纤通道存储。
◎ **Flocker**：一个开源的共享存储方案。
◎ **NFS**：网络文件系统。
◎ **iSCSI**：iSCSI 存储。
◎ **Ceph FS 和 Ceph RBD（Rados Block Device）**：Ceph 文件系统和 RBD 块存储。
◎ **Cinder**：OpenStack Cinder 块存储。
◎ **GlusterFS**：一个开源的分布式文件系统。
◎ **vSphere**：VMware 的 VMDK 存储卷。
◎ **Quobyte**：一个统一文件存储、块存储和对象存储的数据中心文件系统。
◎ **Portworx**：一个容器定义存储的共享存储方案。
◎ **Dell EMC ScaleIO**：Dell EMC 提供的一种软件定义存储方案。
◎ **StorageOS**：一个提供统一的存储层视图的容器存储方案。
◎ **gcePersistentDisk**：GCE 公有云提供的 PersistentDisk。
◎ **AWSElasticBlockStore**：AWS 公有云提供的 ElasticBlockStore。
◎ **AzureFile**：Azure 公有云提供的 File。
◎ **AzureDisk**：Azure 公有云提供的 Disk。

其中，能够使用动态资源供给模式的共享存储类型包括：GlusterFS、Cinder、Ceph RBD、vSphere、Quobyte、Portworx Volume、ScaleIO、StorageOS、AWS（公有云）、GCE（公有云）、Azure Disk（公有云）和 Azure File（公有云）。

### 2.3.3 CSI 简介

CSI（Container Storage Interface）是 Kubernetes 从 v1.9 版本开始引入的，旨在在容器和共享存储之间建立一套标准的存储访问接口。在 CSI 诞生之前，在 Kubernetes 集群内提供共享存储服务是通过一种被称为“in-tree”的方式（与 Kubernetes 的代码同时编译）实现的，这种方式要求存储供应商的代码逻辑集成在 Kubernetes 代码中运行，与 Kubernetes 是紧耦合的关系。这会带来一系列问题：

◎ 存储插件代码需要与 Kubernetes 一起发布；
◎ 存储插件代码的问题可能会影响 Kubernetes 的正常运行；
◎ 存储插件代码与 Kubernetes 主服务具有同等特权，存在安全隐患。

Kubernetes 从 v1.2 版本开始开发了 FlexVolume 模式，通过调用外部存储供应商提供的可执行程序完成对共享存储的设置。但是依赖外部可执行程序的模式仍然有两个复杂的问题需要解决。

（1）存储插件需要被安装在宿主机上，对操作系统的依赖很强，需要安装相关的依赖包和第三方工具，使得插件的安装变得复杂。

（2）Kubernetes 在调用宿主机的二进制文件时，需要宿主机的 root 权限，依然存在安全隐患。

CSI 规范用于将存储供应商的代码与 Kubernetes 的代码完全解耦，存储插件的代码由存储供应商自行维护。CSI 规范的总体架构如图 2-28 所示。

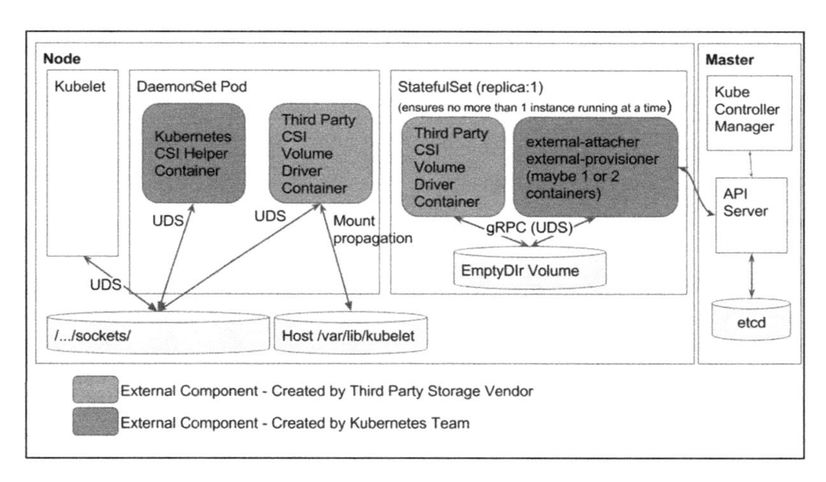


图 2-28

其中，Kubernetes 提供以下 Sidecar（辅助）容器。

◎ **External-attacher**：监听 VolumeAttachment 对象并触发 ControllerPublish 和 ControllerUnPublish 操作的容器。

◎ **External-provisioner**：监听 PersistentVolumeClaim 对象并触发对 CSI Endpoint 的 CreateVolume 和 DeleteVolume 操作。

◎ **Driver-registrar**：使用 Kubelet 注册 CSI 驱动程序的容器，并将 NodeId 添加到 Node 的 annotation 中。

存储供应商可以使用这些组件作为 Sidecar 配置在存储插件容器旁共同工作，让 CSI 驱动无须感知它们的存在。CSI 驱动的代码则被完全交给第三方存储供应商自行维护。

对于 CSI 模式提供的存储资源的使用，同样遵循 Kubernetes 的 PV 和 PVC 的模型，也可以通过静态资源供应或动态资源供应对存储资源进行管理。

（1）静态资源供应示例如下，对于 NFS 共享存储，可以使用静态资源供应预先创建一个 PV：

```
apiVersion: v1
kind: PersistentVolume
metadata:
  name: data-nfsplugin
  labels:
    name: data-nfsplugin
  annotations:
    csi.volume.kubernetes.io/volume-attributes:  '{"server":  "192.168.18.4",
"share": "/nfs"}'
spec:
  accessModes:
  - ReadWriteOnce
  capacity:
    storage: 100MB
  csi:
    driver: csi-nfsplugin
    volumeHandle: data-id
```

然后通过 PVC 对存储资源进行申请：

```
apiVersion: v1
kind: PersistentVolumeClaim
metadata:
  name: data-nfsplugin
spec:
  accessModes:
  - ReadWriteOnce
  resources:
    requests:
      storage: 100MB
  selector:
    matchExpressions:
    - key: name
      operator: In
      values: ["data-nfsplugin"]
```

（2）动态资源供应示例如下，对于 Ceph RBD 共享存储，可以使用动态资源供应创建一个 StorageClass：

```
apiVersion: storage.k8s.io/v1
kind: StorageClass
metadata:
   name: csi-rbd
provisioner: csi-rbdplugin
parameters:
    monitors: 192.168.18.200:6789
    pool: kubernetes
    csiProvisionerSecretName: csi-ceph-secret
    csiProvisionerSecretNamespace: default
reclaimPolicy: Delete
```

然后创建 PVC 申请存储资源：

```
apiVersion: v1
kind: PersistentVolumeClaim
metadata:
  name: rbd-pvc
spec:
  accessModes:
  - ReadWriteOnce
  resources:
    requests:
      storage: 5Gi
  storageClassName: csi-rbd
```

## 2.3.4　存储资源的应用场景

容器应用应当根据应用系统的特点，综合考虑容器应用对存储类型、存储性能及数据高可用等方面的要求，选择最适合的存储资源类型。常见的存储资源应用场景包括三类：将存储放置于容器内部、将存储挂载在外部宿主机上和使用外部共享存储。下面对每种应用场景的优缺点、Volume 类型选择、适用场景和注意事项等进行分析和说明。

（1）将存储放置于容器内部，如图 2-29 所示。

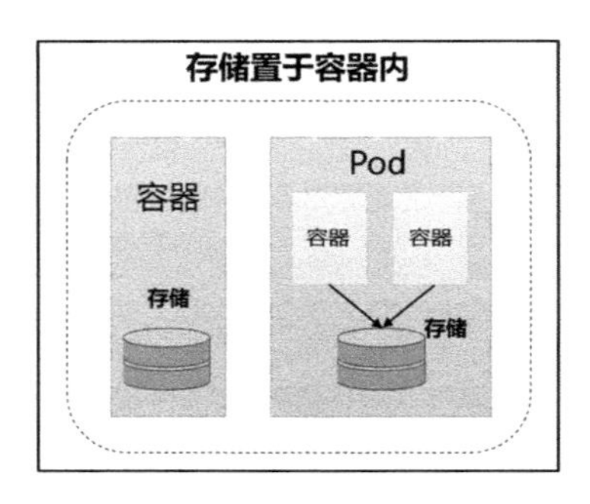


图 2-29

**优点：**配置简单，便于容器实例的水平扩展；存储性能也与直接在物理机上启动应用相当，几乎没有磁盘 I/O 的额外损耗。

**缺点：**由于容器本身的特性，在容器被销毁或删除之后，容器内部的存储也会一并被销毁，数据持久化保存比较困难；同时，在业务逻辑上要求每个容器实例存储的文件相互没有关联。

Volume 类型的选择如下。

◎ 使用 emptyDir 类型的 Volume，可供一个 Pod 内的多个容器共享。

◎ 也可以不使用任何 Volume 类型，由容器引擎（如 Docker）管理应用的文件存储。

**适用场景：**适合无状态容器应用，在系统运行过程中产生的临时文件可以被保存在容器的存储空间中。如有需要保存的日志记录，则可以使用 Pod 内的临时存储，供另一个 Sidecar 容器进行文件处理。

**注意事项：**需要考虑存储空间的限制。不论是 Docker 为容器设置的存储目录，还是在 Pod 内设置的临时目录，都会耗费宿主机的磁盘空间。这就要求应用系统对存储空间的使用进行限制，不应无限使用，以至于将宿主机磁盘空间耗尽。

（2）将存储挂载在外部宿主机上，如图 2-30 所示。

**优点：**数据不会因为容器销毁而丢失，可永久保存；存储性能与直接在物理机上使用相当，没有磁盘 I/O 的额外损耗。

**缺点：**容器实例使用宿主机存储目录，多实例的应用在同一台宿主机上的目录配置变得复杂，要求各实例对存储的使用互不干扰；另外，如果历史数据在后续的业务处理过程中仍然需要使用，则容器应用将对 Node 宿主机形成绑定关系，不利于容器应用在故障恢复时选择其他可用的 Node 重建。

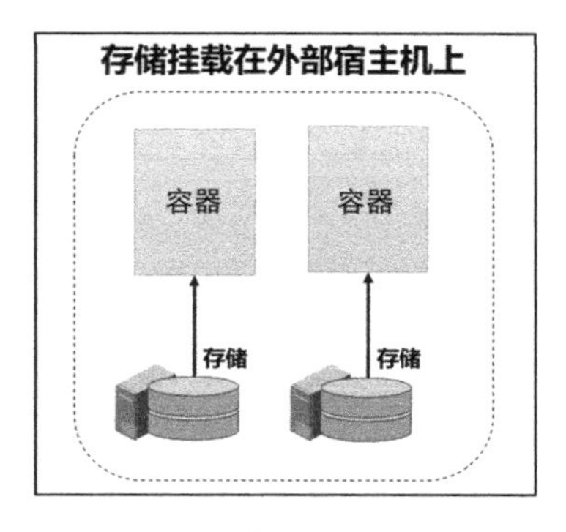


图 2-30

Volume 类型的选择如下。

◎　使用 hostPath 类型的 Volume，将宿主机目录挂载到容器内。
◎　使用 local 类型的 PV。

**适用场景：**适合有状态（Stateful）类型的容器应用，以及对磁盘 I/O 性能要求非常高的应用，例如数据库类的应用，包括 MySQL、MongoDB、Cassandra 等；同时，这类应用应该不能随意水平扩展；还需要通过其他机制实现存储的高可用保障，例如可以使用数据远程备份机制保存数据。

**注意事项：**同样需要考虑存储空间的限制，不应无限使用，以至于将宿主机磁盘空间耗尽，在必要时可以考虑数据的定时清理工作。

（3）使用外部共享存储，如图 2-31 所示。

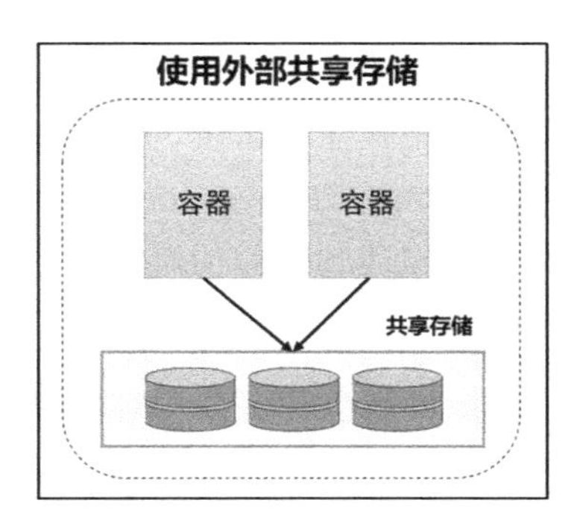


图 2-31

**优点：**配置简单，数据的持久化、备份都由共享存储提供了解决方案，也便于容器实例的水平扩展。

**缺点：** 由于共享存储多是网络存储的，所以在进行文件读写时都要经过网络传输，存储性能比直接在物理机上使用差很多。

Volume 类型选择：使用 PV 或 StorageClass 类型的 Volume。

◎ 静态 PV 可以选择 NFS、FC、iSCSI 等 Volume 类型。
◎ 动态 PV 可以选择 GlusterFS、Ceph 等 Volume 类型。

**适用场景：** 适合有状态类型的容器应用，以及对磁盘 I/O 性能要求不是很高的应用，例如小型数据库类的应用。这类应用如果有水平扩展的需求，则可以考虑使用 Kubernetes 的 StatefulSet 来部署应用和存储。

**注意事项：** 应该考虑存储设备的成本和性能指标。

## 2.4 镜像资源管理

容器云平台除了应该提供计算资源、网络资源和存储资源的管理功能，还应该提供容器镜像的管理功能。镜像作为容器应用的基石，需要在镜像库中统一管理，包括对镜像生命周期的管理、对镜像库多租户权限的管理、对镜像库远程复制的管理和对镜像库操作审计的管理等。

### 2.4.1 镜像生命周期管理

应用的容器镜像作为最重要的应用程序部署包，应具备完善的生命周期管理。在容器云平台上，通常基于持续集成（Continuous Integration）工作流，由 DevOps 工具链完成镜像的自动化构建过程，并且记录每次构建的镜像的版本信息。如何通过自动化 DevOps 工具链完成镜像的构建，请参考第 5 章的内容。

经过持续集成工作流，容器镜像最终会被保存到容器云平台的镜像仓库中，以供正式发布到生存环境中。从部署工作开始，就进入持续部署（Continuous Deployment）的运维流程了，运维人员将基于镜像库中的镜像完成应用的部署和更新。

为了实现镜像的生命周期管理，镜像库需要提供镜像的查询、更新和删除等功能。

## 2.4.2　镜像库多租户权限管理

为了让多租户都能对各自的应用镜像进行管理，镜像库需要为不同的租户设置不同的镜像访问权限，包括基于角色的权限控制。

对镜像库多租户权限的管理应包括以下功能，如图 2-32 所示。

（1）不同租户的镜像应相互隔离。

（2）不同的租户对镜像拥有不同的权限，例如上传、下载和删除权限等。

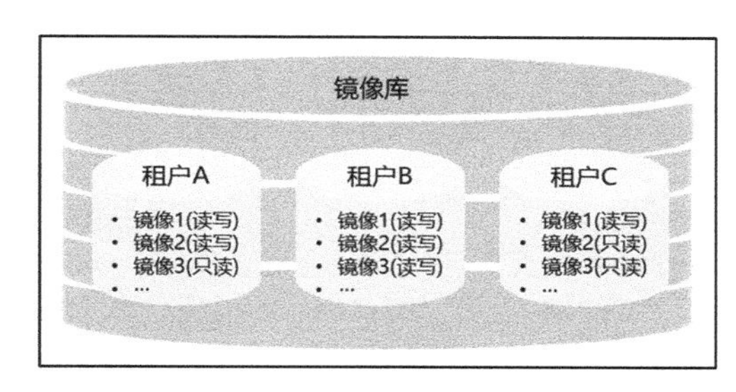


图 2-32

## 2.4.3　镜像库远程复制管理

在多数据中心或跨地域多站点的环境下，为了提高多地区镜像的下载效率，至少需要两级镜像库的设置：总镜像库和子镜像库，如图 2-33 所示。

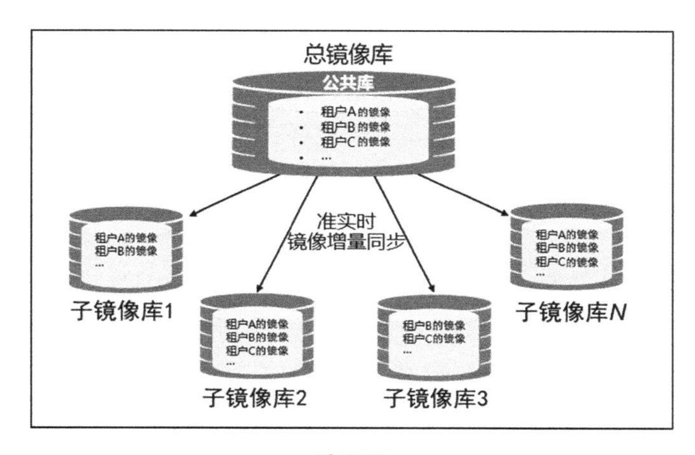


图 2-33

从总镜像库到子镜像库应根据需要设置镜像的复制策略，例如子镜像库 1 仅需要同步租户 A 和租户 B 的镜像，子镜像库 3 仅需要同步租户 B 和租户 C 的镜像。

镜像的远程复制能以准实时的方式进行同步，即当在总镜像库中上传了新的镜像或更新了已有镜像时，能够自动触发远程复制操作。

## 2.4.4 镜像库操作审计管理

在镜像库中对镜像的操作，包括上传（push）、下载（pull）、删除（delete）等，应当保留操作记录，用于审计管理。一种常见的审计日志如下：

```
用户          镜像名                      操作     时间
anonymous   base/app1:20171220        pull    2018-04-11 16:48:20
user1       base/app2:20180104        push    2018-02-06 18:34:00
user1       base/app1:20180104        push    2018-02-06 16:33:43
user1       base/app2:20180104        push    2018-02-06 16:30:09
user1       base/app1:20180104test    push    2018-02-05 18:38:38
user1       base/app1:20180104        push    2018-01-31 20:24:15
user1       base/app1:20180104        push    2018-01-31 19:34:38
```

## 2.4.5 开源容器镜像库介绍

本节介绍常见的几种开源容器镜像库。

### 1. Docker Registry

Docker Registry 是最流行的开源私有镜像仓库，以镜像格式发布，在下载后运行一个 Docker Registry 容器即可启动一个私有镜像库服务：

```
# docker run -d --name registry -p 5000:5000 -v /storage/registry:/tmp/registry
registry:2
```

Docker Registry 的优点如下。

（1）Docker Registry 的最大优点是简单，只需运行一个容器就能集中管理一个集群范围内的镜像，其他机器就都能从该镜像库下载镜像了。

（2）在安全性方面，Docker Registry 支持 TLS 和基于签名的身份验证。

（3）Docker Registry 也提供了 Restful API，以供外部系统调用和管理镜像库中的镜像。

不过，在多租户的支持能力、镜像复制、Web UI 管理界面方面，Docker Registry 的功能就显得不足了，这或许与 Docker 公司主打 Docker Store 仓库有关。

### 2．VMware Harbor

VMware Harbor（简称 Harbor）项目是由 VMware 中国研发团队开发的开源容器镜像库系统，基于 Docker Registry 并对其进行了许多增强，主要特性包括：

◎ 基于角色的访问控制；
◎ 镜像复制；
◎ Web UI 管理界面；
◎ 可以集成 LDAP 或 AD 用户认证系统；
◎ 审计日志；
◎ 提供 RESTful API 以供外部客户端调用；
◎ 镜像安全漏洞扫描（从 v1.2 版本开始集成 Clair 镜像扫描工具）。

Harbor 的总体架构如图 2-34 所示。

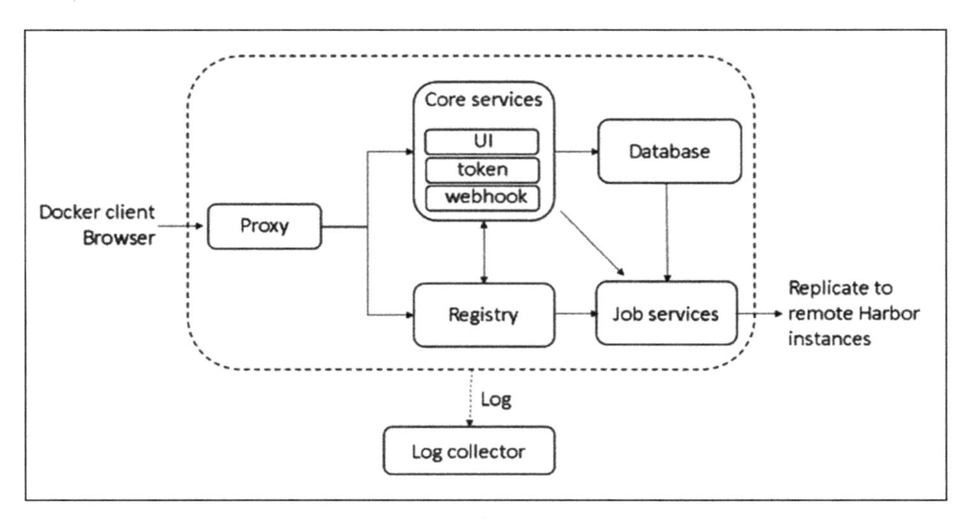


图 2-34

Harbor 主要由以下功能组件组成。

◎ **Proxy**：一个前置的代理统一接收客户端的请求，然后转发给后端不同的服务。
◎ **Registry**：负责 Docker 镜像的存储，并处理 docker push/pull 等命令。
◎ **Core services**：核心服务，包括 UI（Web 管理界面）、webhook 和 token 服务。
◎ **Database**：保存镜像相关信息的数据库。
◎ **Job services**：负责到另一个 Harbor 镜像库的镜像复制任务。
◎ **Log collector**：对上述各组件的日志进行统一收集和管理。

Harbor 相对于 Docker Registry，提供了更好的用户管理、角色权限管理、审计日志，以及多个 Harbor 镜像库之间的镜像复制等功能，可以用作企业私有镜像库的服务器。不过，也可以看出 Harbor 的组件较多，且使用了一个内部数据库保存镜像信息，与外部系统的集成较为复杂。

### 3. Sonatype Nexus

Sonatype Nexus 是个软件仓库管理器，主要有 2.x 和 3.x 两大版本。2.x 版本主要支持 Maven、P2、OBR、Yum 等软件仓库；3.x 版本主要支持 Docker、NuGet、npm、Bower、NuGet、PyPI、Ruby Gems、Apt、Conan、R、CPAN、Raw、Helm 等软件仓库，也支持构建工具 Maven。

Sonatype Nexus 的特点如下。

◎ 部署简单，通过启动一个容器即可完成，启动命令如下：

```
# docker run -d --name nexus -p 5000:5000 -p 8081:8081 sonatype/ nexus3
```

◎ 支持 TLS 安全认证。
◎ 提供 Web UI 管理界面。
◎ 支持代理仓库（Docker Proxy），可以将到 Nexus 镜像库的操作代理到另一个远程镜像库。
◎ 支持仓库组（Docker Group），可以把多个仓库组合成一个地址提供服务。
◎ 除了支持 Docker 镜像，还支持对其他软件仓库的管理，例如 Yum、npm 等。

图 2-35 显示了在 Nexus 中管理 Docker 镜像的页面。

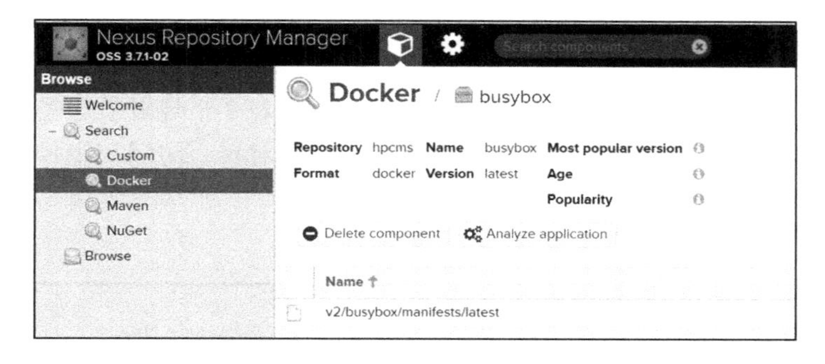


图 2-35

## 4．SUSE Portus

SUSE Portus 是另一个开源镜像库，其特点包括：

◎　基于组（Team）和命名空间（Namespace）的细粒度访问权限控制；
◎　Web UI 管理界面；
◎　可以集成 LDAP 用户认证系统，也支持 OAuth；
◎　审计日志；
◎　提供 RESTful API，以供外部客户端调用；
◎　镜像安全漏洞扫描（集成 Clair 镜像扫描工具）。

图 2-36 显示了在 SUSE Portus 中管理 Docker 镜像的页面。

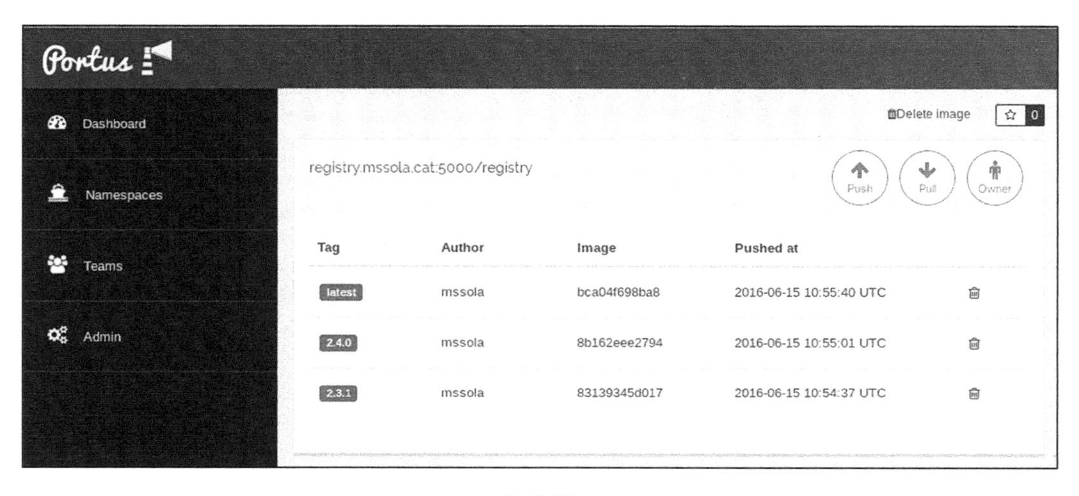


图 2-36

### 5．以上方案的特性对比

以上开源镜像库方案都支持 TLS 和 RESTful API，表 2-6 给出了这些方案在系统复杂度、配置难易度、Web UI 管理界面、与外部 LDAP/AD 对接、访问权限控制、镜像复制和镜像扫描方面的差异。

表 2-6

| 特性 \ 方案 | Docker Registry | VMware Harbor | Sonatype Nexus | SUSE Portus |
| --- | --- | --- | --- | --- |
| 系统复杂度 | 简单 | 复杂 | 简单 | 一般 |
| 配置难易度 | 简单 | 复杂 | 一般 | 一般 |
| Web UI 管理界面 | 无 | 有 | 有 | 有 |
| 与外部 LDAP/AD 对接 | 无 | 有 | 有 | 有 |
| 访问权限控制 | 弱 | 强 | 弱 | 强 |
| 镜像复制 | 无 | 支持复制到另一个 Harbor 镜像库 | 支持 Proxy 代理到另一个镜像库 | 弱 |
| 镜像扫描 | 无 | 可集成 Clair | 无 | 可集成 Clair |

# 第 3 章 应用管理

在容器云平台为租户提供了各种资源之后，租户就能在平台上管理自己的业务应用了。对应用的管理主要包括应用的部署、更新策略（灰度发布）、弹性扩缩容、日志和监控等，本章主要介绍基于 Kubernetes 的企业级容器云平台的应用管理。我们先来了解基于微服务架构的应用的概念，如图 3-1 所示。

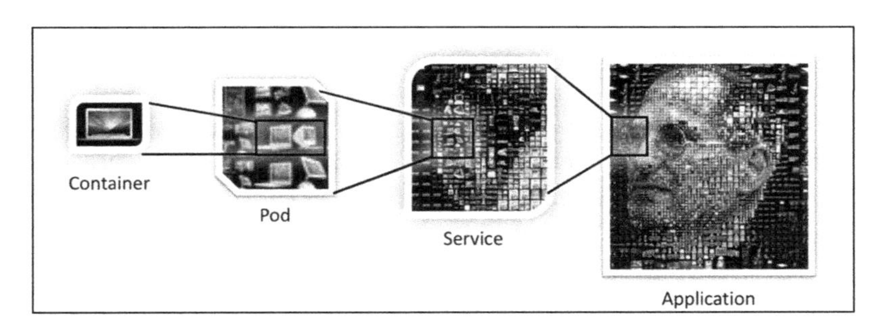


图 3-1

在微服务体系架构中，一个应用是由一组在逻辑上紧密关联而又可以独立部署的微服务（Service）组成的，而微服务（Service）是对多实例容器的逻辑抽象，它定义了一个服务的访问入口地址，通过这个地址访问其后端由一组 Pod 副本组成的应用实例。Pod 由一个或多个容器组成，同一个组内的容器共享存储卷和网络栈。容器则包括应用程序及运行时所需的依赖库，将其打包在一个环境中运行。

在容器云平台上需要实现对成千上万容器化应用的管理，了解这些概念及其关系可以帮助我们理解应用的构成，以及在容器云平台上进行应用的部署、更新和弹性扩缩容等管理工作。

## 3.1 应用的创建

在容器云平台上，租户应该省去创建和编辑不同类型应用的 Kubernetes 配置文件和在后台执行 kubectl 命令等复杂的手工工作，通过平台提供的简单、灵活的应用部署可视化页面工具，来提高应用管理的工作效率。

在部署应用前，容器云平台应该根据应用的类型提供不同的应用创建模板，供运维人员使用。运维人员应该基于应用模板先完成应用的创建，在确认无误后再进行部署工作。

### 3.1.1 应用模板的定义

容器云平台为不同的应用定义了不同的模板，用户只需选择自己要创建和发布的应用模板，就可以直观、快速地创建并发布自己的应用。下面通过几个例子来介绍容器云平台的应用模板。

#### 1. 单个服务的应用模板

本例中的“学员分数管理系统”应用包含两个微服务，一个是 Web 服务，另一个是 MySQL 数据库服务，系统架构如图 3-2 所示。Web 服务将通过 JDBC 访问 MySQL 数据库并展示学员的分数数据。在通过浏览器访问 Web 服务时，在页面上会显示一个表格，数据均来自 MySQL 数据库。

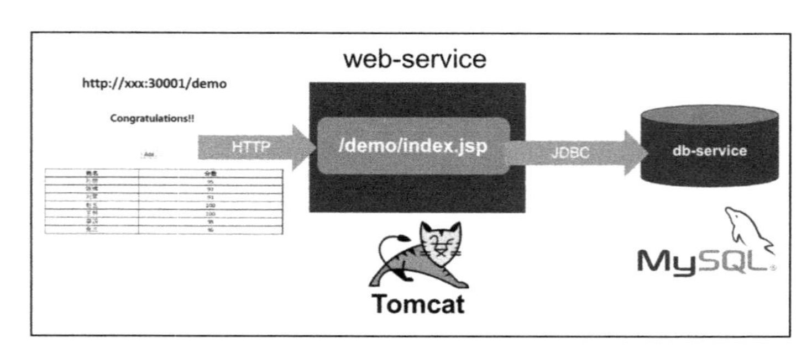


图 3-2

为了部署该业务系统，需要创建两个应用：web-service 应用和 db-service 应用。web-service 应用需要通过服务名来访问 db-service 应用，还需要将 web-service 应用的 8080 端口号映射到宿主机的 30001 端口，供 Kubernetes 集群外部的客户端（如浏览器）访问。

表 3-1 对 web-service 的应用模板进行了说明，其内容可以对应 Kubernetes 的 Pod、RC、Service 等资源对象。

表 3-1

| 应用模板字段 | 取 值 示 例 | 说　　明 |
| --- | --- | --- |
| 应用名称（Application Name） | score-record | 应用的名称 |
| 版本号（Version） | v1 | 应用的版本号 |
| 说明（Note） | students score management | 应用的说明描述 |
| 服务的设置 | | |
| 服务名（Name） | score-record | |
| 负载分发模式（Proxy Mode） | Round Robin | 可选模式：轮询（Round Robin）、会话保持（Session Affinity） |
| 控制器类型（Controller Type） | ReplicationController | 控制器类型，可选类型有 ReplicationController、Deployment、DaemonSet 和 StatefulSet |
| 容器副本数量（Replica） | 1 | 一个服务后端 Pod 的数量 |
| 自定义标签（Label） | | |
| Key | app | 标签的 key 值 |
| Value | web-service | 标签的 value 值 |
| 容器（Container） | | 一个服务可以包含多个容器 |
| 镜像（Image） | test/web-service:v1 | 选择镜像文件 |
| CPU 初值（CPU Request） | 0.1 | 容器启动占用 CPU 的初始值，以 core 为单位 |
| 内存初值（Memory Request） | 256 | 容器启动占用内存的初始值，以 MB 为单位 |
| CPU 上限（CPU Limit） | 0.5 | 容器最多可用 CPU 数量，以 core 为单位 |
| 内存上限（Memory Limit） | 1024 | 容器最多可用内存数量，以 MB 为单位 |
| 容器需要暴露的端口号（Port） | | 服务所需监听的端口号，可以设置多个端口号 |
| 容器端口号（Container Port） | 8080 | 容器内进程需要暴露的端口号 |
| 宿主机端口号（Node Port） | 30001 | 服务需要映射到宿主机的端口号，该设置仅用于需要对外提供服务的应用 |

续表

| 应用模板字段 | 取值示例 | 说明 |
| --- | --- | --- |
| 选择协议（Protocol） | TCP | 支持 TCP、UDP |
| 存储卷（Volume） | | 可定义多个存储卷 |
| 存储卷的类型（Volume Type） | | 支持多种存储卷类型，包括 hostPath、PVC 和 emptyDir 等 |
| 存储卷的名称（Name） | | 挂载的存储卷名称 |
| 路径（Path） | | 存储卷的路径。如果类型为 hostPath，则设置宿主机的路径；如果类型为 PVC，则设置 PVC 的名称 |
| 容器内挂载目录（Volume Mount） | | 根据在服务中设置的 Volume 设置挂载到容器内的路径，可以是目录或文件 |
| 应用配置（Config Map） | | 选择预定义好的应用配置，并指定要挂载到容器内的目录 |
| 应用配置的名称 | tomcat-conf | 应用配置的名称 |
| 挂载到容器内的路径 | /config-center | 将应用配置 tomcat-conf 挂载到容器内的/config-center 目录下 |
| 环境变量（Environment Variable） | | 容器内应用程序需要的环境变量设置 |
| TZ | Asia/Shanghai | |
| MYSQL_SERVICE_HOST | db-service | |
| MYSQL_SERVICE_PORT | 3306 | |
| 启动命令（CMD） | /root/start.sh | 容器启动命令脚本 |
| 预终止命令（PreStopCommand） | /tomcat/bin/shutdown.sh | Pod 会先在容器中执行命令/tomcat/bin/shutdown.sh（或达到最大时间）后停止 |
| 应用健康检查（Liveness Probe） | | 对容器内的应用程序进行健康检查的设置，有以下 3 种模式，选择其中一种即可。<br>● HTTPGet：通过一个 http URL 进行 GET 方式探测。<br>● TCPSocket：通过与指定的端口号建立 TCP 连接方式探测。<br>● Exec：通过执行指定脚本的返回码进行探测 |
| HTTPGet：Path | /_ping | 通过访问 http://localhost:<Port>/_ping 进行应用的健康检查 |
| HTTPGet：Port | 8080 | 健康检查 HTTP 端口号 |
| HTTPGet：Initial Delay | 200 | 在启动容器后进行首次健康检查的等待时间，单位为秒 |
| HTTPGet：Timeout | 10 | 健康检查发送 GET 请求等待 HTTP 应答的超时时间，单位为秒。当超时发生时，系统会认为容器已经无法提供服务，将会重启该容器 |

续表

| 应用模板字段 | 取 值 示 例 | 说　　明 |
|---|---|---|
| 服务可用性检查（Readiness Probe） | | 对容器内的应用程序进行服务可用性检查的设置，与健康检查一样可以设置 3 种模式：HTTPGet、TCPSocket 和 Exec |
| HTTPGet：Path | /demo | 通过访问 http://localhost:<Port>/demo 进行应用的可用性检查 |
| HTTPGet：Port | 8080 | 应用可用性检查 HTTP 端口号 |
| HTTPGet：Initial Delay | 200 | 从启动容器后，进行首次可用性检查的等待时间，单位为秒 |
| HTTPGet：Timeout | 10 | 发送 GET 请求等待 HTTP 应答的超时时间，单位为秒。当超时发生时，Kubernetes 会认为容器已经无法提供服务，并将该服务的 Pod 标记为 Not Ready，Service 将不会向其转发客户端请求，直到其状态变成 Ready；与健康检查不同的是，在可用性检查失败时不会重启 Pod，而是等待服务变为可用 |

如表 3-2 所示是新建 db-service 应用的设置示例。

表 3-2

| 应用模板字段 | 取 值 示 例 | 说　　明 |
|---|---|---|
| 应用名称（Application Name） | db-service | 应用的名称 |
| 版本号（Version） | v1 | 应用的版本号 |
| 说明（Note） | mysql db service | 应用的说明描述 |
| 服务的设置 | | |
| 服务名（Name） | db-service | |
| 负载分发模式（Proxy Mode） | Round Robin | 可选模式，包括轮询和会话保持 |
| 控制器类型 | ReplicationController | 控制器类型，可选类型有 ReplicationController、Deployment、DaemonSet 和 StatefulSet |
| 容器副本数量（Replica） | 1 | 一个服务后端 Pod 的数量 |
| 自定义标签（Label） | | |
| Key | app | 标签的 key 值 |
| Value | db-service | 标签的 value 值 |
| 容器（Container） | | 一个服务可以包含多个容器 |
| 镜像（Image） | /test/db-service:5.7.22 | 选择镜像文件 |

续表

| 应用模板字段 | 取 值 示 例 | 说 明 |
| --- | --- | --- |
| CPU 初值（CPU Request） | 0.1 | 容器启动占用 CPU 的初始值，以 core 为单位 |
| 内存初值（Memory Request） | 256 | 容器启动占用内存的初始值，以 MB 为单位 |
| CPU 上限（CPU Limit） | 0.5 | 容器可用的最多 CPU 数量，以 core 为单位 |
| 内存上限（Memory Limit） | 1024 | 容器可用的最多内存数量，以 MB 为单位 |
| 容器需要暴露的端口号（Port） | | 服务所需监听的端口号，可以设置多个端口号 |
| 容器端口号（Container Port） | 3306 | 容器内进程需要暴露的端口号 |
| 宿主机端口号（Node Port） | | 服务需要映射到宿主机的端口号，该设置仅用于需要对外提供服务的应用 |
| 选择协议（Protocol） | TCP | 支持 TCP、UDP |
| 存储卷（Volume） | | 可定义多个存储卷 |
| 存储卷类型（Volume Type） | hostPath | 支持多种存储卷类型，包括 hostPath、PVC 和 emptyDir 等 |
| 存储卷名称（Name） | mysqldata | 挂载的存储卷名称 |
| 路径（Path） | /home/mysql-data | 存储卷的路径。如果类型为 hostPath，则设置宿主机的路径；如果类型为 PVC，则设置 PVC 的名称 |
| 容器内挂载目录（Volume Mount） | | 根据在服务中设置的 Volume，设置挂载到容器内的路径，可以是目录或文件 |
| 存储卷名称 | mysqldata | 引用的 Volume 名称 |
| 挂载到容器内的路径 | /var/lib/mysql | 挂载到容器内的路径 |
| 环境变量（Environment Variable） | | 容器内的应用程序需要的环境变量设置，可以设置多个 |
| TZ | Asia/Shanghai | |
| MYSQL_ROOT_PASSWORD | 123456 | 设定 MySQL 数据库的 root 密码 |
| 启动命令（CMD） | | |
| 预终止命令（PreStopCommand） | | |
| 应用健康检查（Liveness Probe） | | 在对容器内的应用程序进行健康检查设置时，有以下 3 种模式，选择其中一种即可。<br>• HTTPGet：通过一个 http URL 进行 GET 方式探测。<br>• TCPSocket：通过与指定的端口号建立 TCP 连接方式探测。<br>• Exec：通过执行指定脚本的返回码进行探测 |
| TCPSocket：Port | 3306 | 通过与 localhost:<Port>建立 TCP 连接进行应用的健康检查 |

续表

| 应用模板字段 | 取值示例 | 说　明 |
| --- | --- | --- |
| TCPSocket：Initial Delay | 200 | |
| TCPSocket：Timeout | 10 | |
| 服务可用性检查（Readiness Probe） | | 对容器内应用程序进行服务可用性检查的设置，与健康检查一样，可以设置 3 种模式：HTTPGet、TCPSocket 和 Exec |
| TCPSocket：Port | 3306 | 通过与 localhost:<Port>建立 TCP 连接进行应用的可用性检查 |
| TCPSocket：Initial Delay | 200 | |
| TCPSocket：Timeout | 10 | |

下面对上述应用模板中非常关键的一些字段含义进行解释，并对这些字段的不同取值所对应的应用场景进行说明。

**1）负载分发模式**

负载分发模式可分为轮询模式和会话保持模式。通常可以为服务设置轮询的负载分发模式。在客户端需要保持会话的应用场景中，应设置负载分发模式为“会话保持”。

**2）主机网络模式（hostNetwork）**

是否使用主机网络模式，默认值为“否”。如果选择“是”，则表示容器使用宿主机网络，不再使用容器的 Overlay 网络，容器 IP 即宿主机 IP，容器端口直接占用宿主机上的端口。在这种模式下，一个 Pod 将无法在同一台宿主机上启动第 2 个副本。

那么，在什么场景下需要使用 hostNetwork 模式呢？在服务需要使用固定的 IP 地址和端口号，以及需要提高 I/O 效率的时候，可以使用 hostNetwork 模式。需要注意的是，当容器出现故障或者容器所在的宿主机出现故障，而无法通过简单地在另一台宿主机上重建一个容器继续提供服务时，为了保证服务的高可用性，通常应该在部署这类服务的时候就引入额外的负载均衡器或其他工具来避免单点故障。

**3）服务的端口号设置（Container Port、Node Port）**

应用模板可能需要定义 Container Port 和 Node Port，Container Port 为容器内的应用程序监听的端口号，Node Port 为 Kubernetes 集群内部的微服务需要映射到宿主机的端口号。上例中的 web-service 应用设置了 Node Port 为 30001，说明这是一个对集群外部提供服务的应用。

在 Kubernetes 集群内部，各个微服务通常都无须将端口号映射到宿主机上，仅需要对集群外部提供服务的应用进行设置，同时需要对端口号进行完整的管理（详见 2.1.4 节的说明）。

**4）应用配置**

应用的配置主要是指应用所需的配置文件，可以通过 Kubernetes 的 ConfigMap 进行管理。在应用能够挂载应用配置之前，运维人员需要在容器云平台上先创建 ConfigMap，并发布到指定的集群中，然后在应用创建时对应用配置进行引用。例如，web-service 应用在容器启动时将配置文件 tomcat-conf 挂载（mount）到容器内部的/config-center 目录下。应用配置的管理在 3.1.2 节会详细介绍。

**5）环境变量的设置**

我们可以将环境变量看作另一种应用程序所需的配置，在容器启动时进行注入，供应用程序读取。对于应用程序所需的比较简单的可变参数，通常可以通过环境变量的形式进行设置。如果内容非常多，则应考虑使用配置文件，通过 ConfigMap 的方式挂载到容器内部。

**6）存储卷的设置**

容器一旦被销毁，容器内部的数据便会全部丢失。为了让容器内部的有用数据能持久化保存，我们可以将容器内部有用的数据通过存储卷保存到宿主机或者网络共享存储中。关于如何选择不同的存储类型，详见 2.3 节的说明。

**7）预终止命令**

Kubernetes 在停止某个 Pod 之前，会先执行容器中的 preStop Command 命令（/tomcat/bin/shutdown.sh），在执行完毕后（或达到最大时间）才会停止 Pod。这对于还有部分客户端请求没有完全处理的 Pod 来说非常重要，在停止 Pod 之前，应尽量让容器内部的应用程序将请求处理完成并自行退出，避免被强行 Kill 掉。

**8）应用的健康检查**

对应用的健康检查可以通过 Kubernetes 的 LivenessProbe 探针来探测，判断容器是否正常存活。如果探测到容器不健康，Kubelet 则将杀掉该容器，并根据容器的重启策略对容器进行重启。健康检查可以设置的方法有 httpGet、tcpSocket 和 exec，对一个容器仅需设置一种健康检查方法。对应用设置健康检查机制，能够实现应用的高可用。

**9）应用的服务可用性检查**

容器应用在发布后的运行过程中，需要确保每个应用 Pod 实例都能持续地提供服务，可以通过 Kubernetes 的 ReadinessProbe 探针来探测。如果对某个 Pod 的服务可用性探测没有得到正常的返回结果，则说明该 Pod 目前无法提供服务（例如，发生了排队的请求太多、内存不够等情况，则在一段时间后可以恢复正常），Kubernetes 将会从 Service 级别隔离该 Pod 实例，以减少失败的服务请求响应，避免影响到业务的处理。

### 2．多服务组合的应用模板

前面介绍了单个应用在 Kubernetes 上部署的模板示例，如果一个应用由多个服务组成（例如复杂集群化的中间件系统），多个服务之间存在各种关联关系，配置也相对比较复杂，则仅通过单个应用的模板进行发布就比较困难了。对于这类应用，可以采用 Helm 应用包管理工具来实现应用的创建和部署工作。

Helm 是一个由 CNCF 孵化和管理的项目，用于对需要在 Kubernetes 上部署的复杂应用进行定义、安装和更新。Helm 以 Chart 的方式对应用软件进行描述，可以方便地创建、版本化、共享和发布复杂的应用软件。图 3-3 展示了 Helm 系统的整体架构。

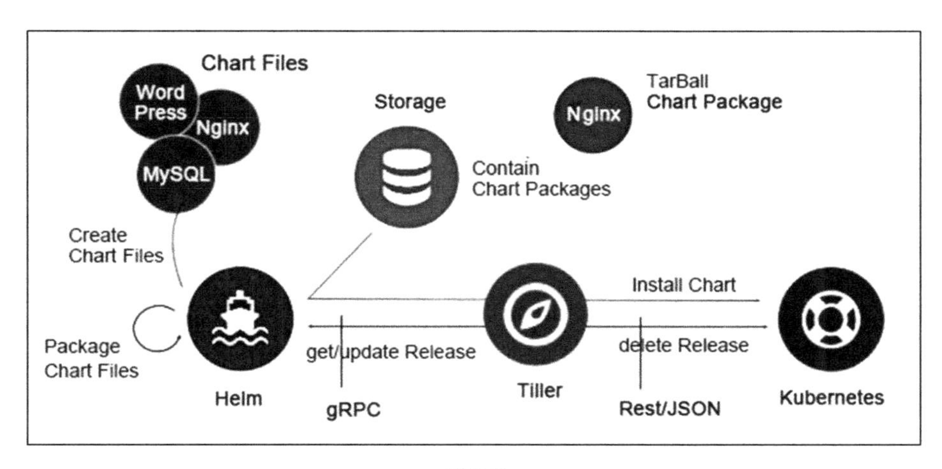


图 3-3

Helm 主要涉及 Chart、Release 和 Repository 这几个概念。

◎ **Chart**：为一个 Helm 包，其中包含了运行一个应用所需的工具和资源定义，还可能包含 Kubernetes 集群中的服务定义，类似于 Homebrew 中的 formula、APT 中的 dpkg 或者 Yum 中的 RPM 文件。

◎ **Release**：为在 Kubernetes 集群上运行的一个 Chart 实例。在同一个集群上，一个 Chart 可以安装多次。例如有一个 MySQL Chart，如果想在服务器上运行两个 MySQL 数据库，就可以基于这个 Chart 安装两次。每次安装都会生成新的 Release，会有独立的 Release 名称。

◎ **Repository**：为用于存放和共享 Chart 的仓库。

简单来说，Helm 系统的主要任务就是在仓库中查找需要的 Chart，然后将 Chart 以 Release 的形式安装到 Kubernetes 集群中。

其中最核心的组件是 Chart，它是一个包含一系列文件的目录，即在容器云平台上可以提供的多服务应用模板。

例如，一个 Redis 集群的 Chart 目录结构如下，其中包含了 redis-master 和 redis-slave 的 Deployment 和 Service 配置文件，以及默认值的配置文件（values.yaml）：

```
redis-cluster/
├── charts                          # 包含该 Chart 所依赖的其他 Chart
├── Chart.yaml                      # 用于描述 Chart 信息的 YAML 文件
├── LICENSE
├── README.md
├── templates                       # 结合 values.yaml 生成 Kubernetes 的 manifest 文件
│   ├── redis-master-deployment.yaml    # redis-master 的 Deployment 模板文件
│   ├── redis-master-service.yaml       # redis-master 的 Service 模板文件
│   ├── redis-slave-deployment.yaml     # redis-slave 的 Deployment 模板文件
│   └── redis-slave-service.yaml        # redis-slave 的 Service 模板文件
└── values.yaml                     # 默认的配置值
```

目前，在官方的 Kubernetes Helm Chart 仓库中包含了在持续维护的大量 Chart，我们可以在 https://github.com/kubernetes/charts/tree/master/stable 网站查找需要的 Chart，如图 3-4 所示。

图 3-4

在找到需要安装的 Chart 或者根据业务系统的要求自行设计 Chart 之后，可将 templates 作为应用模板配置到容器云平台上，作为复杂应用的部署模板使用。

对于一个 Helm Chart 中的各个微服务，同样应该遵循单个服务的部署模板说明，将关键信息提取出来，交由运维人员配置和管理。

## 3.1.2　应用配置管理

在制作容器镜像时，应用程序使用的配置文件应剥离于镜像之外，这样能避免因为配置发生变更而重新打包镜像。应用配置应在容器云平台上统一管理，在创建容器时再进行注入，供应用程序使用。当容器云平台需要管理数以万计的应用时，对各个应用的配置管理就变得至关重要了。

企业级容器云平台应提供统一的服务配置中心，将应用程序需要使用的所有配置文件上传到服务配置中心，服务配置中心对所有配置文件进行统一存储、变更、版本维护等操作。这样，运维人员就可以将应用配置与应用进行关联来完成部署工作。配置管理的功能如图 3-5 所示。

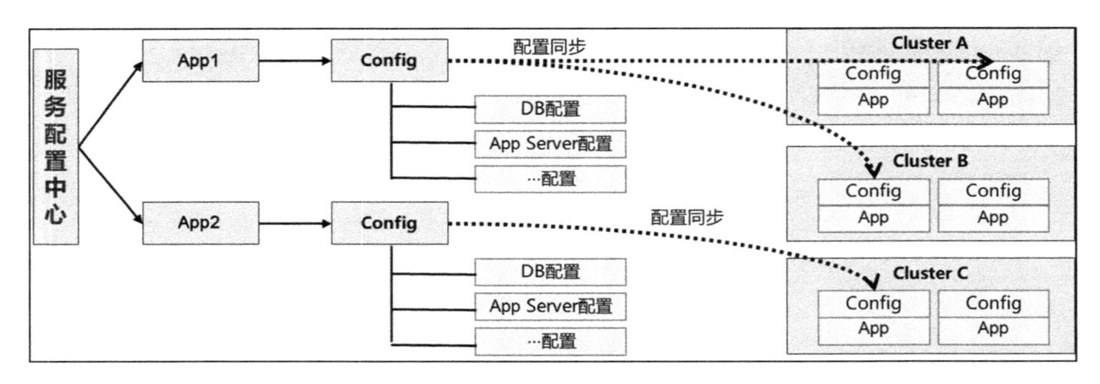


图 3-5

在 Kubernetes 平台上，可以利用 ConfigMap 将应用要使用的多个配置文件进行保存。对于配置文件本身的管理，则可以使用 Git 或 SVN 工具来完成。当配置文件的内容发生变化时，容器云平台应该能够更新配置文件的内容到 Kubernetes 的 ConfigMap 中。

以 web-service 应用为例，Tomcat 所需要的配置模板 tomcat-conf 内容如下，在其中定义了配置文件 server.xml 的内容，如表 3-3 所示。

表 3-3

| 应用配置模板字段 | 取 值 示 例 | 说 明 |
| --- | --- | --- |
| 应用配置名称（Name） | tomcat-conf | 应用配置的名称 |
| 命名空间（Namespace） | test1 | 选择该应用配置所属的命名空间 |
| 配置项（Config） |  | 一个应用配置由多个配置项组成，每个配置项对应一个配置文件 |
| 文件名（File Name） | server.xml | 配置文件的名称 |

续表

| 应用配置模板字段 | 取 值 示 例 | 说　明 |
|---|---|---|
| 配置文件内容（Value） | <?xml version="1.0" encoding="utf-8"?><br><Server port="8005" shutdown="SHUTDOWN"><br><Listener className="org.apache.catalina.startup.VersionLoggerListener"/><br><Listener className="org.apache.catalina.core.AprLifecycleListener" SSLEngine="on"/><br><Listener className="org.apache.catalina.core.JreMemoryLeakPreventionListener"/><br><Listener className="org.apache.catalina.mbeans. GlobalResourcesLifecycleListener"/><br><Listener className="org.apache.catalina.core. ThreadLocalLeakPreventionListener"/><br><GlobalNamingResources><br><Resource name="UserDatabase" auth="Container" type="org. apache.catalina.UserDatabase" description="User database that can be updated and saved" factory="org.apache. catalina.users. MemoryUserDatabaseFactory" pathname="conf/tomcat-users.xml"/><br></GlobalNamingResources><br><Service name="Catalina"><br><Connector port="8080" protocol="HTTP/1.1" connectionTimeout ="20000" redirectPort="8443" maxThreads="500" acceptCount="500" minSpareThreads="50"/><br><Engine name="Catalina" defaultHost="localhost"><br><Realm className="org.apache.catalina.realm. UserDatabaseRealm" resourceName="UserDatabase"/><br><Host name="localhost" appBase="webapps" unpackWARs= "true" autoDeploy="true" xmlValidation="false" xmlNamespaceAware="false"><br></Host><br></Engine><br></Service><br></Server> | 配置文件 server.xml 的全部文本内容 |

## 3.2 应用部署管理

在基于应用模板创建应用之后，即可进入下一步，部署应用到可用的资源分区上。在应用部署完成后，便进入应用的运维管理阶段，容器云平台应提供应用的详细信息，包括查看 Pod 的运行状态、查看容器日志、进入控制台调试，以及在运维工作中需要完成的应用更新、应用启停和调整 Pod 数量等工作。

应用的部署管理主要包括对多集群环境下应用的一键部署管理，以及对应用更新时的灰度发布策略管理。

### 3.2.1 对多集群环境下应用的一键部署管理

容器云平台需要支持应用的一键部署功能，在单个和多个 Kubernetes 集群上都应该提供支持。本节主要从多集群角度对一键部署应用的功能进行说明，这样也可涵盖在单集群上部署的场景。用户在多集群环境下一键部署应用之前，需要完成多个 Kubernetes 集群的统一纳管和资源分区管理，详见 2.1 节的说明。

在资源就绪之后，用户选择已创建好的应用，然后选择多个集群的不同资源分区，确认发布应用，即可完成应用的一键部署，之后容器云平台即可将应用部署到多个集群的指定分区中，这个过程如图 3-6 所示。

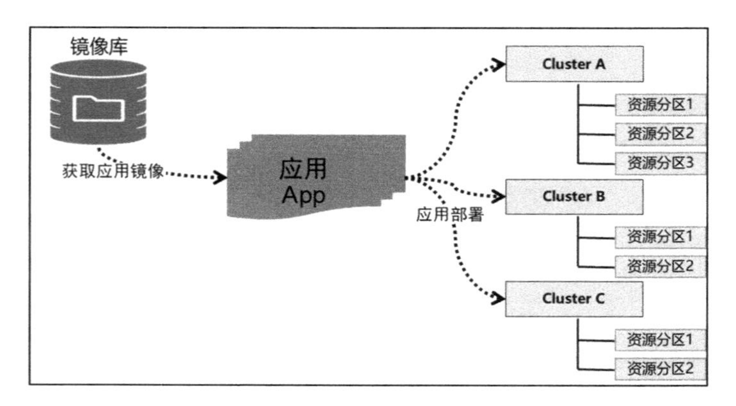


图 3-6

在应用部署完成之后，容器云平台应提供应用的详细信息查看及应用更新、应用启停及调整应用 Pod 数量等管理功能，可通过调用 Kubernetes 的 RESTful API 来实现。

## 3.2.2 对应用更新时的灰度发布策略管理

在应用需要更新时，通常应该采用灰度发布策略来完成。灰度发布策略的主要目标是根据一定的规则来对业务请求进行分流，以达到控制风险并对系统新特性的发布实现一种循序渐进的迭代。接下来对常见的应用部署策略进行说明。

常见的应用部署策略包括：重建部署、滚动更新部署（Rolling Update）、影子部署、蓝绿部署（Blue Green Deployment）、金丝雀部署（Canary Release）和 A/B 测试。

### 1．重建部署

重建部署指下线版本 v1，然后部署版本 v2，预期的服务宕机时间取决于应用的下线时间和应用的启动耗时。采用这种部署模式需要提前和客户提交上线申请，并把影响范围、影响时间全部通知到该业务的上下游和周边业务系统。

### 2．滚动更新部署

版本 v2 缓慢更新并替代版本 v1。这种部署方式的发布和回滚都很耗时，并且无法控制流量。

### 3．影子部署

版本 v1 在接收真实生产请求的同时分流出部分请求并将其发送到版本 v2 上，版本 v2 不需要返回应答，对生产环境的流量无影响。这种部署方式可以对生产环境的流量进行性能测试，直到新版本应用的稳定性和性能满足要求，再正式上线。

### 4．蓝绿部署

蓝绿部署是通过调整负载均衡器指向经过测试的新版本应用服务，以实现尽可能不中断业务服务的系统更新过程。

为了完成蓝绿部署，通常需要准备两个相同的环境，蓝色环境运行当前生产环境下的应用，也就是老版本应用 v1；在绿色环境下部署新版本 v2，测试验证新版本应用的可用性，在验证通过后调整负载均衡器的策略，将业务流量从老版本 v1 切换到新版本 v2。如图 3-7 所示。

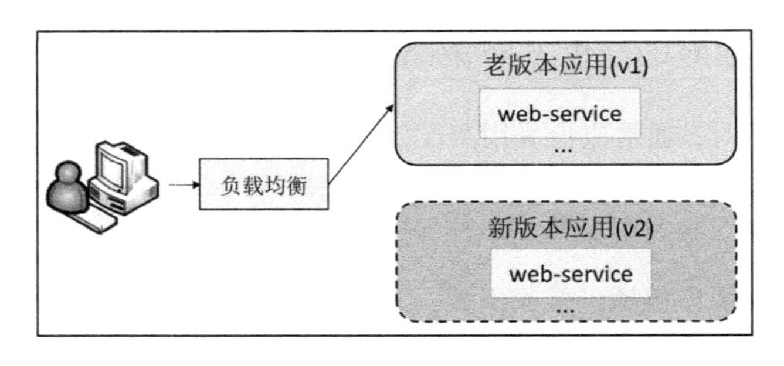


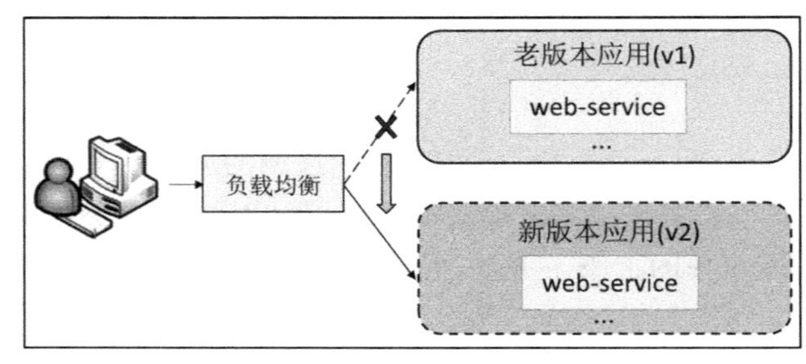


图 3-7

蓝绿部署策略的优点如下。

◎ 可实现比较平滑的应用发布，对系统服务可用性的影响时间非常短。
◎ 可实现快速的故障切换，提高系统的可靠性。
◎ 新版本和老版本不会并行运行，兼容性好。

蓝绿部署策略的缺点如下。

◎ 应用在发布时需要一个短暂的系统迁移过程，无法实现完全不中断服务的系统升级部署。
◎ 新版本和老版本缺少并行运行时间，无法对新版本应用进行有效的生产流量测试验证，无法有效地对比新老版本运行的实际效果。

### 5. 金丝雀部署

金丝雀部署是在原有版本可用的情况下，同时部署一个新版本应用作为“金丝雀”（金丝雀对瓦斯极为敏感，矿井工人携带金丝雀进入矿井，以便及时发现人很难察觉的瓦斯泄漏状况），测试新版本的功能和性能，以期尽快发现问题。

金丝雀部署包含以下步骤。

（1）在蓝色环境上运行当前生产环境下的应用，也就是老版本应用 v1；在绿色环境上部署新版本 v2，测试验证新版本应用的可用性，如图 3-8 所示。

（2）新版本应用在内部验证通过后，修改负载均衡，将部分用户的流量转移到新版本 v2，开始并行运行，如图 3-9 所示。

（3）在经过并行运行验证确认新版本应用的稳定性后，将所有用户的流量转移到新版本 v2，如图 3-10 所示。

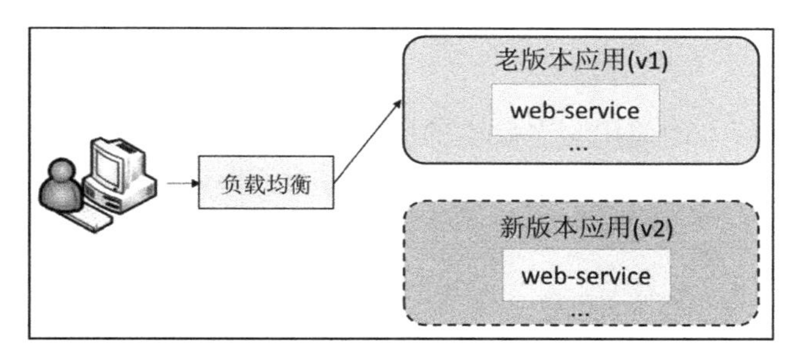


图 3-8

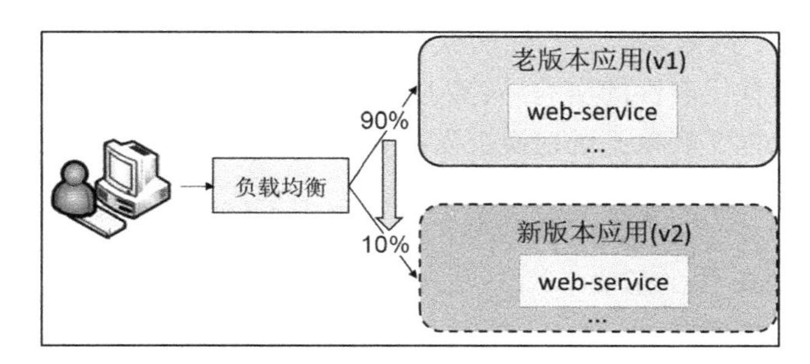


图 3-9

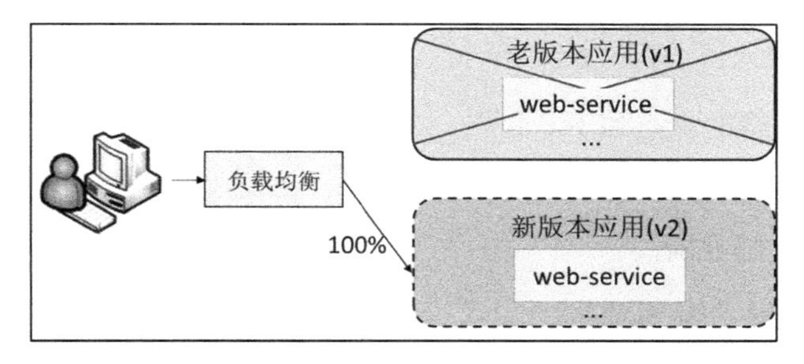


图 3-10

金丝雀部署策略的优点如下。

◎ 可实现非常平滑的应用发布，实现不中断服务的系统升级部署。
◎ 可实现快速的故障切换，提高系统的可靠性。
◎ 新版本与老版本并行运行，可以对新版本的应用进行有效的生产流量测试验证。

金丝雀部署策略的缺点如下。

◎ **适用范围：**新版本的应用与老版本的应用需要并行运行，对应用的业务逻辑一致性和数据一致性有要求，因此只适用于部分业务场景和部分应用更新类型，适用范围有限。
◎ **一致性：**新版本的应用与老版本的应用在并行运行时，数据的一致性需要依靠技术手段进行保障，因此对应用程序的编写和数据同步机制的实现有较高要求，技术门槛较高。

#### 6. A/B 测试

A/B 测试是指在特定条件下将一部分用户的请求转发到新版本的应用上，测试应用功能的不同表现的方法，例如某个新特性的受欢迎程度等。使用 A/B 测试的目的是通过一定的样本测试来获得具有代表性的实验结论，以便推广给全部用户。相对于金丝雀部署策略，A/B 测试在业务请求的权重和流量切换上支持更灵活、更丰富的规则设置。

例如，可以根据下面的条件来设置负载均衡器到不同版本的请求转发策略。

◎ 浏览器 Cookie 中的信息。
◎ 请求中的参数值。
◎ 地理位置信息。
◎ 技术参数，例如浏览器的版本、屏幕尺寸、操作系统等。
◎ 语言。

A/B 测试部署策略的优点如下。

◎ 多个版本并行运行。
◎ 流量分布控制准确。

A/B 测试部署策略的缺点如下。

◎ 需要负载均衡器更加智能。

◎　对于特定会话的问题定位比较困难，需要引入服务性能监控系统。

### 7. 总结

应用的部署策略有多种，在实际业务场景中采用哪种部署策略取决于业务需求、业务特点和预算。当部署应用到开发环境或者测试环境时，重建或者滚动更新部署是较好的选择。当部署应用到生产环境时，滚动更新部署或者蓝绿部署通常是较好的选择，但是必须对新版本进行充分测试。

因为需要双倍的系统资源，所以蓝绿部署和影子部署的成本更高。如果应用程序的测试不够充分，那么可以使用金丝雀部署、A/B 测试或者影子部署策略。如果业务需要根据地理位置、语言、操作系统或浏览器特性等参数进行筛选来为特定的用户测试一个新特性，那么可以使用 A/B 测试技术。

另外，影子部署策略实际上很复杂，需要通过额外的工作来模拟响应分支请求。但影子部署在升级新数据库时非常有用，可以通过影子流量来监控数据库系统的性能。

从技术上来说，滚动更新部署策略可以通过 Kubernetes 的 rolling-update 机制实现。影子部署、蓝绿部署、金丝雀部署和 A/B 测试等策略可以使用 Service Mesh 的微服务管理框架进行实现（详见 4.3 节的说明）。

## 3.3　应用的弹性伸缩管理

以微服务架构部署的容器应用，在单个实例对业务的支撑能力不足时，应通过水平扩展的方式进行多实例部署，以支撑更多的业务请求。同时，为了减少系统资源的浪费，在业务量减少时，也应减少应用的实例数量，释放出系统资源以供其他系统使用。Kubernetes 在发展演进中，经历了从手工扩缩容、基于 CPU 使用率的自动扩缩容，到基于自定义业务指标的自动扩缩容等阶段，能够满足大部分弹性扩缩容的应用场景。本节将对上述几种扩缩容方式及应用场景进行分析说明。

### 3.3.1　手工扩缩容

Kubernetes 从最早的版本开始就提供了手工调整应用实例数量的方式——Scale 方法，其作用对象为管理容器的 RC（Replication Controller）或 Deployment。

通过命令行工具 kubectl 进行手工扩缩容的方式为：

```
# kubectl scale rc redis-slave --replicas=3
replicationcontroller "redis-slave" scaled
```

在扩容或缩容完成后，Kubernetes 的 kube-proxy 将自动完成从 Service 到各 Pod 的负载分发，这对客户端的容器应用来说是透明的，客户端无须感知提供服务的容器实例的变化。

**应用场景：**手工扩缩容通常可用于预先知道业务量的变化的情况，例如有计划的市场促销活动，可以预先通过手工方式对提供服务的容器实例进行水平扩展，以达到对预期增加业务量的支撑。在业务高峰过去之后，预期业务量下降，可手工减少容器实例来释放系统资源。

**局限性：**显然，手工方式对于不可预料的突发业务量的变化很难提供支持。为了解决这个问题，需要考虑系统自动完成容器扩缩容机制。

## 3.3.2 基于 CPU 使用率的自动扩缩容

Kubernetes 从 v1.1 版本开始，引入了一个新的控制器 HPA（Horizontal Pod Autoscaler），用于实现基于 CPU 使用率进行自动 Pod 扩缩容的功能。对 Pod 的 CPU 使用率性能参数的采集需要 Heapster 组件提供支持，同时要求 Pod 必须设置 CPU 资源请求（CPU request）。使用 HPA 控制器和 Heapster 采集的 CPU 使用率共同完成自动扩缩容的过程如图 3-11 所示。

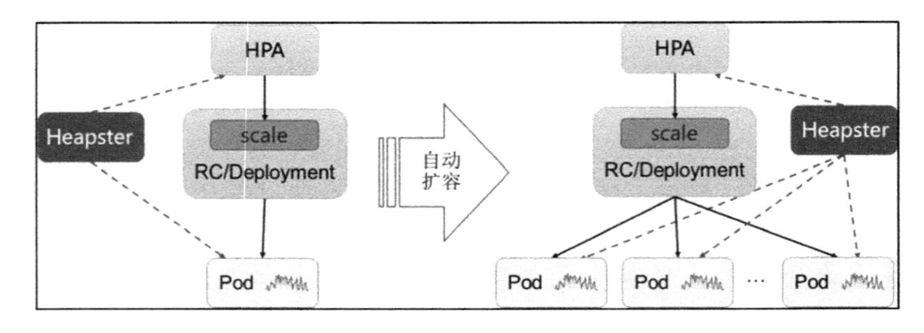


图 3-11

下面通过一个例子来说明 Kubernetes 如何启用基于 CPU 的自动扩缩容机制。

首先，为 Pod 设置资源请求 CPU request：

```
apiVersion: v1
kind: ReplicationController
```

```
metadata:
  name: php-apache
spec:
  replicas: 1
  template:
    metadata:
      name: php-apache
      labels:
        app: php-apache
    spec:
      containers:
      - name: php-apache
        image: gcr.io/google_containers/hpa-example
        resources:
          requests:
            cpu: 200m
        ports:
        - containerPort: 80
```

然后，创建 HPA 资源对象，指定 minReplicas、maxReplicas 和 targetCPUUtilizationPercentage 参数，表示每个 Pod 的目标 CPU 使用率和 Pod 的数量范围（在 minReplicas 与 maxReplicas 之间调整）:

```
apiVersion: autoscaling/v1
kind: HorizontalPodAutoscaler
metadata:
  name: php-apache
spec:
  scaleTargetRef:
    apiVersion: v1
    kind: ReplicationController
    name: php-apache
  minReplicas: 1
  maxReplicas: 10
  targetCPUUtilizationPercentage: 50
```

在 php-apache 服务的请求负载增加后，CPU 使用率提高：

```
# kubectl get hpa
NAME         REFERENCE                          TARGET   CURRENT   MINPODS   MAXPODS   AGE
php-apache   ReplicationController/php-apache   50%      3068%     1         10        3m
之后，HPA 控制器将增加 php-apache 的副本数量，逐步增加到 10：
```

```
# kubectl get rc
NAME         DESIRED   CURRENT   AGE
php-apache   5         5         5m
# kubectl get rc
NAME         DESIRED   CURRENT   AGE
php-apache   8         8         8m
# kubectl get rc
NAME         DESIRED   CURRENT   AGE
php-apache   10        10        15m
```

最后，到 php-apache 服务的请求负载减小，CPU 使用率下降，系统也会减少容器的副本数量，完成缩容的操作。

**应用场景：**基于 CPU 使用率的自动扩缩容可应用于 CPU 密集型的应用程序，在 CPU 使用率提高时能够通过水平扩展来完成更多的计算工作。

**局限性：**基于 Heapster 的 HPA 仅支持以 CPU 使用率为触发扩缩容的性能指标。在实际系统中，很多业务系统并不是 CPU 密集型的应用，需要综合考虑例如 QPS（每秒请求数量）、内存使用率、队列长度、业务指标等才能更准确地实现弹性伸缩。另外，如果目标 CPU 使用率和副本数量的最大、最小值设置得不合理，则可能会产生系统频繁扩缩容的问题，导致系统不能稳定运行。

### 3.3.3 基于自定义业务指标的自动扩缩容

Kubernetes 从 v1.7 版本开始，对支持自定义指标的 HPA 架构进行了重新设计，引入了 api server aggregation 层、custom metric server 等组件来实现自定义业务指标的采集、保存和查询，再提供给 HPA 控制器进行扩缩容决策，被称为 HPA v2 版本。图 3-12 描述了基于自定义指标实现自动扩缩容的系统架构，可以看出，比通过 Heapster 实现基于 CPU 使用率的系统架构复杂了许多，增加了很多组件。

我们可以自定义 Custom Metrics Server，例如可以用 Prometheus 系统来实现。图 3-13 描述了基于 Prometheus 实现 HPA v2 的流程图。

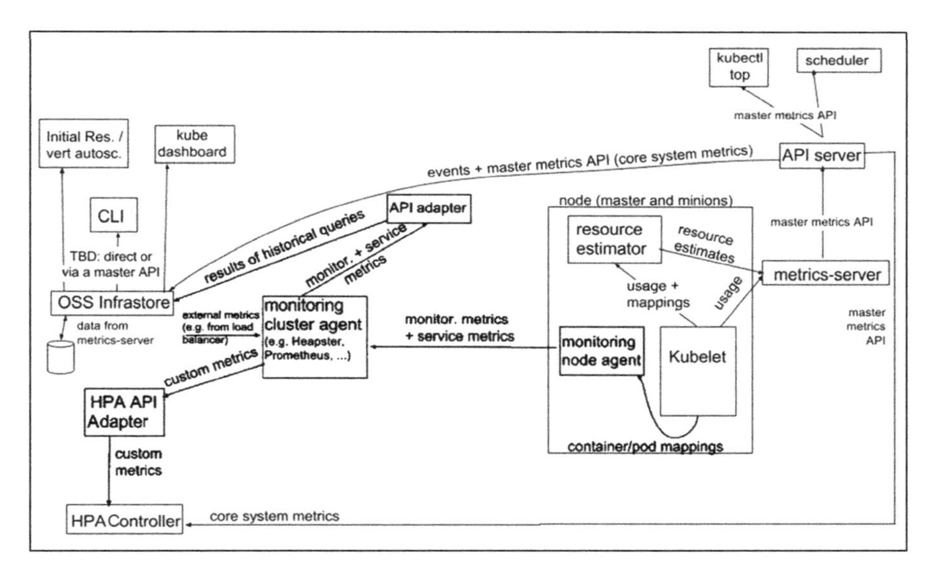


图 3-12

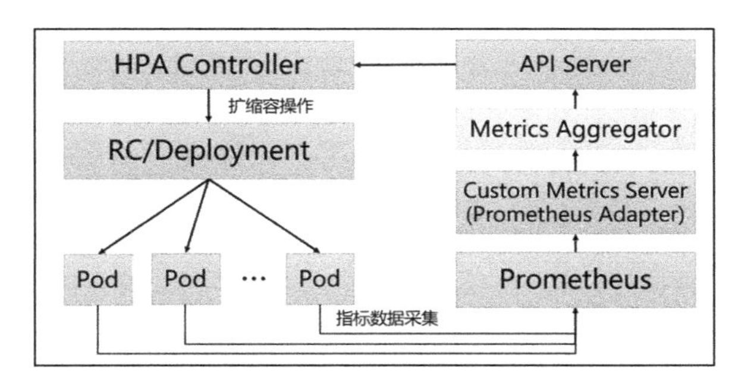


图 3-13

关键组件如下。

◎ **Prometheus**：定期采集各 Pod 的性能指标数据。

◎ **Custom Metrics Server**：从 Prometheus 中采集性能指标数据（也可以通过 Kubelet 的 Summary API 或其他监控系统 API 采集）。它是资源指标数据的聚合器，实现了自定义指标 API（Resource Metrics API），通过 Kubernetes 的 Metrics Aggregation 层将自定义指标 API 注册到 Master 的 API Server 中，以/apis/custom.metrics.k8s.io 路径提供指标数据。

◎ **HPA Controller**：为 HPA 控制器，通过自定义指标 API 从 API Server 中获取指标数据，以决策扩缩容操作。

下面通过一个简单的例子来说明如何启用自定义业务指标的自动扩缩容机制。

首先，部署 Prometheus，此处略过。

然后，创建一个以 prometheus-adpater 实现的 Custom Metrics Server，其中指定了 Prometheus 服务的地址：

```
apiVersion: apps/v1
kind: Deployment
metadata:
  labels:
    app: custom-metrics-apiserver
  name: custom-metrics-apiserver
spec:
  replicas: 1
  selector:
    matchLabels:
      app: custom-metrics-apiserver
  template:
    metadata:
      labels:
        app: custom-metrics-apiserver
      name: custom-metrics-apiserver
    spec:
      serviceAccountName: custom-metrics-apiserver
      containers:
      - name: custom-metrics-apiserver
        image: directxman12/k8s-prometheus-adapter
        args:
        - /adapter
        - --secure-port=6443
        - --tls-cert-file=/var/run/serving-cert/serving.crt
        - --tls-private-key-file=/var/run/serving-cert/serving.key
        - --logtostderr=true
        - --prometheus-url=http://prometheus.default.svc:9090/
        - --metrics-relist-interval=30s
        - --rate-interval=60s
        - --v=10
        ports:
        - containerPort: 6443
```

接着，创建一个 HPA 资源对象：

```
apiVersion: autoscaling/v2beta1
kind: HorizontalPodAutoscaler
metadata:
  name: sample-metrics-app-hpa
spec:
  scaleTargetRef:
    apiVersion: apps/v1beta1
    kind: Deployment
    name: sample-metrics-app
  minReplicas: 2
  maxReplicas: 10
  metrics:
  - type: Object
    object:
      target:
        apiVersion: v1
        kind: Service
        name: sample-metrics-app
      metricName: http_requests
      targetValue: 100
```

关键参数如下。

◎　**scaleTargetRef**：指定要扩缩容的目标 RC 或 Deployment。

◎　**minReplicas 和 maxReplicas**：为 Pod 副本数量的最小值和最大值。

◎　**metrics**：指定基于应用的哪个指标来实现自动扩缩容。在本例中，目标服务名为 sample-metrics-app，应用提供的指标名为 http_requests，目标数量为每秒 100 个 HTTP 请求。

然后，部署应用程序，该应用程序的“http://localhost/metrics” URL 提供了名为 http_requests 的指标数据，供 Prometheus 采集：

```
apiVersion: apps/v1beta1
kind: Deployment
metadata:
  labels:
    app: sample-metrics-app
  name: sample-metrics-app
spec:
  replicas: 1
  template:
```

```
  metadata:
    labels:
      app: sample-metrics-app
  spec:
    containers:
    - image: autoscale-demo:v0.1.2
      name: sample-metrics-app
      ports:
      - name: web
        containerPort: 8080
```

最后，对应用 sample-metrics-app 增加负载和减小负载进行测试。

在一段时间之后，可观察到应用 sample-metrics-app 的 Pod 副本数量随着 HTTP 请求数量的变化，自动完成扩容和缩容的操作。我们从 HPA 对象的事件中可以直观地看出扩缩容的历史记录：

```
# kubectl describe hpa sample-metrics-app-hpa
......
Events:
  Type     Reason                 Age              From                     Message
......
  Normal   SuccessfulRescale      22m (x2 over 32m) horizontal-pod-autoscaler
New size: 3; reason: Service metric http_requests above target
  Normal   SuccessfulRescale      18m              horizontal-pod-autoscaler
New size: 5; reason: Service metric http_requests above target
  Normal   SuccessfulRescale      14m              horizontal-pod-autoscaler
New size: 7; reason: Service metric http_requests above target
  Normal   SuccessfulRescale      11m              horizontal-pod-autoscaler
New size: 9; reason: Service metric http_requests above target
  Normal   SuccessfulRescale      6m               horizontal-pod-autoscaler
New size: 4; reason: All metrics below target
  Normal   SuccessfulRescale      32s (x2 over 27m)  rizontal-pod-autoscaler
New size: 2; reason: All metrics below target
```

基于自定义业务指标的自动扩缩容可用于需要根据业务指标完成自动扩缩容的应用程序。需要说明的是，应用程序需要以“/metrics”接口的形式，为监控系统提供业务性能指标数据；另外，自定义指标数量与 Pod 副本数量的最大、最小值仍需要更多的运维经验，才能设置得更加准确。

## 3.4 应用的日志管理和监控管理

业务应用在上容器云平台之前，还需要提前考虑与日志和监控相关的如下运维需求。

（1）应用日志的实时采集。

（2）应用性能数据的采集。

（3）不同类型的业务的监控告警设置。

应用在上容器云平台前需要做到合理的微服务拆分和容器化改造，需要仔细设计应用的日志输出格式及日志输出路径，以及是否需要将关键业务日志保存到共享存储中等。

应用的日志和性能监控管理将在第 5 章进行详细说明。

# 第 4 章 微服务管理体系

在租户部署了微服务架构的业务应用之后，接下来的重要工作就是对微服务进行持续更新升级、分流、测试，等等，这就需要容器云平台提供丰富的微服务管理功能，以支持用户对线上的微服务进行精细的管理和监控。本章将从微服务架构的起源（即从单体架构到微服务架构）、Kubernetes 微服务架构、Service Mesh 与 Kubernetes，以及 Kubernetes 多集群微服务解决方案几方面对容器云平台的微服务管控机制进行分析和说明。

## 4.1 从单体架构到微服务架构

当前，我们所开发的应用，不管是运行在局域网中还是部署在云端的，都采用了单体架构、分布式架构或微服务架构。

其中，采用单体架构的应用数量最多，我们将这种应用简称为单体应用。我们可以将单体应用理解为主要的业务逻辑模块（我们编写的代码模块，不包括独立的中间件）运行在一个进程中的应用，最典型的是跑在 Tomcat 中的 Java Web 应用，不管这个应用在内部划分了多少模块，以及是否采用了 MVC 的分层架构，它都是一个单体应用，因为所有模块都运行在一个 Tomcat 容器中，位于一个进程里，如图 4-1 所示是目前应用最为广泛的基于 Sping Framework 的单体应用的架构图。

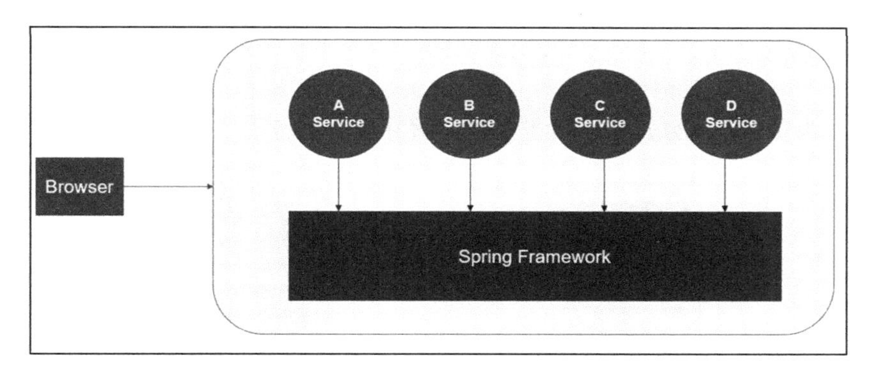


图 4-1

单体应用的好处是技术门槛低、编程工作量少、开发简单快速、调试方便、环境容易搭建、容易发布部署及升级，无论是开发还是运维，其总体成本都很低且见效快。以新房装修为例，开发单体应用就好像我们找了个马路施工队去装修，而开发分布式架构的应用就相当于我们找了一家家装公司，花了更多的钱买了更多的专业人员的服务，因此在理论上，家装公司的装修效果应该“看起来更美”。

那么，单体应用的常见缺点有哪些呢？

（1）首先，单体应用的系统比较膨胀与臃肿，导致进行可持续开发和运维很困难。举例来说，一开始，我们的系统只有 10 个模块，随着业务的扩展，一年后变成了 30 个模块，两年后达到 80 个模块。在这种情况下，项目的工程代码由于过于庞大，很多代码被不断修改，整个系统的源码已经很难被理解和掌握了，即使想要定位和找全某个业务模块的代码，也不很容易。此外，由于单体应用的多个模块在代码级别没有明确的接口与界限划分，在修改已有代码时，经常牵一发而动全身，因此在单体应用达到一定规模后，系统的修改升级就极为棘手了，即使很有经验的老将也不敢轻易动手，也无法保证在每次升级后不会带来其他问题，加之目前项目型公司的人员流动比较普遍，所以一个项目在上线三年后，很多最初的开发者可能都已经流失了。面对这样一个庞然大物，新人很难应对，即难以继续用老技术、老框架去维持这个旧系统，也很难用新技术、新框架来全面升级这个老旧的单体应用。最终，这种老旧的单体应用面临的结局基本相同，即被全面抛弃，在推翻和转型过程中的阵痛仍然在所难免。

（2）其次，单体应用在基因上的缺陷导致它很难通过水平扩展、多机部署的方式来提升系统的吞吐量，这样的结果就是系统难以承载迅速增长的互联网用户引发的请求，也就是说，在用户规模增加后，即使不断升级服务器硬件并进行各种性能调优，系统也会动不动就“挂了”。因此，对于习惯了开发企业内部应用的团队来说，要转型开发互联网应用，首先就要突破“分布式架构技术”这一技术难关。分布式架构的核心思想是把一个单一进程的系统拆分为功能上相互协作又能够独立部署在多个服务器上的一组进程，如图 4-2 所示。

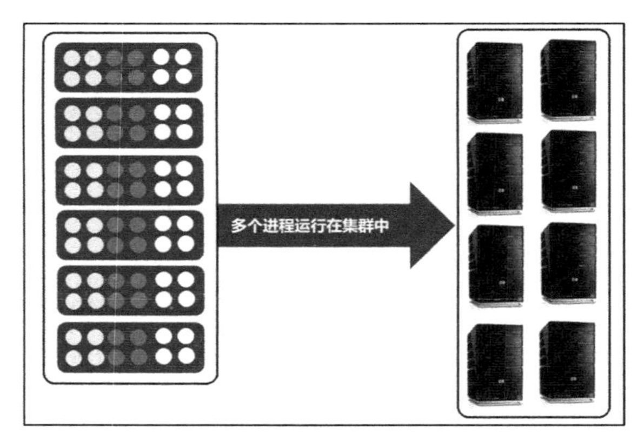


图 4-2

这样一来，系统就可以通过以下两种方式实现扩容，提升吞吐量。

◎ **水平扩展：** 通过增加服务器的数量来进行扩容。
◎ **垂直扩展：** 给系统中的某些业务进程分配更好的机器，提供更多的资源，从而提升这些业务进程的负载能力与吞吐量。

接下来，我们谈谈采用了分布式架构的应用。在理论上，当把一个庞大的单体应用“拆分”为多个独立运行的进程，并且这些进程能够通过某种方式实现远程调用时，这样的一种架构就可以被称为分布式架构了。因此，分布式架构要解决的第一个核心技术问题，就是如何实现两个彼此独立的进程之间的远程通信。该问题的最早答案就是采用 RPC 技术（Remote Procedure Call），其原理如图 4-3 所示。

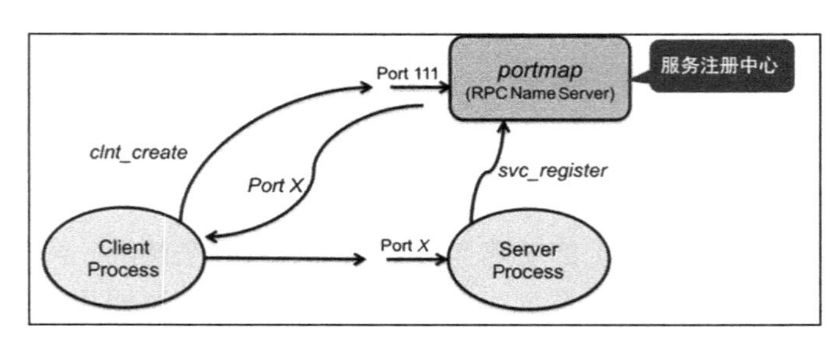


图 4-3

图 4-3 中的 portmap 是为 RPC 程序服务的，也是 RPC 的命名服务（Name Server），即我们后面在微服务架构中所说的“服务注册中心”。portmap 要在 RPC Server 启动之前启动，每个 RPC Server 进程在启动的时候都要向 portmap 进程注册，这样，portmap 就知道这些 RPC Server 进程都在哪些端口上进行服务。

portmap 从第 3 版开始叫作 rpcbind。在 Windows Server 2008 版本上有一个 Windows 服务进程提供 portmap 的功能，以便在 Linux 服务器上发现并调用 Windows 自身提供的一些 RPC 服务。RPC Client 在想要调用某个 RPC Server 时，会先向 portmap 发起查询，以获取 RPC Server 的监听端口，然后向具体的 RPC Server 发起连接，以实现远程调用，这就是 RPC 远程调用的工作机制。直到现在，基于各种 RPC 通信技术的微服务架构依然盛行，最主要的原因是 RPC 在通信过程中采用了高效的二进制编码，因此性能很高。

图 4-4 给出了典型的微服务架构的核心组件。可以看到，提供服务注册、服务发现、服务路由功能的组件——服务注册中心，其实就是 RPC portmap 的“土豪金版本”，而各种微服务实例其实等价于 RPC Server，不同的是这些微服务实例可能采用 RPC 之外的通信技术，比如曾经的 SOAP 协议，以及现在流行的 HTTP REST 协议。

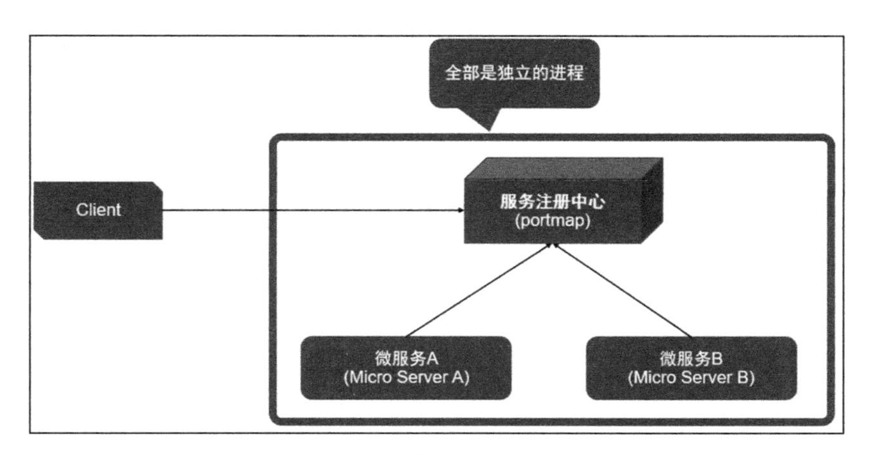


图 4-4

在分布式技术发展早期，出现过一个基于 RPC 技术的“伟大的分布式平台”，这个平台的梦想是实现所有语言、所有平台、所有厂商的各种 IT 系统的分布式互联互通，这就是 CORBA，可惜这个由 IBM、Sun Microsystems、苹果、微软等 IT 公司联手发起的伟大创举最终失败。之后，一些 CORBA 技术专家聚集在一起，继续沿着 CORBA 的梦想前进，最终打造出一款优秀的分布式架构基础平台——ZeroC ICE。ICE 基于高性能的 RPC 通信技术，跨语言，跨平台，拥有杰出的性能。凭借强大的技术实力，ZeroC 公司屹立至今，虽然当年的 IT 霸主 SUN 早已不在，但 ZeroC 公司依然因为拥有很多关键领域的大客户而健康成长。同时，ZeroC 公司于 2005 年发布的 ICE 3.0 首次实现了 IceGrid。在现在看来，IceGrid 具备了微服务架构平台的所有关键特性，可被认为是第一个公开发行的、支持多语言的、功能完备的微服务架构基础平台，如图 4-5 所示是 IceGrid 的完整示意图。

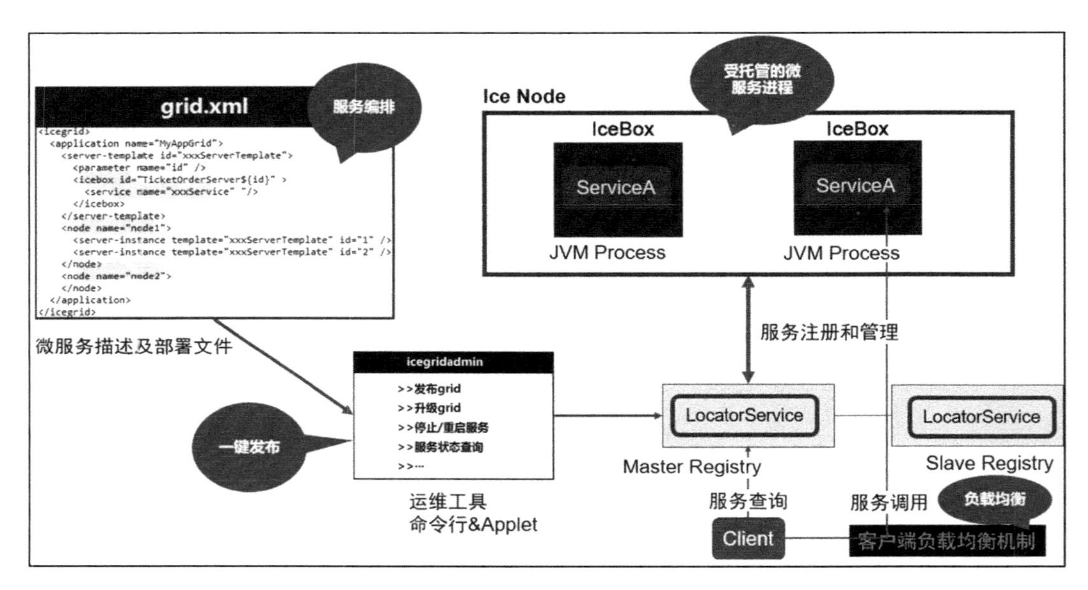


图 4-5

从图 4-5 可以看到，IceGrid 具备微服务架构的核心特性。

◎ **服务编排**：IceGrid 采用 XML 方式定义服务及服务的部署拓扑，通过命令行工具一键发布。

◎ **服务托管**：IceGrid 中的“微服务”运行于 IceBox 这个容器中，由容器托管整个服务的生命周期，包括启动服务、停止服务、升级服务等过程。

◎ **服务注册**：Ice Registry 实现服务注册功能，支持静态配置与动态注册两种机制，并且可以配置一主一从的集群，避免单点故障。

◎ **服务路由与负载均衡**：采用客户端负载均衡机制，在客户端 SDK 里内嵌实现，无须编程，具有基于主机负载、轮询等多种负载均衡方式。

◎ **平台运维**：基于命令行与 Java GUI 工具，常用的运维命令都已经内置实现，用户也可以根据 ICE 提供的管理 API 来实现定制化的 Web 运维工具。

总体上，微服务架构平台的核心组成就是上述组件，如图 4-6 所示为典型的微服务架构平台的结构示意图。

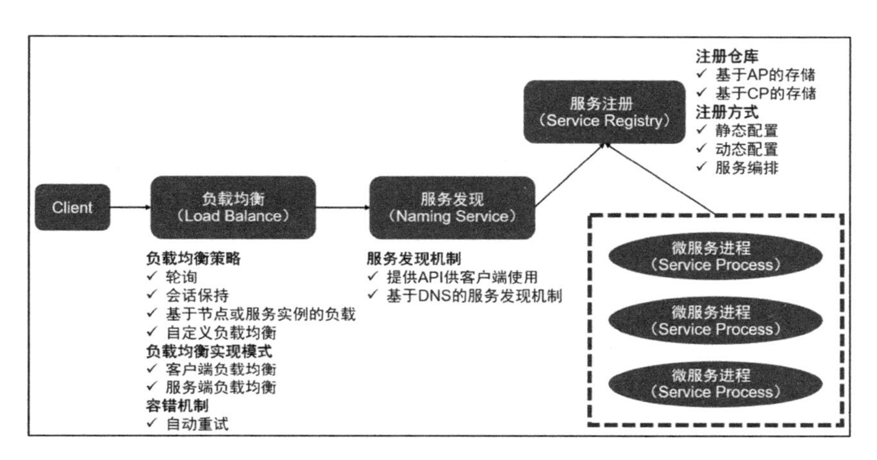


图 4-6

在 IceGrid 之后，比较有影响力的开源微服务架构框架有 Dubbo 与 Spring Cloud，两者都是 Java 语言体系内的微服务框架，并不支持其他语言。与 IceGrid 相比，其完备性还达不到平台（Platform）的高度，目前只能被称为框架（Framework）。表 4-1 给出了 Dubbo 与 Spring Cloud 的主要功能对比。

表 4-1

| 微服务需要的功能 | Dubbo | Spring Cloud |
|---|---|---|
| 服务注册和发现 | ZooKeeper | Eureka |
| 服务调用方式 | RPC | RESTful API |
| 断路器 | 有，不完善 | 有 |
| 负载均衡 | 有 | 有 |
| 服务路由和过滤 | 有，不完善 | 有 |
| 分布式配置 | 无 | 有 |
| 分布式锁 | 无 | 计划开发 |
| 集群选主 | 无 | 有 |
| 分布式消息 | 无 | 有 |

Spring Cloud 相对而言更加全面，开源更有保障，同时开创性地实现了微服务架构框架中诸如断路器、流量仪表板、服务网关等特性，同时提供了在分布式开发中所需的很多

基础组件（API），例如配置管理、全局锁、分布式会话和集群状态管理等。Spring Cloud 的核心是原来在 Netflix 公司内部广泛使用、经过实践考验、非常成熟的微服务框架——Netflix OSS，所以，Spring Cloud 一度吸引了很多人的眼球。从整体来看，Spring Cloud 是由 Netflix OSS 与 Spring Boot 框架两部分组成的，如图 4-7 所示，因此需要我们精通 Spring Boot 的开发。

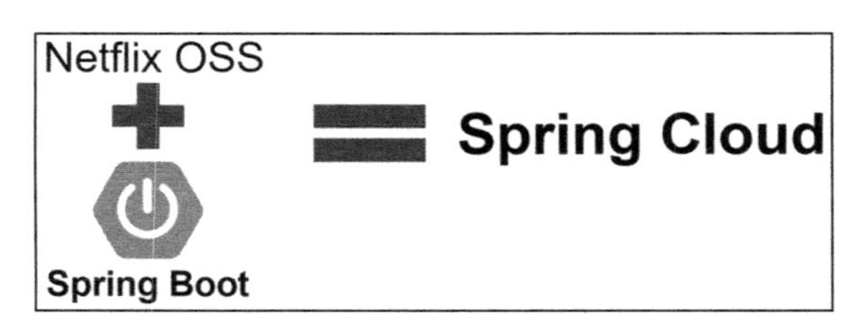


图 4-7

Spring Cloud 的整体架构如图 4-8 所示。

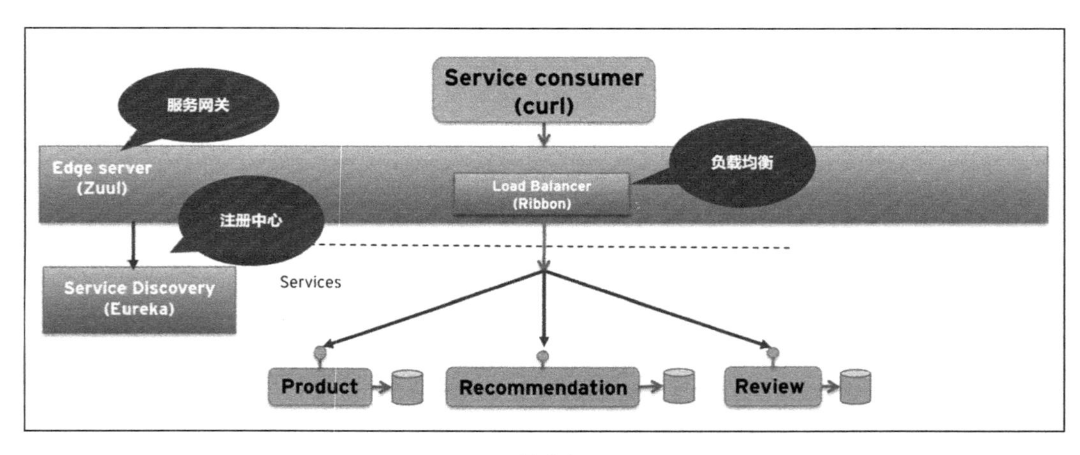


图 4-8

这里重点介绍一下 Spring Cloud 中的服务网关（Zuul），这是 Spring Cloud 区别于其他类似框架的显著特点之一。Zuul 的主要功能是服务路由，我们可以将其理解为中心化的 Service Proxy，Client 在想要调用某个 Service 时，会将请求发送给 Zuul，再由 Zuul“代理转发”请求到后端对应的 Service 地址，在 Service 响应后再原路返回，最终抵达客户端。为什么要这样设计？答案很直接：Spring Cloud 主要用于 Java Web 系统的开发。在 Web 开发中，用户（服务）鉴权往往是基本功能，未经许可的访问要拦截和拒绝，因此我们很直接地就想到用设计模式中的代理模式来实现此需求，于是 Zuul 组件产生了。问题又来了：在通常情况下，一个 Proxy 对象是无法代理不同接口的对象的，那么 Zuul 如何做到代理“接口完全不同”的所有 Service 呢？其实答案也很简单，因为 Spring Cloud 里的 Service 全部是基于 HTTP 的！我们不妨思考一下，假如不使用 HTTP，而是使用其他 TCP 之上的二进制协议，那么 Zuul 还适用吗？所以，基于二进制 RPC 协议通信的 Service，是不可能通过一个代理来实现对所有 Service 的代理的，除非每个 Service 的接口都被定义成统一的接口！

正是基于 HTTP 的代理拦截模式，Spring Cloud 可以很容易地实现服务熔断机制，以及服务性能相关指标的采集与统计，并在这些统计数据的基础上，实现更为智能的服务路由功能。如图 4-9 所示为在大多数涉及微服务架构的文章中都会出现的架构。

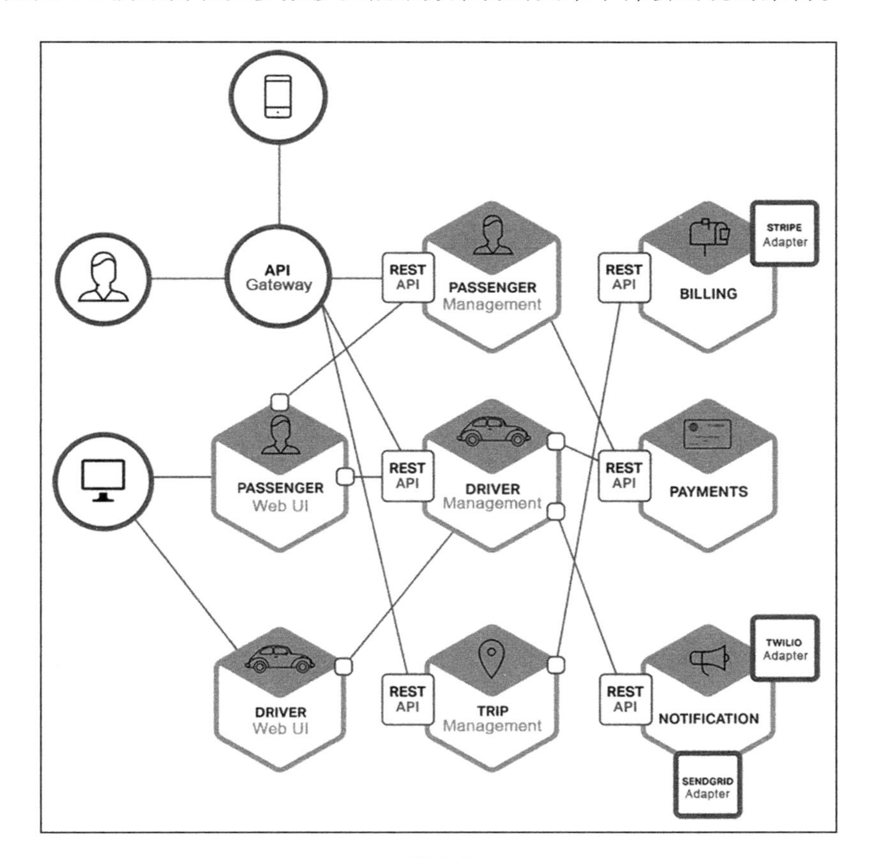


图 4-9

这是一款假想的可与 Uber 和滴滴竞争的出租车调度软件的微服务架构设计图。我们从图 4-9 中可以看到，系统提供的一些 REST API（微服务接口）也对乘客和移动应用（驾驶员使用的）开放，但它们不能直接访问这些 API，而是通过 API Gateway 组件（微服务）来访问。API Gateway 负责负载均衡、缓存、访问控制、API 计费监控等任务，等价于 Spring Cloud 中的 Zuul 服务网关。我们注意到，在这个软件的架构设计中，每个应用功能都使用“微服务”完成，整个系统界面被拆分成一系列简单的 Web 应用（比如一个对乘客，一个对出租车驾驶员）。这样的拆分对于不同的用户、设备和特殊应用场景部署都更容易。

在 Spring Cloud 之后成功的微服务架构基本都与容器技术挂钩了，其中最成功、影响也最大的当属 Kubernetes 平台了，与之相似的还有 Docker 公司推出的 Docker Swarm（在 2017 年年底，Docker Swarm 也支持 Kubernetes 了）。

对比 Kubernetes 与 IceGrid，我们会发现两者有很多相似性。

◎ 每台主机上的 Kubelet Daemon 进程相当于 Ice Node 守护进程。
◎ Kubernetes API Server 进程相当于 Ice Registry。
◎ 每个运行的容器相当于一个 IceBox 进程。
◎ Kubernetes 中的微服务 Service 相当于 IceGrid 中的 Service。
◎ Kubernetes 的 YAML 资源定义文件相当于 ICE 中的 grid.xml。
◎ kubectrl 客户端命令行工具相当于 Icegridadmin 工具。

Kubernetes 与 IceGrid 在微服务架构基础设施方面有以下两个显著区别。

◎ Kubernetes 没有提供一个用于服务调用的“RPC 框架”，这样的好处是任何语言和网络协议（只要是 TCP/UDP 之上的协议）都可以在 Kubernetes 微服务架构平台上建模与运行，缺点是缺失的这一层需要应用自己去解决。
◎ Kubernetes 里的服务路由与服务负载均衡是通过“代理”来实现的，即是由位于每个 Node 节点上的 kube-proxy 来完成的，而非客户端的负载均衡机制。

那么，在采用微服务架构模式后都有哪些好处呢？如下所述。

◎ 通过把巨大的单体应用分解为多个微服务组件的方式解决了复杂度的问题。在功能不变的情况下，整个应用被分解为多个基于接口驱动的可独立设计、施工的子工程，这样一来，每个微服务工程的规模变小、功能内聚，技术相对单一化，更容易去理解和并行开发。
◎ 微服务架构使得每个服务都可以由专门的开发团队并行独立设计、开发、升级及运维，开发者可以自由选择开发技术甚至开发语言，以更好地实现目标。最为关键的是，这种自由意味着开发者不需要被迫使用该项目在一开始时采用的过时技术（比如 3 年前的旧框架），可以选择现在主流或流行的新技术。甚至，因为服务的功能相对简单、单一化，代码量并不复杂，也不难准确理解服务的业务逻辑，即使用现在的技术重写以前老旧的代码也不是很困难的事情。

◎　微服务架构模式可以做到每个微服务独立部署，这种改变可以加快部署。开发者不再需要协调其他服务部署对本服务的影响，UI 团队可以采用 A/B 测试，快速部署新版本以加速测试。微服务架构模式使得持续化集成与发布部署成为可能，因此 DevOps 的实施在更多的时候需要首先将系统微服务化。

我们知道，任何技术都有两面性，即优点与缺点并存，那么，微服务架构的最大缺点是什么呢？答案是大大增加了开发工作量并带来了固有的复杂性。比如，开发者需要掌握某种 RPC 通信技术，并且在客户端的逻辑中增加远程服务的调用代码，在某些情况下，他们必须通过写代码来处理 RPC 速度过慢或者调用失败等复杂问题。相对于在单体应用中仅需在编程层面进行方法调用就可以访问其他服务，微服务架构中的服务调用方式则显得更加复杂和难以捉摸。因此，一个单体应用或者简单的分布式系统要想彻底微服务化，其代价还是很大的。

为了解决微服务带来的编程复杂性问题，一种新的架构设计思想出现了，这就是 Service Mesh，从本质上来看，Service Mesh 其实采用了代理模式的思想去解决代码入侵及重复编码的问题，这与 AOP 编程及容器托管的事务实现方式如出一辙。

## 4.2　Kubernetes 微服务架构

前面提到，Kubernetes 平台提供了当前容器领域中最好的微服务架构解决方案，接下来深入分析它的特点。

Kubernetes 微服务架构方案里最突出也最独特的一个设计是 Cluster IP，这个设计非常准确地把握了微服务的本质。从本质上来看，每一个微服务实例都是一个 TCP Server，在某个地址（IP+端口）上监听并提供服务，包括常见的数据库及众多中间件都属于一个微服务实例。我们只要知道这些 TCP Server 的访问地址（IP+Port，即 Endpoint），即可建立连接及发起访问请求并根据 IP 地址进行通信，这也是 TCP/IP 最直接的基本做法。如果能够给每个 TCP Server 分配固定不变的 IP 地址，而不是依赖于其部署所在的服务器的 IP，则可以直接用这个 IP 地址发起访问，无须平台提供一个命名查询服务（Naming Service API）

来定位某个服务的 Endpoint 地址，这样一来，平台对应用就没有代码入侵性了，用各种语言开发的分布式应用都可以直接使用这个平台而无须源码级的改造。出于对这些优势的考虑，Kubernetes 为每个微服务都定义了一个固定不变的 IP 地址，这就是 Cluster IP，并进一步引入传统的 DNS 机制，将每个服务的服务名作为 DNS 域名与其 Cluster IP 捆绑，如此一来，客户端只要用服务名替代 IP 地址，即可发起服务调用，非常简单、有效。下面是在 Kubernetes 中对 MySQL Server 这样一个微服务的建模定义：

```
apiVersion: v1
kind: Service
metadata:
  name: mysql-master
spec:
  ports:
  - port: 3306
    targetPort: 3306
  selector:
    name: mysql-master
```

上面定义了一个名为 mysql-master 的微服务，服务端口为 3306，对应后端容器的端口也是 3306，具有“mysql-master”的 name 标签的 Pod（也可以理解为微服务实例）是此服务对应的容器实例。在 Kubernetes 平台上，如果我们要用 JDBC 方式去连接这个 MySQL 数据库，则可配置下面这个 URL：

```
jdbc:mysql://mysql-master:3306/xxxdb
```

那么，Cluster IP 在 Kubernetes 里是如何实现的呢？答案是通过 Linux 防火墙规则，它属于 NAT 技术。Linux TCP/IP 栈可以将发给 Cluster IP 的流量引导到该服务对应的后端容器的 IP 地址上，如果某个服务对应的后端容器有多个，则还能顺便实现负载均衡的转发功能，这样就实现了微服务架构中的服务路由与负载均衡功能。在 Kubernetes 里，服务路由是一个自动平衡的过程，即 Pod 实例数量的变化会自动同步到服务路由表，在某个 Pod 终止后，Service 到该 Pod 的服务路由会自动失效及清理。图 4-10 为基于 Cluster IP 的负载均衡示意图。

从服务的名字（DNS）查询对应的 Cluster IP 的过程，就属于服务发现，这是通过 Kubernetes 平台上的 DNS 组件（服务）来实现的；而将 Cluster IP 与服务对应的 Pod 地址的映射关系注册到平台上的过程，就属于服务注册，相关的注册信息被保存在 etcd 数据库中，由 API Server 提供访问接口。

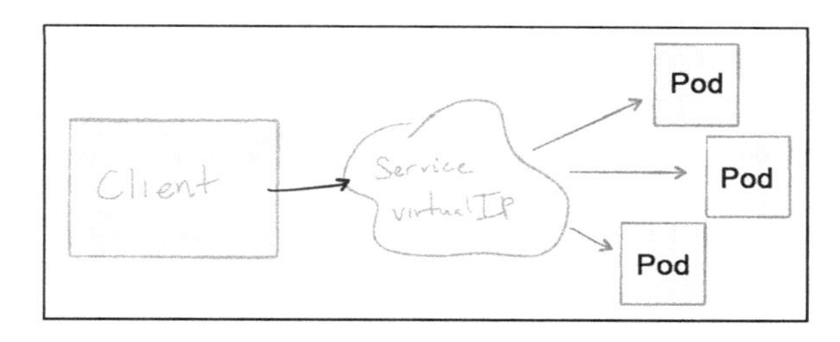


图 4-10

Kubernetes 微服务架构方案中的另一个优势是自动化。

之前提到，微服务架构的系统是由很多个独立小程序（微服务）组成的，因此服务的部署及随后的升级、扩容等工作都比较复杂并且工作量巨大。例如，Netflix 公司有大约 600 个微服务，并且每个服务都有多个实例，这就带来许多需要配置、部署和监控的工作量，要想靠人工来完成这些任务，则是很难实现的。所以，一个真正可用于生产环境的微服务架构平台，必须具备很好的自动化能力，而这方面做得最好的，当属 Kubernetes 微服务平台。

在 Kubernetes 中实现微服务自动化功能的关键对象是 RC/Deployment（以下简称 RC），RC 定义了某个特定 Service（微服务）后面的 Pod 副本数（Relica）的期望值，当在集群中指定的 Pod 副本数量少于期望值时，平台就会自动产生一个新的 Pod（自动部署）；而当集群中的某个 Node 宕机时，如果其上有指定的 Pod 实例，平台就会重新挑选新的 Node 来恢复这些失败的 Pod 实例，以确保在集群中始终保持符合预期的 Pod 实例数。此外，通过修改 RC 中的 Relicas 参数，Kubernetes 可自动完成对 Pod 副本数的调整，例如自动产生新的 Pod 副本（扩容），或者停止某个多余的 Pod 副本（缩容），这些复杂功能的具体操作基本都是一键完成的，可见 Kubernetes 微服务架构的自动化能力有多强。

接下来讲讲在 Kubernetes 中是如何解决微服务架构中的服务配置问题的。在分布式系统下，服务配置模块通常被称作“配置中心”，一般会采用数据库集中存储系统的配置参数，配置中心会提供相应的接口（如 RESTful 接口）以供客户端获取配置参数，如果有大量的需要在运行期动态改变并立即生效的参数，则通常会引入 ZooKeeper 中间件来实现配置中心。但配置中心这种思路属于“侵入性”的设计，它要求每个业务系统都调用特定的配置接口，破坏了各个业务系统本身的完整性。考虑到在我们的应用中有大量的配置参数是静态的，并且这些静态的配置参数都以文本方式的配置文件存在，所以 Kubernetes 巧妙地利用了 Volume 的功能，设计和实现了一套完整的配置中心，其核心是 ConfigMap 对象。

我们可以将 Kubernetes 的 ConfigMap 理解为一个 Map，其中 Key 为参数标识符，Value

为一个字符串，当 Value 来自文本文件的内容时，我们就可以认为 Value 是这个文本文件自身，而对应的 Key 就是配置文件的名称。因此，从本质上来说，ConfigMap 就相当于放入了很多不同的文本文件（配置文件）的一个大 Map。用户在定义好 ConfigMap 后，可以把 ConfigMap 里的内容（文件）映射为容器里的文件，Kubernetes 会在启动容器之前，在对应的宿主机上拉取 ConfigMap 里的内容，生成本地文件，然后将本地文件通过 Volume 方式映射到容器指定的目录上，容器里的应用程序就可以读取此配置文件。在容器看来，这个文件似乎就是打包内嵌在容器里的，整个过程对应用程序毫无侵入，如图 4-11 所示。

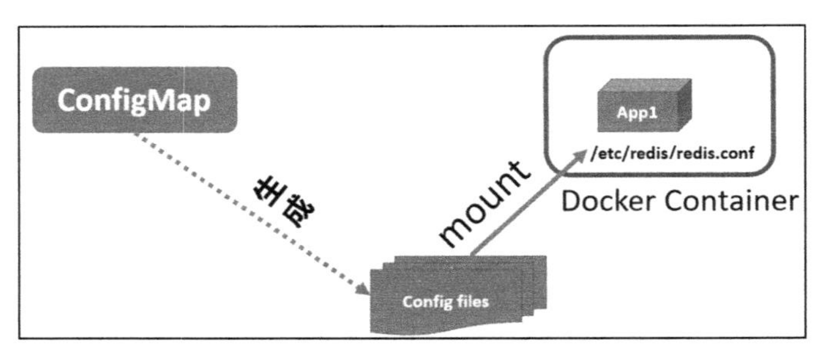


图 4-11

接下来，我们说说 Kubernetes 微服务架构方案里另一个很接地气且很贴心的设计——服务探针，这属于服务监控领域的内容。我们知道，在分布式系统开发中，很棘手的一个问题是如何检测“僵尸服务”，即检测出哪些进程正常但已经无法正常响应请求的服务实例。常规的做法是一种侵入式的设计，即每个服务都要实现一个 Ping 功能的远程接口，平台周期性地调用这个接口以检测服务是否正常工作，如果发现异常，则报警并转由人工处理，在这种机制下故障通常无法得到及时解决。Kubernetes 为此专门设计了一个探针——LivenessProbe，用于检测某个容器（服务实例）是否假死，如果 LivenessProbe 检测失败，则 Kubernetes 会删除此 Pod 实例，并且尝试重新创建一个 Pod 以解决问题，中间无须人工干预。

在 Kubernetes 里默认实现了以下几种检测方式的 Action。

- ◎ **HTTP Action**：以 HTTP Get 方式对本地容器里的某个 URL 地址发起请求，根据返回结果来判断服务状况。
- ◎ **TCP Action**：向本地容器指定的 TCP 端口发起连接，如果端口处于打开状态，则视为服务正常。
- ◎ **Exec Action**：进入本地 Container 里执行指定的命令，当其执行成功时，将其退出码设置为 0，表示服务正常。

比如，在下面这段 YAML 文件中定义了一个 HTTP Action 的 LivenessProbe，通过定时发起到 https://baidu.com 的 Get 请求，来检测 Nginx 服务是否正常：

```
apiVersion: v1
kind: Pod
metadata:
  name: probe-http-test
spec:
  containers:
  - name: nginx
    image: nginx
    livenessProbe:
      httpGet:
        path: /
        port: 80
        host: www.baidu.com
        scheme: HTTPS
      initialDelaySeconds: 5
      timeoutSeconds: 1
```

一般的微服务架构解决方案都没有考虑“有状态服务”这种特殊的微服务，但有状态的微服务的确普遍存在，并且目前很多分布式集群都是由有状态服务组成的，如果不能很好地将这类系统迁移到微服务架构平台上，那么平台的适用面、影响力和吸引力就没那么大了。但相对于无状态服务的管理，有状态服务的管理是非常困难的，因为在一般情况下，有状态服务一般对分配不变的 ID（身份标识）、静态 IP 地址（固定在某个机器上）及持久化存储等有额外的要求。Kubernetes 从 1.2 版本开始就专注于解决有状态服务的支持问题，并在 1.3 版本里提供了实验版的支持，这就是 PetSet。

PetSet 是无状态服务集群在 Kubernetes 上的建模，一个 PetSet 对应一个无状态服务的集群，这个集群中的每个节点都被称为一个 Pet（宠物），每个 Pet 都有自己唯一的名字（身份）、一个可以替代 IP 来访问的不变域名，并使用持久化存储（PV）来保证数据的可靠性。Pet 按照名字排序启动，并且在关闭 PetSet 的时候，会按顺序终结每个 Pet；此外，PetSet 可以保证在任意时刻都有固定数量的 Pet 在运行。在一个 Pet 宕机后，新创建的 Pet 会被赋予跟原来的 Pet 的名字，通过这个名字就能匹配到原来的存储，从而实现状态保存与恢复。有了 PetSet，类似 MySQL Cluster、ZooKeeper、Cassandra、Elasticsearch 等常见的集群都可被方便地部署在 Kubernetes 中了。在随后的 Kubernetes v1.5 中，PetSet 功能升级到了 Beta 版本，并被重命名为 StatefulSet，后来在 Kubernetes v1.7 中又增加了 StatefulSet

滚动升级的功能。

最后说说 Kubernetes 微服务架构里的持久化存储解决方案。

我们知道，数据存储一直是企业应用中的重要问题，不管我们开发的服务是有状态的还是无状态的，企业应用都需要某种持久化的数据存储系统。在传统方式下，数据存储与软件架构基本是两个相互独立的领域，前者往往由运维团队控制，软件架构则由架构师与研发团队决定，两者几乎没什么交集，如果研发团队对存储有需求，就提工单，由运维团队去实施。在以应用开发为主的时代，这种做法并无不妥之处，因为变化很慢并且不受到欢迎。但在互联网应用时代，用户的选择决定应用的命运，谁能以最快的速度满足不断增加的用户需求，谁就是赢家，所以，拥抱变化、速度为王就成了这个时代的口号。

在互联网应用的生态圈中，我们面临更多的不同类型的分布式存储系统，从传统的 NFS 到分布式文件系统 GlusterFS，从专有的存储设备到基于 X86 的分布式块存储系统，从数据中心的存储资源池到各种公有云上的存储卷。在这种情况下，要如何设计微服务架构平台才能屏蔽底层存储系统的复杂细节，从而赋予架构师和开发人员更多的高层控制权，最终实现高度自动化的软件定义存储的终极目标？在对比 Openstack/虚拟机时代的解决方案后，我们发现 Kubernetes 在这方面的设计和实现思路简单、直接却非常巧妙。

在正式介绍 Kubernetes 的设计思路之前，我们先以架构师的视角，来分析一下架构师对存储的“本源诉求”。架构师通常不会关心存储系统的所有细节，而是站在应用的角度，考虑以下关键问题。

◎ 需要提供多大的存储容量给应用使用？
◎ 存储是共享的还是独占的？
◎ 希望采用哪种存储系统或者存储介质？这通常代表访问速度、容错性及其他存储特性的要求，比如希望是 SSD 存储还是普通磁盘或者磁带存储。

在 Kubernetes 里，架构师可以用 PVC（Persistent Volumes Claim）来描述自己的上述存储诉求。比如，我们的应用需要申请一个独享使用的 5GB 存储空间（PV）来保存日志，则可以定义如下 PVC：

```
kind: PersistentVolumeClaim
apiVersion: v1
metadata:
  name: weblogiclogs
spec:
  accessModes:
```

```
    - ReadWriteOnce
  resources:
    requests:
      storage: 5GB
```

然后，我们在需要使用目标存储卷的 Pod 里挂载上述 PVC 即可，配置代码片段如下，其中的 claimName 与 PVC 中的名称一样即可：

```
volumes:
  - name: mypd
    persistentVolumeClaim:
      claimName: weblogiclogs
```

接下来就是平台自动完成的工作了。在 Pod 启动之前，平台会根据在 PVC 里定义的条件自动“匹配”一个合适的存储卷（PV）然后挂载到容器里。当然，这个前提是在平台上至少有一个符合 PVC 条件的 PV 实例存在，比如下面描述的这个基于 NFS 的 PV：

```
apiVersion: v1
kind: PersistentVolume
metadata:
    name: pv0003
spec:
    capacity:
      storage: 5GB
    accessModes:
      - ReadWriteOnce
    persistentVolumeReclaimPolicy: Recycle
    nfs:
      path: /k8s/weblogic
      server: 192.168.0.103
```

我们看到，在存储卷（PV）的定义中有大量涉及存储系统细节的信息，比如在上述 PV 中，我们需要知道 NFS Server 的地址及共享的根目录这两个信息。对于不同的存储系统来说，这些参数的细节差异还很大，因此，让架构师去实现 PV 的创建是相对困难的，但如果让集群管理员提前划分存储池为不同的存储卷，则也存在一定的矛盾，比如运维人员怎么知道划分多大的存储卷是合适的？为此，Kubernetes 进一步完善并实现了全自动的存储卷管理功能，这就是 Kubernetes 独有的动态卷配置（Dynamic Provision），它实现了存储卷的动态创建、回收等全生命周期管理功能，再也不用集群管理员预先配置存储卷了。关于在容器云平台如何管理共享存储的内容，详见 2.3 节的说明。

## 4.3 Service Mesh 与 Kubernetes

这几年，随着容器技术的爆发式发展，微服务架构这个以前只在以架构师为主的少数派群体中谈论的技术，再次引起更多人的注意。先有 ZeroC 公司的 IceGrid 微服务架构开路，后有阿里巴巴开源的 Dubbo 框架，再后来又有由 Spring 出品的 Spring Cloud，一路过来，微服务架构都是侵入式的设计思想，并牢牢占据着微服务市场的主流地位。但是，这种侵入式的开发框架会导致应用开发的工作量大幅增加，并且大大提升了开发门槛。而非侵入式的 Service Mesh 技术另辟蹊径，让大家看到微服务"柳暗花明又一村"的新风景。

2016 年 1 月，从 Twitter 跳槽的两个工程师 William Morgan 和 Oliver Gould 组建了一个创业公司 Buoyant，由此诞生了业界第一个 Service Mesh 项目，这就是 Linkerd，基于 Scala 语言开发而成。2017 年 3 月 7 日，Linkerd 宣布完成千亿次产品请求，为遍及全球的企业客户（例如 Salesforce、Paypal、Expedia、AOL 及 Monzo）承载了数以万亿计的请求，成为世界上拥有最多的生产级部署案例的 Service Mesh 产品，直接创造了"Service Mesh"这一名词，并且在软件基础设施中成功开辟了新的领域。2017 年 4 月 25 日，Linkerd 1.0 版本发布，成为最重要的里程碑版本，被客户接受并在生产线上大规模应用，这代表市场对其的认可；同时，Linkerd 成功加入 CNCF（Cloud Native Computing Foundation），这代表社区对 Service Mesh 理念的认同和赞赏。Service Mesh 因此得到社区更大范围的关注，这也使得 Linkerd 声名大噪。其实 Linkerd 并不是最早的产品，在 2016 年，Lyft（美国第二大打车应用）也在默默地进行类似产品的开发，这就是 Envoy，它基于 C++开发而成，性能更高，只是当时不为人所知，后来成为第二个加入 CNCF 的 Service Mesh 产品。

就在 Linkerd v1.0 版本发布 1 个月后，2017 年 5 月 24 日，Google 牵头联合 IBM 和 Lyft 一起发布第二代 Service Mesh 项目——Istio 开源平台。Istio 之所以如此快地发布，最主要的一个原因是 Istio 中的核心组件（也是 Service Mesh 中的核心组件——服务代理）直接采用了 Lyft 的 Envoy 代理（Google 与 IBM 均对 Envoy 的功能、性能及 Envoy 开发者与社区合作的意愿印象深刻）。

Istio 来自希腊语，英文意思是"Sail"，中文是"启航"之意。Istio 的底层实现依赖 Envoy，并且直接定位于 Kubernetes 平台。Istio 与希腊语为"舵手"的 Kubernetes 结合在一起，意思就是"掌舵起航"。如果说 Service Mesh 是一个概念、一套描述，那么 Istio 就是一个企业级规范和框架级产品。在 Google 和 IBM 高调宣讲后，社区反响热烈，Oracle 和 Red Hat 都表示支持 Istio；Nginx 也随后推出了自己的服务网格产品 Nginmesh，并且准备和 Istio 集成。

随后，Linkerd 推出全新设计的 Conduit 来对抗 Istio，其整体架构和 Istio 一致，也采用数据平面+控制平面的设计思路，但选择了 Rust 编程语言来实现数据平面，并且核心模块放弃了 Scala 而采用了 Go 语言，以达成 Conduit 宣称的更轻、更快和超低资源占用的效果。Conduit 也被一些人称为 Linkerd 2.0。在与 Conduit 相关的宣传片里，Buoyant 公司也承认之前的 Linkerd 太重量级了，对硬件要求太高，虽然负载能力很强，但性能是个短板，所以重新打造了全新的 Conduit 产品。

目前在 Service Mesh 阵营里有两大主力玩家：Google 阵营与 Buoyant，这像极了当初容器的“战国纷争时代”。正如敖小剑在一篇微服务的文章中所说的：

> 从 Google 和 IBM 联手推出 Istio 开始，Istio 就注定永远处于风头浪尖，承载了 Google 和 IBM 太多的厚望与期待的 Istio，试图：
>
> ◎　建立 Google 和 IBM 在微服务市场的统治地位；
> ◎　为 Google 和 IBM 公有云打造杀手锏级特性；
> ◎　在 Kubernetes 的基础上，延续 Google 的容器战略布局。

Google 在公有云市场的布局是从底层开始，掌控了容器编排技术的领导权，祭出容器时代最好的微服务架构平台 Kubernetes，同时团结所有可能团结的 IT 巨头来推广 Kubernetes。在这个过程中，Google 出钱（比如加入 OpenStack，成为企业赞助商级会员，每年缴纳 25 000 美元的会费）、出力（比如派了很多编程高手全职开发 Kubernetes 项目，而不是只发表几篇论文），因此，Kubernetes 的势力圈很快以燎原之势席卷整个软件界。原来 SUN 用了几十年都没能通过 Java 让 Windows 与 Linux 成为好朋友，如今 Google 联手微软，很快就能用 Kubernetes 平台彻底打通 Windows 与 Linux 上的原生云应用了！不得不说，这个世界变化得太快！Kubernetes 在大获全胜后，下一步将会用 Istio 来统一云原生应用的 Service Mesh 架构标准。

那么，如何才能理解 Service Mesh？Service Mesh 之父——Buoyant 公司的 CEO Willian Morgan 在 Service Mesh 的定义中首先提到：

> Service Mesh 是一个用于处理服务与服务之间通信（调用）的复杂的基础架构设施。

上述观点表明 Service Mesh 的核心是解决微服务之间的通信和调用问题，这些服务都是在某个 TCP 端口提供服务，比如最常见的是 HTTP REST 接口的微服务实例。具体来说，Service Mesh 是如何解决这个问题的呢？Willian Morgan 的这段话给出了答案：

Service Mesh 通常是一组轻量级的网络代理程序，这些网络代理程序就部署在用户的应用程序旁边，而应用的代码感知不到它们的存在。

这个答案让我们恍然大悟，Service Mesh 在本质上是一组网络代理程序组成的服务网络，这些代理程序就像传统的 HTTP 代理服务器或者 Nginx，会与用户的应用程序部署在一起，充当对应服务的“代理”，该服务的出入流量（TCP 流量）都会被这个代理程序所拦截，相当于在从客户端到服务端的网络必经线路上安插了一个“山大王”。这种代理后来在 Google 的 Istio 产品架构中被称为“Sidecar”，并且被各类 Service Mesh 的技术文档普遍引用，于是我们可以画出 Service Mesh 最简单的架构图，如图 4-12 所示。

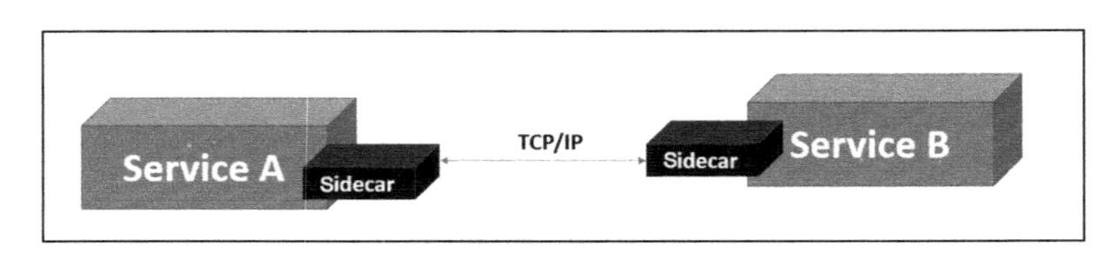


图 4-12

图 4-13 更有助于我们直观理解 Service Mesh 的原理，从 Service A 到 Service B 的访问流量要先后经过 Service A 的 Sidecar 层、Service A 所在机器的 TCP/IP 网络栈，之后通过网络到达 Service B 所在机器的 TCP/IP 网络栈、Service B 的 Sidecar 层，之后才能抵达 Service B 服务层。

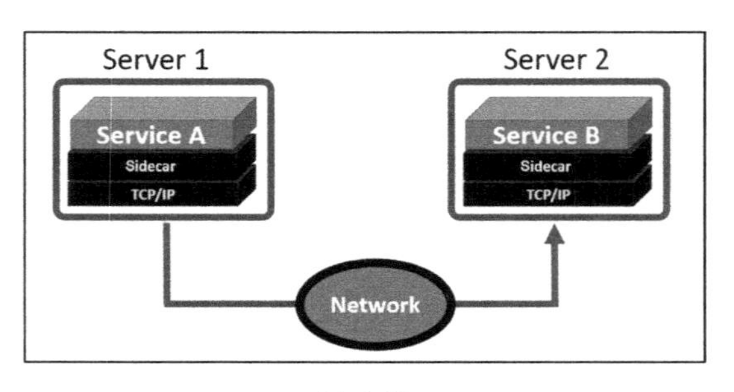


图 4-13

由于 Sidecar 程序需要与所在服务器的 TCP/IP 网络栈密切交互，以拦截相应的服务流量，这不但涉及底层的一些网络编程操作，并且影响服务器的网络配置与网络环境，会对服务器上的其他程序产生影响，因此，Service Mesh 产品更适合被部署在容器环境中，这就是 Service Mesh 之父的观点：Service Mesh 技术可以构建一个现代化的云原生应用（Cloud Native Application）。

我们知道，实现非入侵的关键是不要引入新的框架接口和 API，并要求应用程序遵循这些接口并使用这些 API。正因为引入了外部的网络代理组件 Sidecar，因此微服务架构的实施就能以一种全新的非入侵式的方式去实现了。为了更好地理解 Sidecar 在 Service Mesh 中的重要作用，我们接下来看看微服务中的最重要的功能之一——服务注册与服务路由是如何在 Service Mesh 中实现的。

假如，如图 4-13 所示的 Service B 是一个 HTTP 服务，现在部署了 3 个实例以提供服务，这 3 个实例为 B1 Instance、B2 Instance、B3 Instance，分别位于服务器 Server 2、Server 3、Server 4 上，服务端口为 80，则在这种情况下，该系统的 Service Mesh 拓扑会演化成如图 4-14 所示的样子。

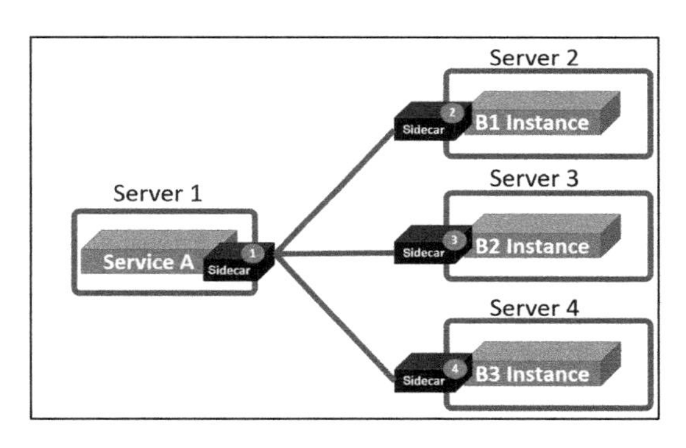


图 4-14

我们看到，在图 4-14 中有 4 个 Sidecar 实例，分别对应（代理）应用程序中的 4 个服务实例。从拓扑路由来看，从 Service A 到 Service B 目前存在 3 个路由，由于 Sidecar 1 代理了从 Service A 发起的所有请求，因此只要给 Sidecar 1 配置这三条服务路由的信息，Sidecar 1 即可实现到 Service B 调用的服务路由、负载均衡等基础功能。首先，我们定义一个名为 serviceb 的集群，给出访问 Service B 的三条路由，并且确定负载均衡策略：

```
"clusters": [ {
    "name": "serviceb",
    "type": "static",
    "lb_type": "round_robin",
    "hosts": [
      {"url":   "tcp://server2:80"},   {"url":   "tcp://server3:80"},{"url":
"tcp://server4:80"}
    ] }]
```

假如，我们认为 Service A 在代码中采用 http://192.168.0.3/serviceb 来访问 serviceb，

其中主机 IP（域名）的值取决于运行环境，那么我们可以配置 Sidecar 1 的路由转发规则如下：

```
"virtual_hosts": [
  {  "name": "service",
    "domains": ["*"],
    "routes": [
      { "timeout_ms": 0,
        "prefix": "/serviceb",
        "cluster": "serviceb"
      }    ]  }]
```

这样一来，Sidecar 1 在收到发往 http://*/serviceb 的 HTTP 请求后，就会匹配到/serviceb 这个 URL 前缀对应的路由转发规则，即按照 Service B 定义的基于轮询方式的负载均衡策略进行转发，将流量转发到后端 Service B 的三个实例上。在这种情况下，Sidecar 非常类似于传统网络中的“智能路由器”，而 Service 网络中的每个服务实例都类似于一个即插即用的网络终端。出于这种类比，我们也可以把 Service Mesh 当作一个智能的 Service 网络，而 Sidecar 恰好是这个 Service 网络中最为关键的组件——智能路由器。依托 Sidecar，Service Mesh 提供了包括服务路由、负载均衡、流量控制、熔断机制、服务安全及服务监控等高级功能在内的采用全新思路的无侵入的一整套微服务架构解决方案。

继续刚才的问题，我们看到为了实现服务路由与负载均衡功能，Service Mesh 中的每个 Sidecar 实例都需要获取相关的基础配置数据，下发配置数据并管理这些配置数据，这在传统的电信软件领域里被称为“控制平面(Control Plane)”；而 Sidecar 实现的服务路由、负载均衡等功能被称为“数据平面（Data Plane）”，因此 Service Mesh 的最简化版架构图如图 4-15 所示。

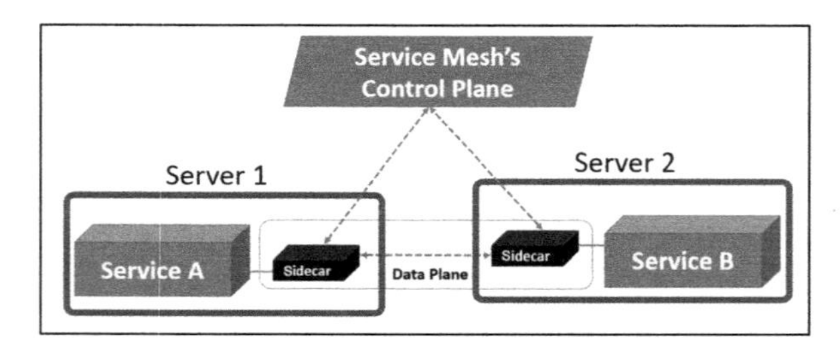


图 4-15

我们所开发的大型业务系统通常还会与周边的一些基础设施相关联，比如访问控制（ACL）系统、集中化的日志系统、监控系统、资源与配额管理系统、计费系统等，在传统的架构设计中，通常会设计出大量定制的接口，产生硬耦合，导致系统架构臃肿复杂，难以理解和维护，使得这种架构的适用能力大大降低。Service Mesh 这种微服务架构也需要解决上述问题,其中架构设计得最好的当属 Istio。接下来,我们通过 Istio 继续探讨 Service Mesh 的深层架构和主要功能。作为 Sidecar 角色的 Envoy 主要负责控制各个微服务之间的网络通信，在 Istio 中以 Istio-proxy 的形式与应用容器共存于同一个 Pod 内。

下面，先重点介绍 Istio 控制平面中的 3 个主要组件：Pilot、Mixer 和 Citadel。

### 1. Pilot

Pilot 为 Envoy 提供了一套标准 API，使得 Envoy 的实现可以独立于各个底层平台（Kubernetes、Cloudfoundry、Mesos、虚拟机/裸机等），简化了 Envoy 的设计与代码实现，同时大大提升了 Istio 跨平台运行的能力。Pilot 提供给 Envoy 的 API 主要是配置相关的接口，目前主要是服务发现、负载均衡池、路由表动态更新几个接口。图 4-16 为 Istio 官方提供的 Pilot 的架构示意图。

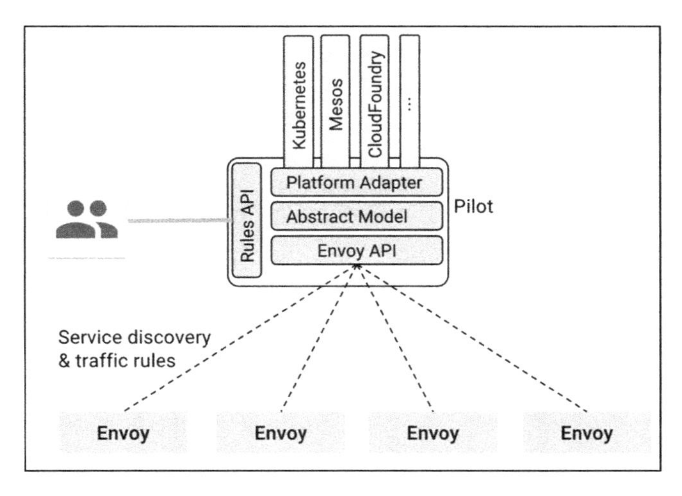


图 4-16

对如图 4-16 所示的各部分组件的具体解释如下。

- ◎ Envoy API 负责和 Envoy 通信，主要用来发送服务发现信息、服务路由表及流量控制规则给 Envoy 实例。
- ◎ Abstract Model 是 Polit 定义的抽象模型，目标是实现与特定目标平台的解耦，为跨平台（Kubernetes、Cloudfoundry、Mesos、虚拟机/裸机等）提供基础。

◎ Platform Adapter 则是 Abstract Model 这个抽象模型的具体实现，用于对接外部的不同平台，每个特定的平台都会有一个对应的 Platform Adapter 实现。

◎ Rules API，提供接口给外部调用以管理 Pilot，包括命令行工具 Istioctl 及未来可能出现的第三方管理界面或者厂商定制的管理界面。

下面通过几种常见的业务场景，对 Pilot 实现服务路由的功能进行说明。下面的例子引用了 Istio 官网提供的 bookinfo 示例中的几个微服务进行说明。完整的 bookinfo 示例详见官方文档 https://istio.io/docs 中的说明。

**1）根据比例将请求路由到不同版本的服务实例中**

例如，若要设置将 50%的请求转发到 v2 版本的服务实例，并设置将另外 50%的请求转发到 v3 版本的服务实例（v1 版本的服务实例无法收到任何请求），则可以进行如下设置：

```
apiVersion: networking.istio.io/v1alpha3
kind: VirtualService
metadata:
  name: reviews
  ...
spec:
  hosts:
  - reviews
  http:
  - route:
    - destination:
        host: reviews
        subset: v2
      weight: 50
  - route:
    - destination:
        host: reviews
        subset: v3
      weight: 50
```

实现的效果如图 4-17 所示。

**应用场景**：基于比例的服务路由可用于应用更新时的灰度发布策略，可以将一部分请求转发到新版本的服务实例中进行验证测试。

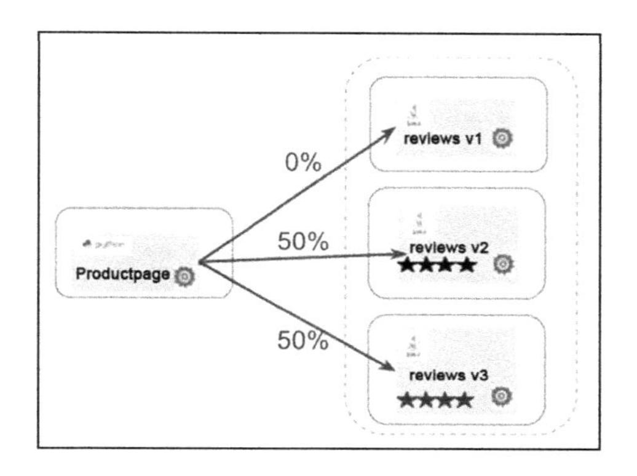


图 4-17

**2）根据 HTTP 请求头中的信息将请求路由到不同版本的服务实例中**

例如,若要将用户 jason 发起的请求( 在 HTTP 请求头中 cookie 包含 user=jason 信息 ) 转发到 v2 版本的服务实例，则可以进行如下设置：

```
apiVersion: networking.istio.io/v1alpha3
kind: VirtualService
metadata:
  name: reviews
spec:
  hosts:
  - reviews
  http:
  - match:
    - headers:
        cookie:
          regex: ^(.*?;)?(user=jason)(;.*)?$
    route:
    - destination:
        host: reviews
        subset: v2
  - route:
    - destination:
        host: reviews
```

实现的效果如图 4-18 所示。

**应用场景**：基于请求特定信息的服务路由可用于应用更新时的 A/B 测试部署策略，可以将某些特定用户的请求转发到新版本的服务实例进行验证测试。

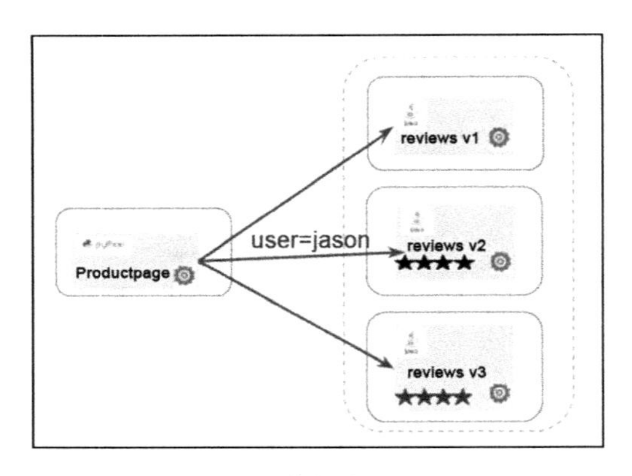


图 4-18

**3）流量复制到新版本的服务实例中**

例如，若要在业务请求被正常转发到线上服务实例的同时，把请求复制到新版本的服务实例进行验证测试，作为正式上线之前的生产验证，则可以进行如下设置：

```
apiVersion: networking.istio.io/v1alpha3
kind: VirtualService
metadata:
  name: mirror-traffic-to-v3
spec:
  hosts:
    - reviews
  http:
  - route:
    - destination:
        host: reviews
        subset: v2
      weight: 100
    mirror:
      host: reviews
      subset: v3
```

实现的效果如图 4-19 所示。

**应用场景**：流量复制可用于应用在需要更新时对新版本信心不足，在正式上线前用生产系统中的请求数据进行测试验证的场景。

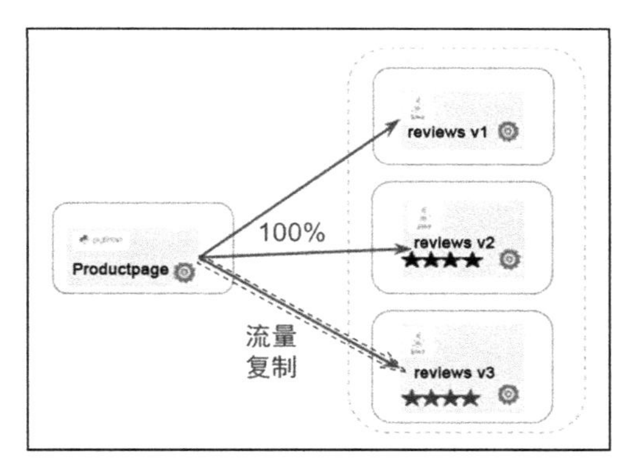


图 4-19

**4）故障注入**

故障注入主要用于对微服务调用链上各环节的测试，可以进行人为的故障注入，包括刻意的延时（Delay）返回响应、对特定用户的请求拒绝访问、特定的超时时间（Timeout）等设置，来验证某些微服务对错误应答的处理逻辑是否正确。

以超时时间设置为例，例如要设置 ratings 服务两秒延时响应，同时设置 reviews 服务访问超时时间为 1 秒，则在 reviews 服务调用 ratings 服务时，会产生“超时”的后果（即不能及时获得服务端的响应）：

```
apiVersion: networking.istio.io/v1alpha3
kind: VirtualService
metadata:
  name: ratings
spec:
  hosts:
  - ratings
  http:
  - fault:
      delay:
        percent: 100
        fixedDelay: 2s
    route:
    - destination:
        host: ratings
        subset: v1
---
apiVersion: networking.istio.io/v1alpha3
```

```
kind: VirtualService
metadata:
  name: reviews
spec:
  hosts:
    - reviews
  http:
  - route:
    - destination:
        host: reviews
        subset: v2
    timeout: 1s
```

实现的效果如图 4-20 所示，在页面上 reviews 调用 ratings 服务的部分会显示为失败。

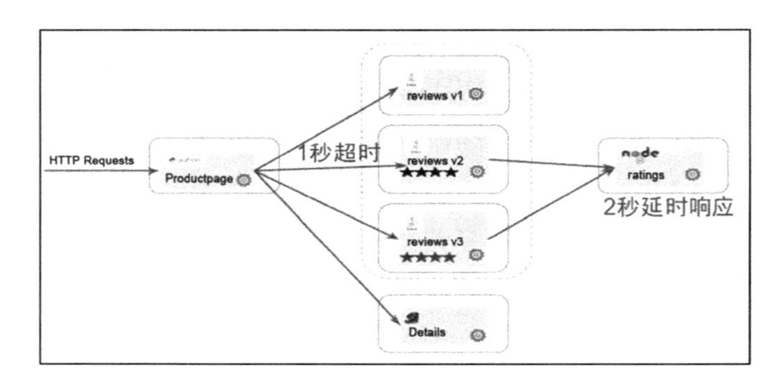


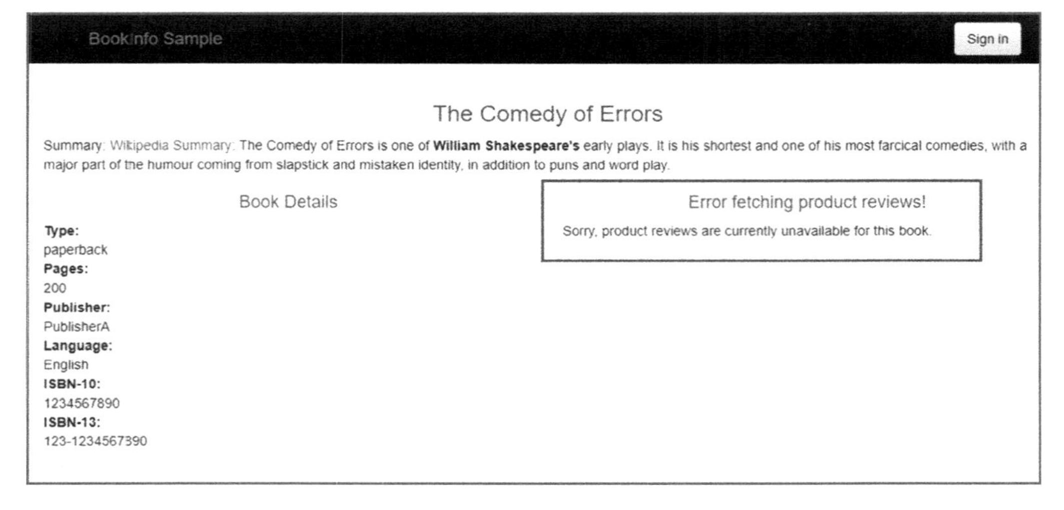


图 4-20

**应用场景**：故障注入通常用于在微服务架构下多个服务由不同的开发组实现，且对错误的服务应答的逻辑处理还不完善的阶段，即可通过各种故障注入的方式对整个微服务调用链进行测试验证，以提高系统的整体可用性和稳定性。

### 2．Mixer

在 Istio 的 Contrl Plane 里，Mixer 组件用来实现服务与周围基础设施的隔离问题，我们在一定程度上可以把 Mixer 组件理解为 Service Mesh 与外围系统的“隔离墙”。为了与各种不同的外围基础设施系统打交道，Mixer 定义了一套标准的 API，然后采用适配器的设计模式去适配各种不同的后端基础设施子系统，为此 Mixer 采用了插件机制，每个插件都被称为适配器，比如日志插件、监控插件、配额插件、ACL 插件等，无须编程，只通过配置即可指定使用某种适配器插件，并且可以在运行时变更为新的插件。图 4-21 是得到进一步完善的 Istio 版本的 Service Mesh 架构图，其中 Sidecar 采用了 Envoy Proxy 组件，在该图中也给出了位于控制平面的 Mixer 组件与周边的后端基础设施之间的关系。

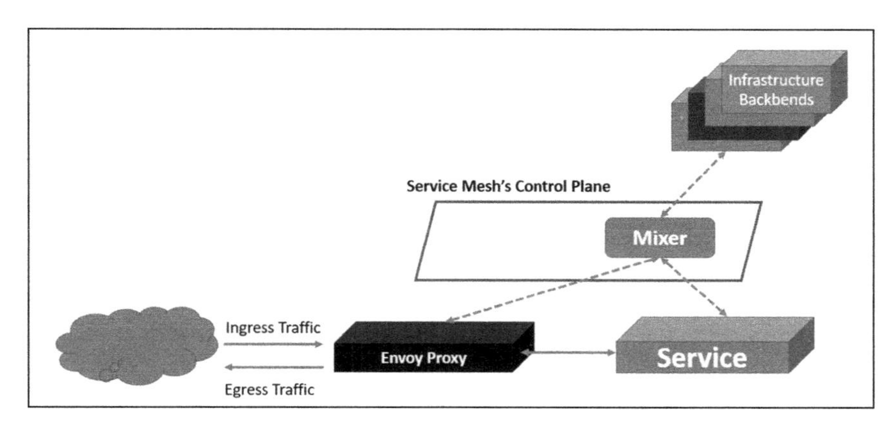


图 4-21

下面通过几种常见的业务场景，对使用 Mixer 实现的服务管控策略进行说明。

#### 1）服务访问限速（Rate Limit）

例如，若要将 reviews 服务访问 ratings 服务的请求速度设置为每秒最多允许发起 10 个请求，则可以进行如下设置：

```
apiVersion: "config.istio.io/v1alpha2"
kind: memquota
metadata:
```

```
    name: handler
    namespace: default
  spec:
    quotas:
    - name: requestcount.quota.default
      maxAmount: 5000
      validDuration: 1s
      # The first matching override is applied.
      # A requestcount instance is checked against override dimensions.
      overrides:
      # The following override applies to 'ratings' when
      # the source is 'reviews'.
      - dimensions:
          destination: ratings
          source: reviews
        maxAmount: 10
        validDuration: 1s
  ---
  apiVersion: "config.istio.io/v1alpha2"
  kind: quota
  metadata:
    name: requestcount
    namespace: default
  spec:
    dimensions:
      source: source.labels["app"] | source.service | "unknown"
      sourceVersion: source.labels["version"] | "unknown"
      destination: destination.labels["app"] | destination.service | "unknown"
      destinationVersion: destination.labels["version"] | "unknown"
  ---
  apiVersion: "config.istio.io/v1alpha2"
  kind: rule
  metadata:
    name: quota
    namespace: default
  spec:
    actions:
    - handler: handler.memquota
      instances:
      - requestcount.quota
```

实现的效果如图 4-22 所示，在一段时间内对请求数量进行限制，对超限的请求返回 HTTP 429 的响应。

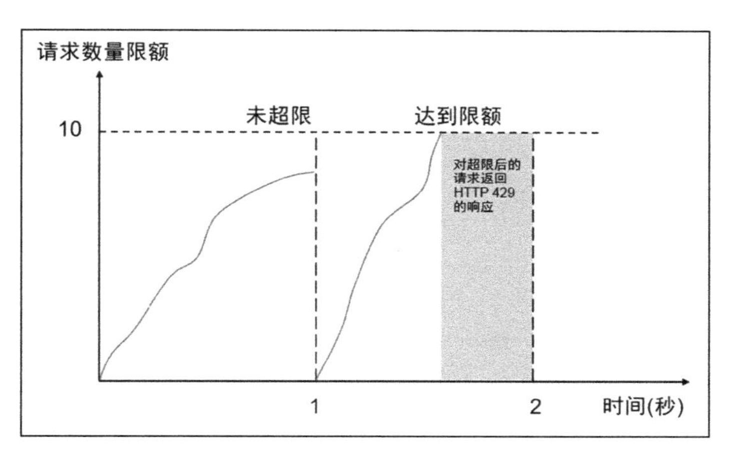


图 4-22

**应用场景**：通常单个服务实例的承载能力有一定限制，为了保证服务的可用性和服务质量，可以对服务能接收的请求访问速度进行限制。

**2）黑白名单（Blacklist/Whitelist）**

例如，若不允许 reviews v3 版本服务访问 ratings 服务的请求，即将 reviews v3 置入黑名单列表，则可以进行如下设置：

```
apiVersion: config.istio.io/v1alpha2
kind: listchecker
metadata:
  name: whitelist
spec:
  # providerUrl: ordinarily black and white lists are maintained
  # externally and fetched asynchronously using the providerUrl.
  overrides: ["v1", "v2"]  # overrides provide a static list
  blacklist: false
---
apiVersion: config.istio.io/v1alpha2
kind: listentry
metadata:
  name: appversion
spec:
```

```
  value: source.labels["version"]
---
apiVersion: config.istio.io/v1alpha2
kind: rule
metadata:
  name: checkversion
spec:
  match: destination.labels["app"] == "ratings"
  actions:
  - handler: whitelist.listchecker
    instances:
    - appversion.listentry
```

实现的效果如图 4-23 所示，reviews v1 和 reviews v2 版本都被允许访问 ratings 服务，但是 reviews v3 版本被禁止访问。

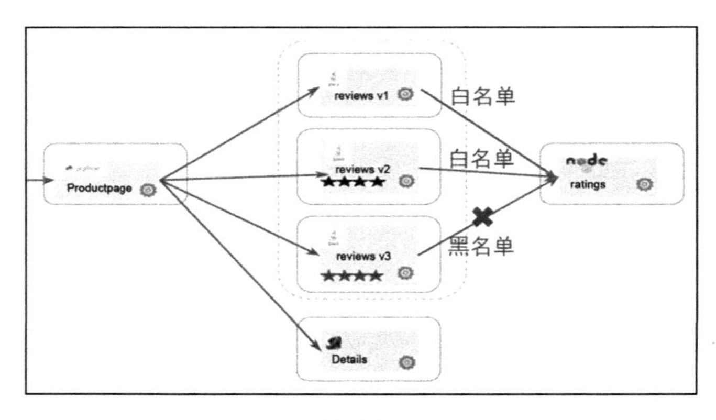


图 4-23

**应用场景**：黑白名单可以用于在业务更新时有选择地对某些特定用户开放服务的场景。

常用的其他 Adapter 如下。

◎ **Denier**：基于某些条件返回拒绝响应，类似于黑白名单的功能。

◎ **Fluentd**：可用于应用的日志采集。

◎ **Prometheus**：可用于应用的性能数据采集。

### 3．Citadel

Citadel 负责解决微服务架构中的安全问题，很好地实现了微服务安全领域的两个目标。

◎　加强微服务系统的安全及实现 Service 通信的安全。

◎　不用在 Service 里编写与安全相关的任何代码。

无论是 Service to Service 还是 End user to Service 的调用，Citadel 都要确保通信的安全（基于 TLS）。由于在 TLS 通信过程中需要双方的 CA 证书，所以 Citadel 提供了基于 CA 证书的管理系统，用于 CA 证书的生成、签名、分发及回收等功能的自动化管理。这个系统类似于 CA/PKI 基础设施，但不同的是，前者的主要目标是"自动化"，以大大减少工作量及与证书相关的手工任务出错的可能性。此外，Citadel 为每个 Service 都提供了一个 ID 以代表该 Service 的角色，从而实现集群间 Service to Service 的认证功能。

图 4-24 描述了 Citadel 的架构。

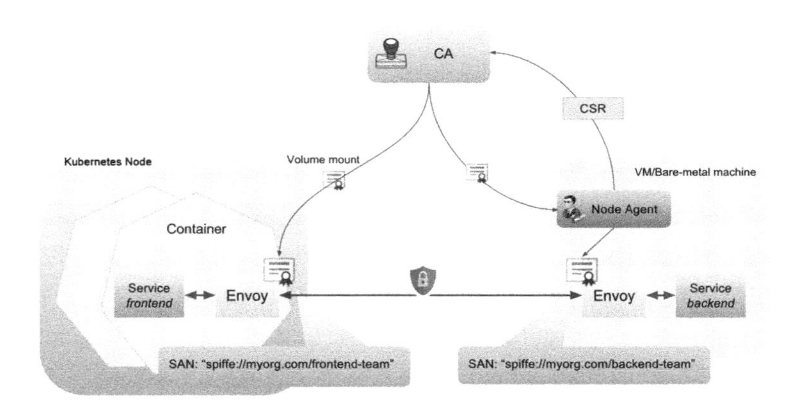


图 4-24

Citadel 被设计成既可以在虚拟机/裸机上运行，也可以在 Kubernetes 上运行。当运行在虚拟机/裸机中时，由一个名为 Node Agent 的代理去创建 Service 的密钥并生成 CSR（证书签名请求文件），随后发给 Istio CA 去签名并生成证书，最后把证书与对应的私钥一起发给对应的 Envoy。如果 Istio 运行在 Kubernetes 上，则 Citadel 的实现更为简单，无须额外的 Node Agent 进程，Citadel 首先会创建 Kubernetes Secret 来保存 Service 的私钥和证书，然后通过 Kubernetes Volume 将 Secret 中的私钥和证书映射到容器里。这样，两个 Service 就可以在彼此对应的代理即 Envoy 之间，建立一个加密的 TLS 通道来实现数据传输的安全了。而 Envoy 与对应的 Service 之间还是普通的 TCP 传输，因为它们是本地 Socket 通信，并不通过网络。

如图 4-25 所示为 Istio 的全景架构图。

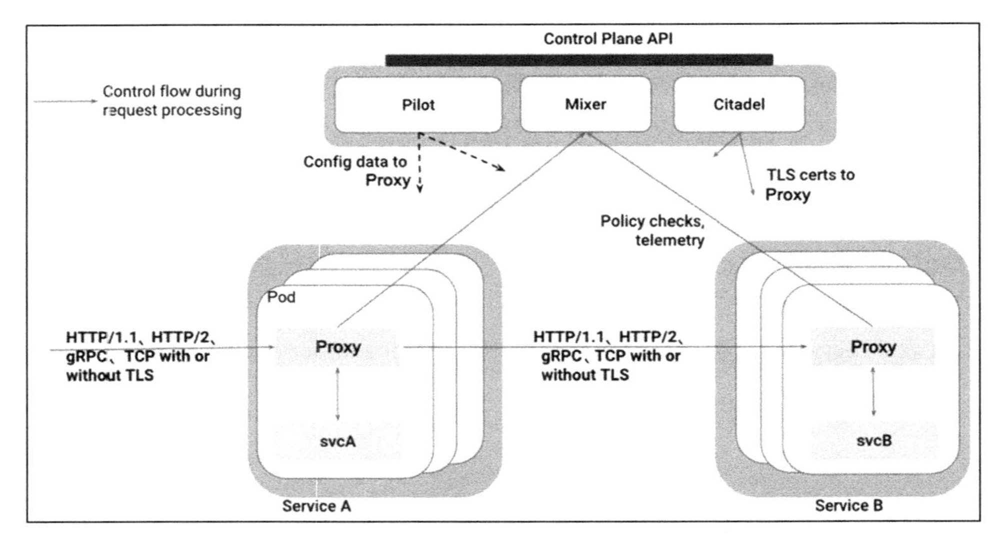


图 4-25

前面提到，Service Mesh 产品更适合被部署在容器环境中，按照 Service Mesh 之父的观点：Service Mesh 技术可以构建一个现代化的云原生应用，并且 Istio 是 Google 主推的 Service Mesh 产品，因此 Istio 一开始就定位于 Kubernetes 平台之上，所以在如图 4-25 所示的 Istio 架构图里出现了 Pod 这个对象。实际上，Istio 的所有组件都是运行在 Kubernetes 里的，并且要求 Kubernetes 的最低版本为 1.7.3，如果需要更高级的功能如 Sidecar 自动注入，则要求 Kubernetes 为 1.9 以上版本。由于运行在 Kubernetes 平台上，因此 Istio 的部署并不是很复杂，这里不再赘述，可参考官方文档 https://istio.io/docs/setup/kubernetes/quick-start.html 的说明。

由于 Istio 设计精良、架构简洁，而且 Google 和 IBM 从一开始就高姿态地把 Istio 定位在引领整个 Service Mesh 生态圈的领导位置上，还早早做好了第三方厂商融合和扩展的底层接口，因此 Istio 一经推出，就有不少厂商快速跟上，纷纷开发了基于 Istio 框架的 Service Mesh 产品。如图 4-26 所示的架构图来自 Nginx 的 Nginmesh 产品。

从 Nginmesh 的架构图可以看到，Nginmesh 依然基于 Kubernetes 平台，是 Istio 的一个扩展版，唯一不同的是，在 Nginmesh 的架构里，Istio 官方标配的 Sidecar——Envoy 组件被 Nginx Sidecar 所替代，而后者的核心是 Nginx Server。由于 Nginx Server 擅长 HTTP 代理，在性能、稳定性方面皆有不错的口碑，而且用户规模庞大，因此很可能会吸引一部分 Istio 用户。

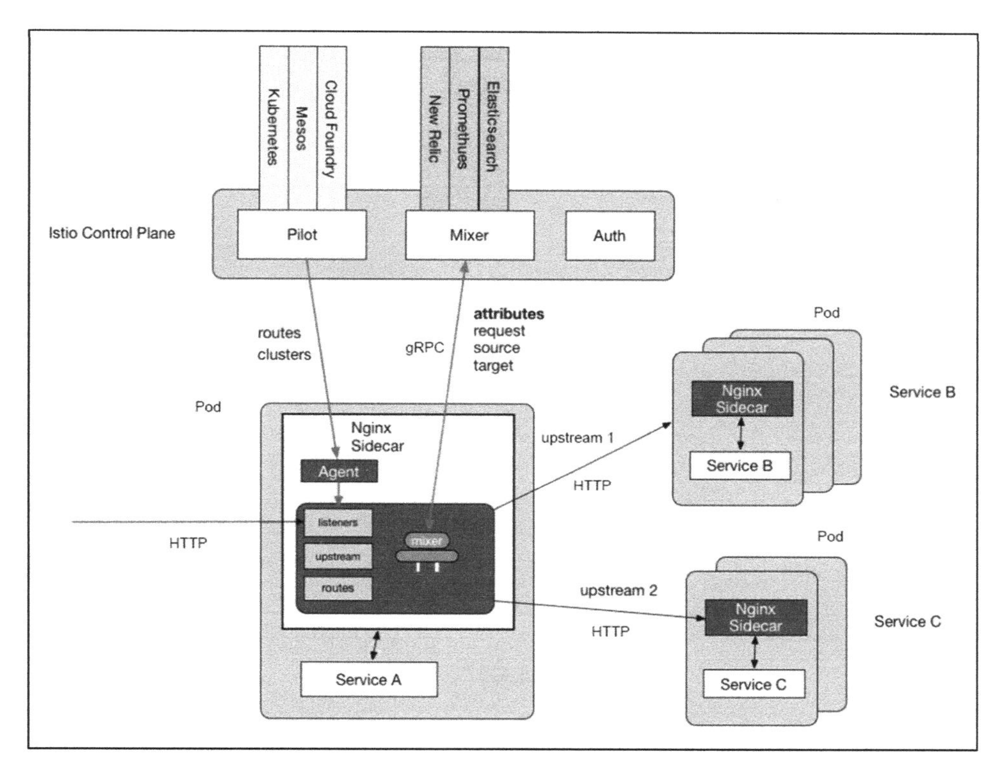


图 4-26

前面说到，Service Mesh 的第一代产品 Linkerd 在不敌 Istio 的劣势情况下，全新设计了第二代产品 Conduit 来对抗 Istio。由于 Conduit 的整体架构也模仿了 Istio，所以面对 Google 等巨头的步步紧逼，Conduit 是如何实现差异化的产品特性，以增加自己的竞争力和吸引力的呢？答案是轻量、简洁。我们知道，Docker 技术之所以能以极快的速度席卷整个 IT 圈，主要的一个原因是 Docker 很轻量且使用起来很简单，因此很容易上手。在 Buoyant 公司看来，自家的一代产品 Linkerd 与 Google 的二代产品 Istio 存在两个问题。

◎　都太重量级了。

◎　两者的初心都是面向很大的软件团队。

因此，Conduit 的核心目标是轻量、简洁，因此性能更高，并且更容易实施，能赢得更多的小公司的青睐。如图 4-27 所示是 Conduit 的架构图，可以很明显地看到，它高度模仿了 Istio 的架构设计，但在细节上有所简化。

Conduit 尽量保持最小化的功能集合，同时可以采用 gRPC 进行扩展。在 Conduit 中，

Sidecar 组件被命名为 Conduit Data Plane（Proxy），这个轻量级的用 Go 语言实现的代理只需要 10MB 内存即可运行。此外，Conduit 在易用性方面也下了一番功夫：强大的客户端工具、丰富的 Web 管理界面，可谓对运维人员相当体贴。

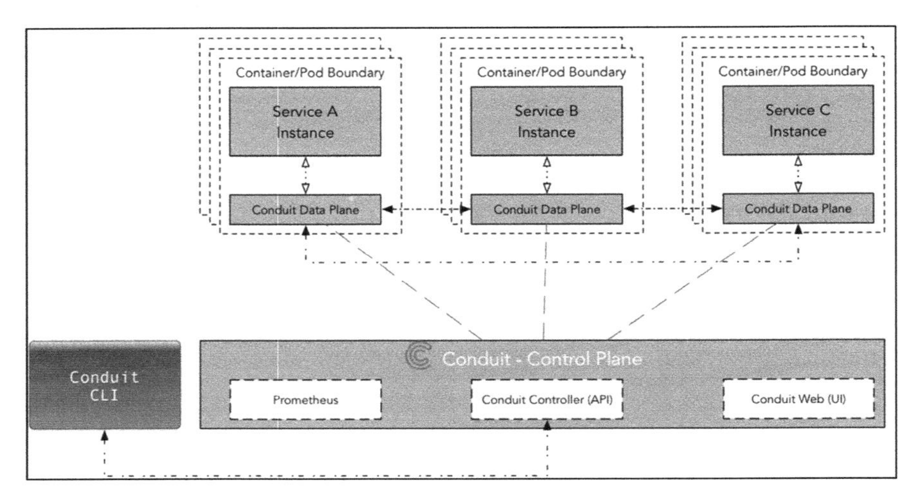


图 4-27

可以预测的是，Conduit 将会在相当长的一段时间内与 Istio 和平共处，毫无疑问，Istio 将会成为市场主流，因为 Istio 开源、免费并且有巨头们的大力推进，小清新的 Conduit 则会在中小企业圈中赢得一定的口碑与市场份额。

最后，我们总结一下 Service Mesh 这个话题。

首先，如何理解 Service Mesh？答案如下。

◎ 可以将其视为在应用程序间通信的中间层。
◎ 与实际应用部署在一起，但对应用完全透明、无侵入，程序无感知。
◎ Service Mesh 是一个非入侵的微服务架构基础设施。
◎ 解决云原生应用中微服务架构的复杂性，确保可靠、快速地应用交付。
◎ 可使更多的软件企业快速转向微服务或者云原生应用的开发实践。

其次，Service Mesh 产品提供了哪些基础功能？答案如下。

◎ 服务发现、服务路由。
◎ 负载均衡、服务熔断。
◎ 实现了安全的（TLS）的服务间通信。

◎　提供了可靠的服务间通信能力：连接重试及终止。

## 4.4　Kubernetes 多集群微服务解决方案

我们知道，Kubernetes 本身就是一个大规模集群，在正常情况下，几乎所有规格的系统都可以被部署到一个 Kubernetes 集群中，因为 Kubernetes 从 v1.6 版本开始就声称支持最大 5000 个节点的集群。那么，在什么情况下，我们需要多集群的 Kubernetes 环境来运行我们的系统呢？答案是我们的系统需要跨越异地数据中心的机房进行部署，其中，在每个数据中心里运行着一套完整的 Kubernetes 集群。此时，我们的应用有以下两种部署方式。

（1）将不同的服务发布到不同的 Kubernetes 集群中，在总体上组成一个完整的系统。

（2）在每个机房的 Kubernetes 集群中独立部署一套完整的系统，同时每个集群中的服务都可以调用另一个集群中的相应服务，从而确保在某个集群的部分节点或全部节点出现故障时，整个系统依然基本可用，一个典型案例就是“两地三中心”的多活系统。

我们先看看第 1 种部署方式，可以将这种方式视作微服务的水平拆分。举例说明，假设我们的系统由 4 个不同的微服务所组成，分别为 Service A、Service B、Service C 和 Service D，则整个系统的服务依赖拓扑如图 4-28 所示。

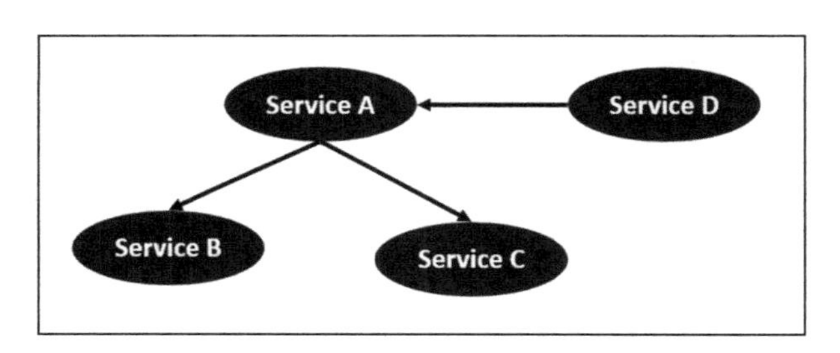


图 4-28

其中，箭头表示依赖关系，即 Service A 依赖 Service B 与 Service C，而 Service D 依赖 Service A。假如我们把 Service A 和 Service B 部署到 Kubernetes 集群 1 中，把 Service C 和 Service D 部署到 Kubernetes 集群 2 中，则将产生如图 4-29 所示的部署拓扑图。

图 4-29 中的虚线表示跨越 Kubernetes 集群的调用，在这种情况下，我们可以利用 Kubernetes 的外部 Service 技巧将 Service C 建模到 Kubernetes 集群 1 中供 Service A 调用；类似地，把 Service A 建模成外部 Service 供 Service D 调用。以 Service C 的建模为例，具

体做法为：先获取 Service C 在 Kubernetes 集群 2 中的外部访问地址，比如 NodeIP+NodePort 的地址，然后在 Kubernetes 集群 1 中为 Service C 建模一个 Service 对象，不同的是，在这个新的 Service 定义里没有 Pod 的标签选择器；接下来定义一个 Endpoint 对象，里面的地址为 Service C 在 Kubernetes 集群 2 中的外部访问地址；然后将这个 Endpoint 与刚才定义的 Service C 对象绑定。这样一来，Kubernetes 集群 1 中的 Service A 在访问 Service C 的时候，就会通过上述对应 Endpoint 对象的外部地址进入 Kubernetes 集群 2 了。如图 4-30 所示为建模结果的示意图。

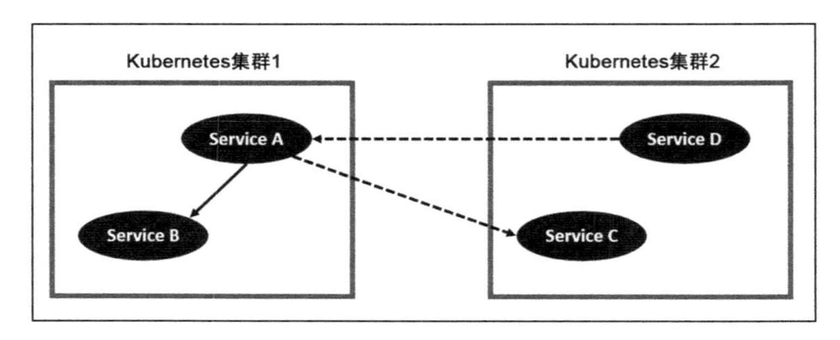


图 4-29

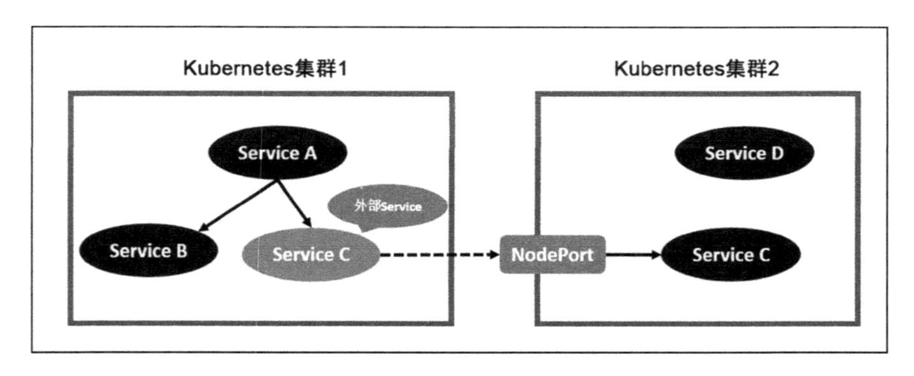


图 4-30

第 2 种方式的典型代表为“两地三中心”的多活系统，这种系统的架构相当复杂。首先，要考虑数据存储层的问题，对于共享数据存储系统如 GlusterFS、Hadoop、Cassandra、MySQL PXC 等来说，由于它们本身已经解决了数据副本与一致性问题，因此，位于不同集群中的应用都可以直接访问这种存储系统，无须特殊考虑；但共享存储一般结构复杂、成本高、性能相对较低，因此很多数据存储系统都是单一存储节点的结构，比如大部分关系型数据库，但这类系统往往存在可用性、可靠性问题，因此在多中心共活的系统中，往往需要考虑构建主备系统，并且要妥善处理主备数据同步及主备切换的细节问题。主备存储系统解决了数据的单点问题，但解决不了数据热点及数据膨胀问题，为此，我们可以采用如下两种方式来解决问题。

◎　按照服务（业务）拆分多个数据库实例。
◎　分表分库中间件。

举例说明，我们要开发一个在线招聘系统，在这个系统中有与用户相关的、与简历相关的、与招聘相关的及与 AI 和统计相关的表。如果按照服务拆分多个数据库实例，那么，我们可以部署 4 个数据库实例，分别对应 4 个服务，如图 4-31 所示。

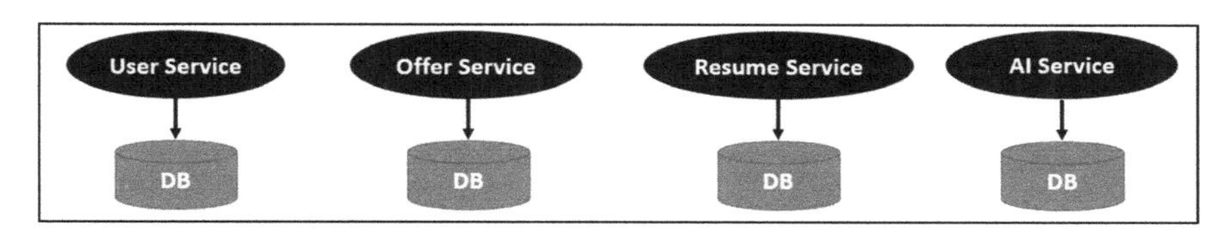


图 4-31

如果采用分表分库中间件，那么架构如图 4-32 所示。

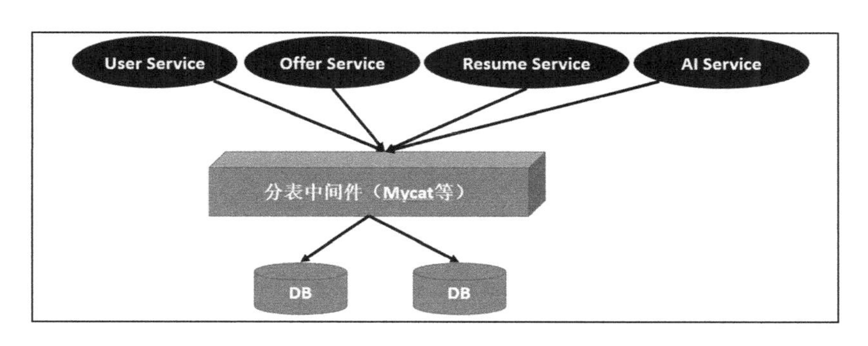


图 4-32

在采用分表分库中间件做法的时候，会有以下几个额外的好处。

◎　分表中间件可以对任意 SQL 结果集做缓存，大大减小数据库的压力。
◎　在分表以后，应用程序只看到单一的逻辑表，SQL 写法很简单。
◎　分表中间件可以拦截和审计任意 SQL，从而加强数据库系统的安全性。
◎　分表中间件大大方便了多租户系统的应用开发。

接下来继续讨论两地三中心的多活系统中最复杂的一个问题，即在某个集群中由于部分节点故障导致某些服务不可用时如何设计，才能保证此集群仍然提供正常的服务。以本章的第一个例子为例，假设我们将系统部署在了 3 个独立的机房中，如图 4-33 所示。

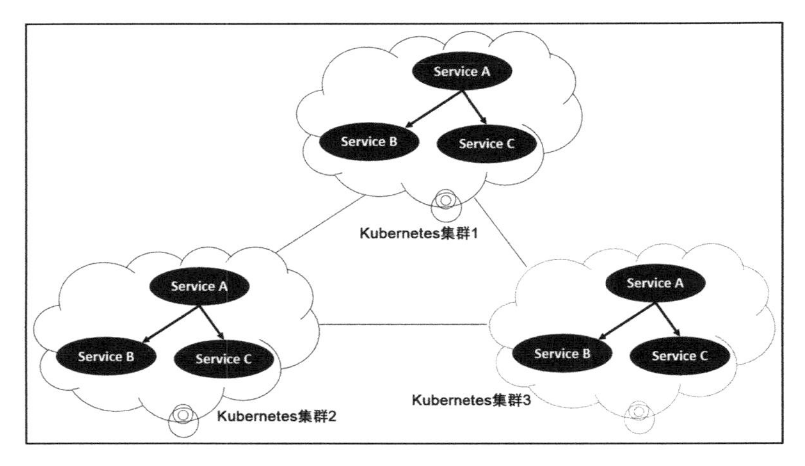


图 4-33

由于 Service A 依赖 Service B、Service C，因此，如果在 Kubernetes 集群 1 中发生局部节点失败的故障，导致 Service B 不可用，那么在应用中调用 Service A 的代码就会失败。如何解决这个问题？考虑到此时在整个系统中，还有 Kubernetes 集群 2 与 Kubernetes 集群 3 中的 Service B 可以正常工作，所以，如果能让 Kubernetes 集群 1 中的 Service A 调用其他集群中健康的 Service B，就能优雅地解决问题。但这个问题比较复杂，因为 Kubernetes 本身并没有提供解决方案。

一个可能的最直接的解决方案是改造 Kubernetes 的 DNS 模块。具体做法如下。

（1）首先，采用 Headless Service 建模我们的 Service，此时 Kubernetes DNS 查询会直接返回该 Service 对应的后端 Pod 地址。

（2）其次，需要改造 Kubernetes DNS 模块，由我们自己接管这些 Service 的 DNS 记录的维护工作，因为我们要在 Service 的 DNS 记录中增加其他集群的访问地址。以 Service C 为例，假设它有 3 个 Pod 副本提供服务，在整个系统中就存在 9 个 Pod 副本，如图 4-34 所示。

因此，我们需要在每个 Kubernetes 集群中为 Service C 的 DNS 记录注入相关的 9 个 Pod 的入口访问地址，并且自己实现从 Pod 实例到 DNS 记录数据的同步逻辑，这就需要我们改造 Kubernetes 的 DNS 组件。虽然从理论上来说这不难实现，但从代码实现来看的确很有难度，因为需要深入掌握 Kubernetes 的源码，才可设计出优雅的实现。

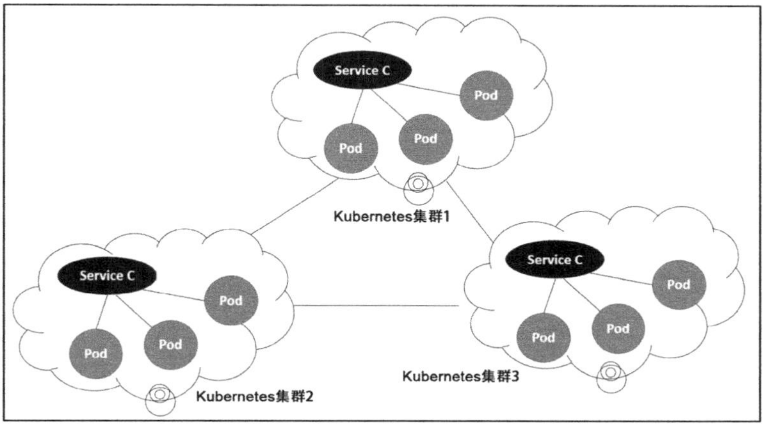

图 4-34

除了上述在理论上可行的方案，还有一种在现实中可用的方案，这就是 Spring Cloud On Kubernetes。我们可以在每个 Kubernetes 集群中部署一套单独的 Spring Cloud 微服务框架，由每个 Kubernetes 集群里的 Eureka 实例联合在一起提供服务注册与服务发现的功能，这样一来，即使某个 Kubernetes 集群里的 Eureka 实例发生故障，客户端仍然可以通过其他 Kubernetes 集群里的 Eureka 获得服务，如图 4-35 所示。

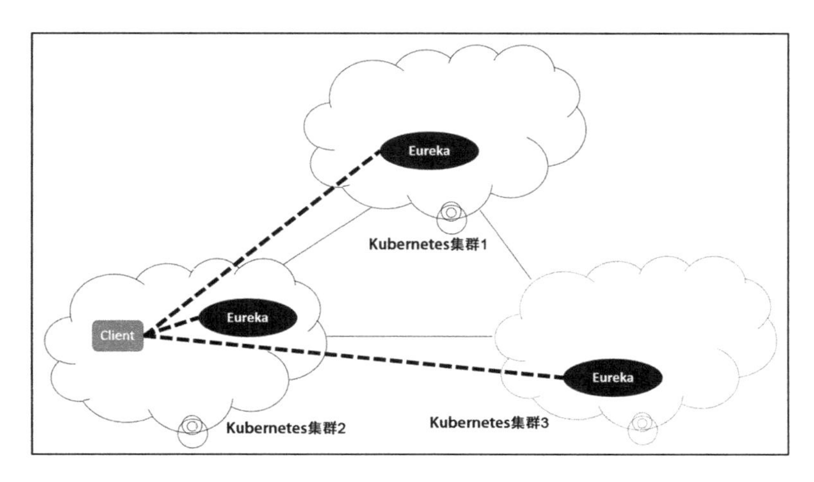


图 4-35

然后，我们可以通过编程方式在每个 Eureka 实例里注入其他 Kubernetes 集群中的服务实例地址，这样就做到了类似之前修改 Kubernetes DNS 的功效。以 Service C 为例，假如在每个集群中有 3 个 Pod 副本提供服务，则在每个 Eureka 实例中都需要注册 9 个访问地址，如图 4-36 所示。

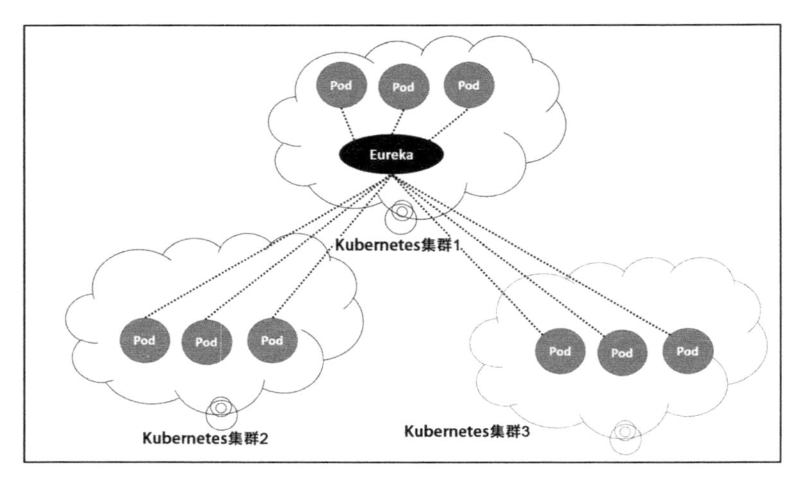


图 4-36

实际上，Pod 的 IP 地址并不能被直接暴露到 Kubernetes 集群之外，所以真实的情况是在 Kubernetes 集群 2 与 Kubernetes 集群 3 中对外暴露的是 Service C 的 NodeIP+NodePort，因此，实际上在 Kubernetes 集群 1 中的 Eureka 中记录了 5 个地址，其中 3 个是 Kubernetes 集群 1 里的 Service C 对应的 Pod 地址，另外两个分别是其他两个 Kubernetes 集群中 Service C 的 NodeIP+NodePort 地址，因此更准确的描述应该如图 4-37 所示。

基于 Spring Cloud 的 Kubernetes 微服务架构方案与 Kubernetes DNS 改造的方案相比，不但更简单地解决了在多中心集群中局部节点失败导致服务不可用的问题，也解决了不同中心之间的服务访问性能问题。我们知道，Kubernetes 集群 1 中的 Service A 在调用本集群中的 Service C 实例时，要比调用其他两个集群中的 Service C 实例快得多，因为一个是局域网，一个是城域网或者广域网，因此，我们在做服务的负载均衡时，不能采用简单的轮询方式，而是要以服务的时延或者所处的区域（zone）为参考指标，实现某种差别化的负载均衡算法。Spring Cloud 中的 Ribbon 负载均衡组件基于 zone 的亲和性特性恰恰实现了我们的目标，所以利用 ZonePreferenceServerListFilter，Spring Cloud 能够优先过滤出请求调用方处于同区域的服务实例。

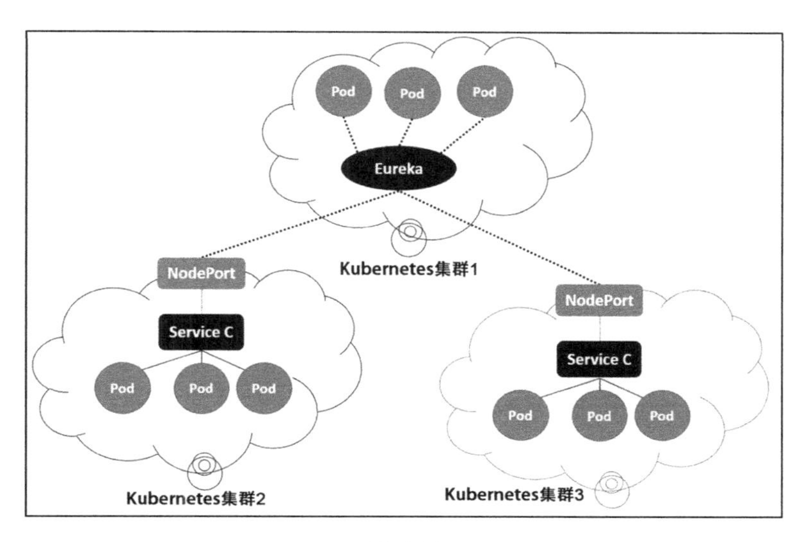


图 4-37

## 4.5 小结

从单体架构到早期的分布式架构，再到越来越标准化的微服务架构，这背后的原生动力是云计算，而以 Docker 和 Kubernetes 为核心的新一代容器云技术，直接造就了“云原生架构应用”这个洋气的新名词。

从 IceGrid 开始的第一代裸机微服务架构，到以 Spring Cloud 为代表的第二代 Java 生态圈微服务架构，再到以 Kubernetes 为代表的第一代容器技术的微服务架构，我们终于迎来了全新思路的第二代容器技术微服务架构——Service Mesh。虽然以 Istio 为代表的 Service Mesh 微服务架构目前尚处于萌芽状态，但是，既然 Kubernetes 只用了两年就成为容器集群管理领域的事实标准，那么相信 Istio 距离普及也不会很久。

# 第 5 章 平台运营管理

对于承载多个项目和基础设施的容器云平台而言，良好的运营是保障其有序运转的基础。本章将从容器云平台的 DevOps 管理、日志管理、监控和告警管理、安全管理、平台数据的备份等方面对生产运营过程中的主要工作进行讲解，同时针对各部分在运营过程中的注意事项进行分析和说明。

## 5.1 DevOps 管理

### 5.1.1 DevOps 概述

DevOps 是英文单词“Development+Operations”的组合，从字面上看就是开发和运维的统一。现在，一些国际组织对 DevOps 进行了定义：

DevOps 强调对应用进行快速、小规模、可迭代的开发和部署，以更好地应对和满足客户的需求。它要求进行文化的转变，即将开发和运维职能作为一个合作的整体来看待，注重提高业务价值，旨在精简整个 IT 价值链。

DevOps 是一套实践框架，包含了精益、敏捷的理念，各种持续集成和持续交付的职能，以及构建流水线的工具。它着眼于项目的实践，在实践中强调以业务价值来统一所有工作目标，这个目标是不同的团队打破原有的组织考核壁垒，进行合作和沟通的基础。它的核心思想是把所有的 IT 交付和运维服务团队统一起来，围绕一个统一的业务价值目标及业务交付范围加强沟通，通过频繁、快速地迭代交付和反馈，达到加快交付速度和提高交付质量的目的。

可以这样比喻，如果将 IT 系统提供的业务服务作为一个交付的产品来看，我们就要像在工厂里建立单件流的生产流水线一样，在 IT 软件开发和交付领域建立一条 IT 服务交付的流水线。为了建设这样一条流水线，就需要弄清楚以下几个问题。

◎　这条流水线的内容是什么？它的起点在哪？终点在哪？
◎　如何搭建这条流水线？
◎　如何管理这条流水线？

带着这几个问题，我们来看一下 DevOps 的核心理念，如图 5-1 所示。

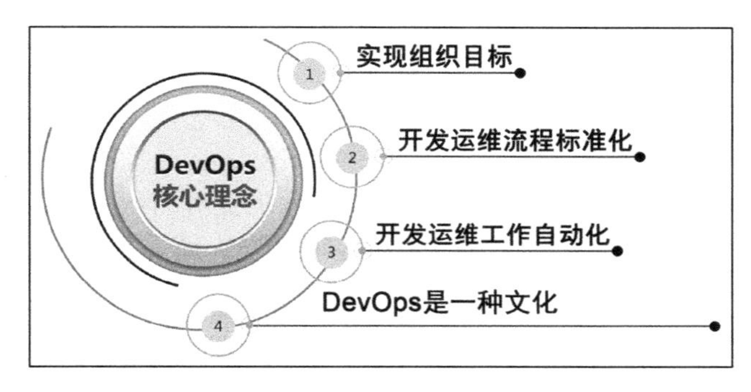


图 5-1

### 1. 实现组织目标

我们所做的软件系统是为业务部门的业务发展服务的，这是将所有 IT 交付团队统一起来的共同目标和原始驱动力。只要对比一下自己团队的 KPI 和业务目标的关系，就能发现传统的分割式项目交付管理是多么官僚和浪费。实际上，我们在仔细考虑这个理念之后，就很容易弄清楚 DevOps 流水线应该包含哪些内容，即整个开发、测试、部署和运维的过程都应该在这条流水线上，这些直接关系到最终的业务价值的实现，因此必须作为一个整体进行管理。

### 2. 开发运维流程标准化

在 DevOps 中并不是不讲流程，与之相反，在践行 DevOps 的时候需要的是标准化的交付流程，而且这个流程不是简单的管理规范，而是要用持续交付的流水线来取代冗长的开发运维流程，这样的流程才会得到高效实施。

除了开发测试交付部分，从运维的角度来看，在 DevOps 里强调的是轻量化的 ITSM 流程和架构，即根据保证业务运行连续性的需要来裁减流程，并形成标准化的流程。所谓标准化指的是在需求、开发、测试、维护的过程中将流程最小化。流程过于复杂是造成 IT 资源浪费的最主要原因，所以一定要把流程最小化，将更多的精力、劳动、资源投入真正创造业务价值的生产中。

### 3．开发运维工作自动化

开发运维流程标准化是自动化的前提，如果流程不是标准化的，那么自动化也是没有根基的。只有将流程标准化，自动化才能有定义的标准。自动化会带来更多的好处，不仅提升效率，还能使效率和质量透明化，让整个交付过程更加可控。

### 4．DevOps 是一种文化

DevOps 是一种文化，它倡导团队成员围绕共同的业务目标互相理解、信任和协作沟通，在交付过程出现问题后，从中分析原因和吸取教训，而不是互相指责和推卸责任。

总的来说，DevOps 可以用 CALMS（Culture、Automation、Lean、Metrics 和 Sharing）来表述，代表自动化、精益、可衡量及分享的文化，如图 5-2 所示。

图 5-2

从项目的实践来看，如图 5-3 所示，DevOps 是指导软件系统交付的一系列实践方法，贯穿于项目的计划、需求、设计、开发、部署、运维及终止的整套过程中。

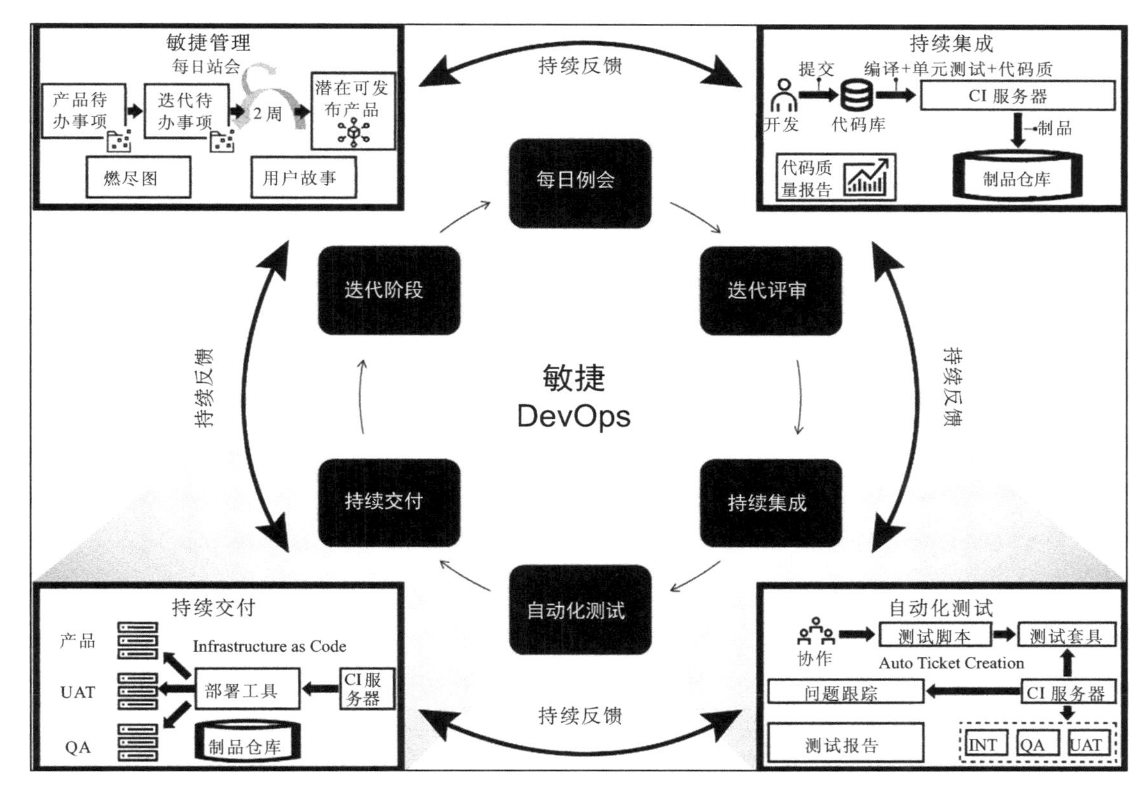


图 5-3

那么 DevOps 是如何贯穿的？从传统的 IT 项目交付的角度来看，DevOps 实践框架包括：敏捷管理、持续集成、持续交付和自动化测试。

◎ **敏捷管理**：指将需求以用户故事的方式进行拆解，然后以最小化、快速迭代的方式进行开发管理。

◎ **持续集成**：指针对开发人员的代码提交过程以单件流的方式进行流水线式的自动化管理。

◎ **持续交付**：指从写代码到生产过程是一条流水线，整个流程是统一规划、预先定义，并以自动化、模板化方式进行交付的。

◎ **自动化测试**：自动化测试在 DevOps 的体系里实际上是持续集成的一部分，之所以将自动化测试单独拿出来，是因为在传统 IT 项目转型到 DevOps 的过程中，自动化测试才是最关键的部分，因为这部分的转变不仅涉及技术层面、工作习惯，还涉及组织转型，因此也是 DevOps 转型过程中的硬骨头。

DevOps 的实践包含了软件开发生命周期的全流程，涉及大量的开源工具，从需求到运维的每一个环节都有很多热门工具可供选择。典型的 DevOps 实践通常以 Jenkins 为核心，通过 Jenkins 来集成和调度 DevOps 流水线中的代码管理、构建、测试和部署。

## 5.1.2 DevOps 持续集成实战

本节将从一个实际的业务系统开发入手，介绍常见的持续集成流程的各个环节在 Kubernetes 环境中的构建和实现，主要包括需求描述、环境准备和运行实践三个方面。

### 1. 需求描述

整个 DevOps 管理流程包括需求、开发、集成、测试和部署上线等环节。

除了要完成上述主要流程，还需要进行集中的用户管理，以及工作流程可视化等功能。

主要的工作流程和选择的开源工具如图 5-4 所示。

图 5-4

另外，要选择 OpenLDAP 完成集中的用户管理和验证功能，选择 InfluxDB 和 Grafana 完成工作流程的可视化展示。

上述所有工具均以容器化的形式部署在 Kubernetes 环境中运行。

完整的 DevOps 工作流程如下。

（1）需求、测试人员在 Redmine 中录入需求或 Issue。

（2）开发人员根据 Redmine 的任务指派进行开发，并提交代码。

（3）在提交代码时会触发构建，包括程序及其对应的 Docker 镜像。

（4）可以通过每日/分支的动作触发自动测试。

（5）将经过测试后的镜像向生产环境发布。

### 2. 环境准备

主要包括 DevOps 流水线上各工具的搭建和关键配置的说明。

#### 1）用户管理和认证系统（OpenLDAP）

在使用 OpenLDAP 进行集中的用户管理和认证支持时，可以选用 osixia/openldap 镜像提供 OpenLDAP 服务，此处省略部署过程，详细用法可参考 https://github.com/osixia/docker-openldap。其中，在 example 目录下有 Kubernetes 运行所需的 YAML 文件样例。

在 OpenLDAP 应用启动之后，我们就可以进行用户数据的录入了。

新建用户账号的相关信息如图 5-5 所示。

| Attribute Description | Value |
|---|---|
| *objectClass* | *inetOrgPerson (structural)* |
| *objectClass* | *mailAccount (auxiliary)* |
| *objectClass* | *organizationalPerson (structural)* |
| *objectClass* | *person (structural)* |
| *objectClass* | *simpleSecurityObject (auxiliary)* |
| *objectClass* | *top (abstract)* |
| *objectClass* | *uidObject (auxiliary)* |
| cn | user |
| mail | demo@mail.com |
| sn | surname |
| uid | ldap_login |
| userPassword | SSHA hashed password |

图 5-5

#### 2）需求管理系统（Redmine）

（1）部署 Redmine。可以使用名为 sameersbn/redmine 的镜像，在部署过程中需要给目录“/home/redmine/data”提供持久存储，还需要暴露 80 端口以供外界访问。

（2）对接 LDAP 认证系统。在 Redmine 启动以后，使用 admin 账号登录，然后进入菜单项“LDAP 认证”->“新建认证模式”，根据前面配置的 LDAP 数据进行登录设置，如图 5-6 所示。

在保存后即可使用 LDAP 中的用户信息进行登录了。

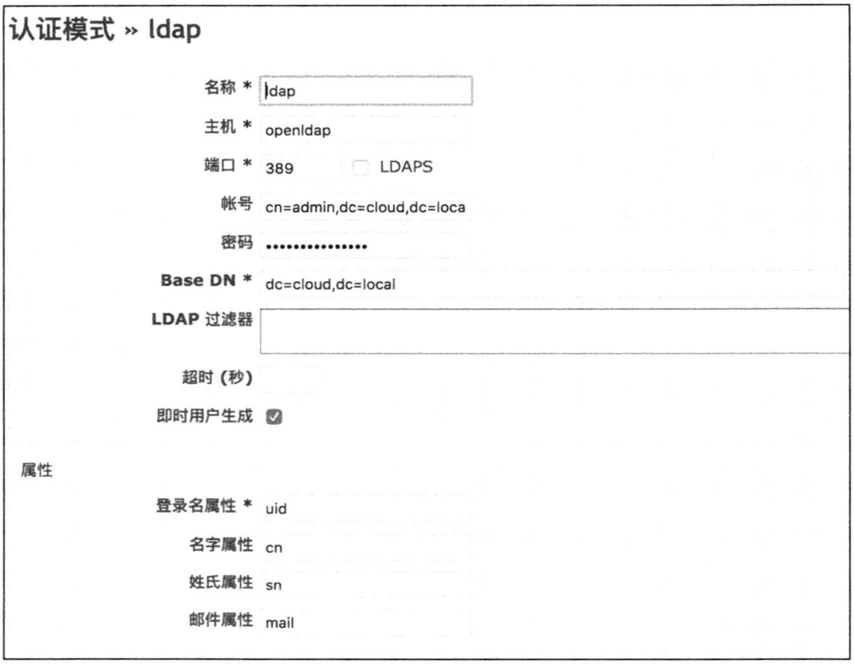

图 5-6

（3）安装敏捷看板插件。为 Redmine 安装敏捷看板（Agile）插件，下载插件压缩包，下载地址为 https://www.redmineup.com/pages/plugins/agile，例如 redmine_agile-1_4_5-light.zip；将插件的压缩包文件复制到 Redmine 容器的/home/redmine/data/plugins 目录下解压缩；重启 Redmine 容器使插件生效。

（4）配置与 GitLab 的集成。在实际工作中，我们希望将需求管理系统与源码管理系统能够更好地联动，例如，在 Redmine 中查看 GitLab 仓库中的变更，在 Redmine 中更新 GitLab 仓库，并用 Git Commit Log 更新 Redmine 中的 Issue 状态。

下面根据 Commit log 中的关键字对 Issue 的状态和进度进行更新，例如，填写 fixed 40% 代表在 Commit 信息中如果出现 fixed #1，则会把 Issue #1 更新为 Fixed，把进度推进到 40%。设置方法如图 5-7 所示。

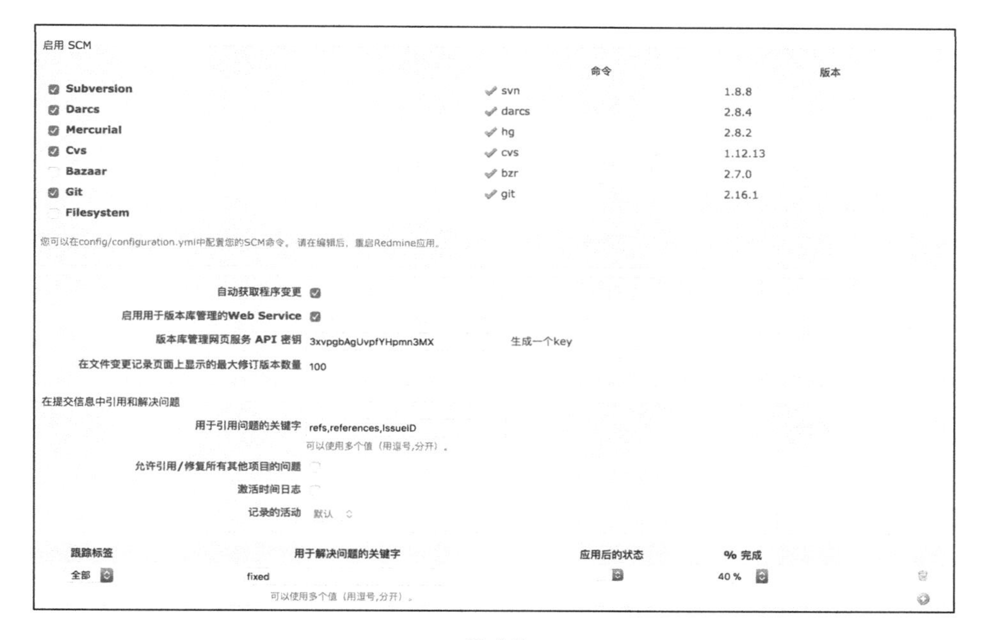


图 5-7

### 3）代码仓库系统（GitLab）

GitLab 是一个高度集成的 Git 服务器，不但提供了基本的 Git 功能，还提供了 Issue、Build 等功能，同时提供了以 Merge Request 为中心的 GitLab 工作流。本文以 sameersbn/gitlab 镜像为例，介绍 GitLab 在 Kubernetes 环境下的使用和管理。

（1）准备数据库

GitLab 支持 MySQL 和 PostgreSQL 两种数据库。

（2）准备 Redis 缓存服务

GitLab 支持 Redis 缓存服务器。

（3）对接 LDAP 用户认证系统

与 LDAP 对接的配置信息包括 LDAP_HOST、LDAP_PORT、LDAP_UID、LDAP_PASS、LDAP_BASE 等。

（4）完善与 Redmine 的联动

GitLab 的设置分两步，第一步是将 Issue 管理功能从内置模块中改为使用 Redmine，第二步是利用 Webhook 在发生事件的时候触发 Redmine 的仓库更新。

**4）监控数据库（InfluxDB）和页面展示工具（Grafana）**

InfluxDB 是一个时间序列数据库，常用在监控方面，在本例中使用该软件记录来自 GitLab 及 Jenkins 的监控数据。选择 InfluxDB 的官方镜像版本，默认在配置中 UDP 端口是不开放的。为了对接 GitLab，需要设置环境变量 INFLUXDB_UDP_ENABLED，启用 UDP 并设置 INFLUXDB_UDP_DATABASE=gitlab，也就是通过 UDP 访问 GitLab 数据库。还需要开放 8086、8089 两个端口，分别给 HTTP 和 UDP 使用。

在启动 InfluxDB 后，创建 gitlab 和 jenkins 两个数据库，分别为记录 GitLab 和 Jenkins 的性能监控数据使用。

另外，部署 Grafana 来展示 InfluxDB 中的时序数据，选择 Grafana 官方镜像版本即可，在启动 Grafana 后配置 InfluxDB 的访问地址，配置 Dashboard，选择在 InfluxDB 中需要展示的性能数据。

**5）持续集成工具（Jenkins）**

Jenkins 在 DevOps 工具链中是核心的流程管理中心，负责串联系统的构建流程、测试流程、镜像制作流程、部署流程等。在持续集成中常用到的工具如下。

◎ **Maven**：源代码编译工具。
◎ **RobotFramework**：自动化测试工具。
◎ **NewMan**；接口自动化测试工具。
◎ **SonarQube Scanner**：源代码扫描工具。
◎ **GitLab**：代码仓库工具。
◎ **Docker**：镜像制作工具。
◎ **Kubectl**：部署到 Kubernetes 的工具。

要实现调用这些工具完成持续集成的流水线工作，Jenkins 需要安装相应的插件，可以使用插件安装脚本（https://github.com/jenkinsci/docker/blob/master/install-plugins.sh）安装插件。

Jenkins 可以使用 LDAP 提供用户认证功能，通过安装 LDAP 插件即可实现，也可以通过安装 InfluxDB 插件将性能数据保存到 InfluxDB 中。

### 3. 运行实践

运行实践是指在持续集成环境准备就绪之后，通过工具链完成从需求管理、代码提交、镜像制作到系统部署的完整持续集成过程。

在环境准备就绪之后，就可以完成自动的持续集成流水线作业了。

接下来，我们通过在 Redmine 和 GitHub 中创建项目、提交源代码，触发 Jenkins 完成镜像构建并自动部署到 Kubernetes 集群，对持续集成的整个流程进行说明。

**1）在 Redmine 中新建项目**

新建项目的界面如图 5-8 所示。

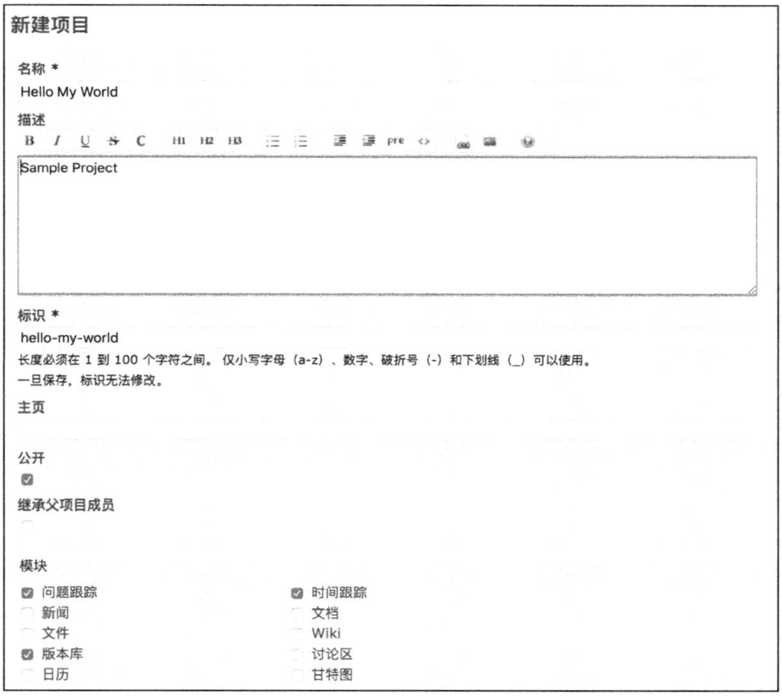

新建项目
名称 *
Hello My World
描述
Sample Project
标识 *
hello-my-world
长度必须在 1 到 100 个字符之间。仅小写字母（a-z）、数字、破折号（-）和下划线（_）可以使用。
一旦保存，标识无法修改。
主页
公开
继承父项目成员
模块
问题跟踪　时间跟踪
新闻　文档
文件　Wiki
版本库　讨论区
日历　甘特图

图 5-8

首先，选择“版本库”模块实现和 GitLab 的联动。

其次，在项目创建成功之后，在成员页面选择当前的 Admin 用户为项目成员，并设置相应权限。

然后，新建版本和版本库，版本库选择 Git，路径选择挂载路径，例如/redmine/repos/sample。

最后，在项目中录入一个 Issue，如图 5-9 所示。

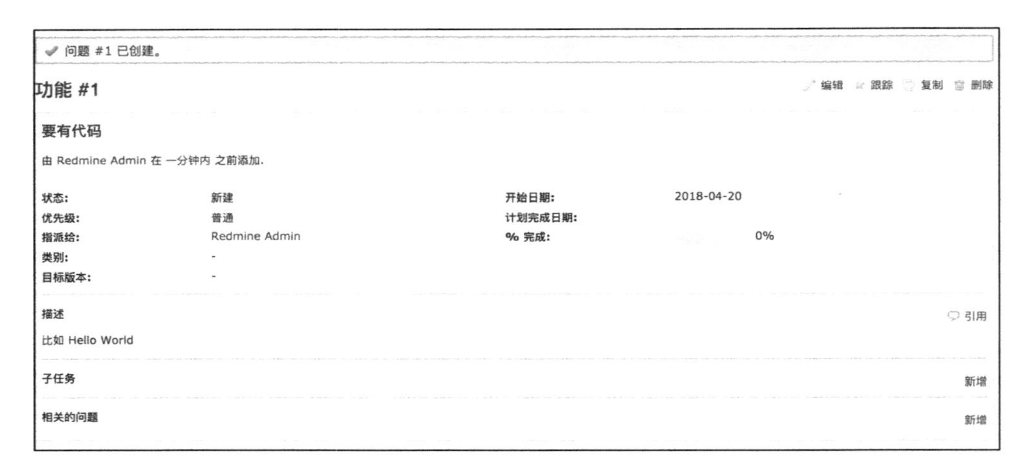


图 5-9

### 2）提交代码到 GitLab 中

首先，在 GitLab 中创建项目，然后设置与 Redmine 的关联。完成后如图 5-10 所示。

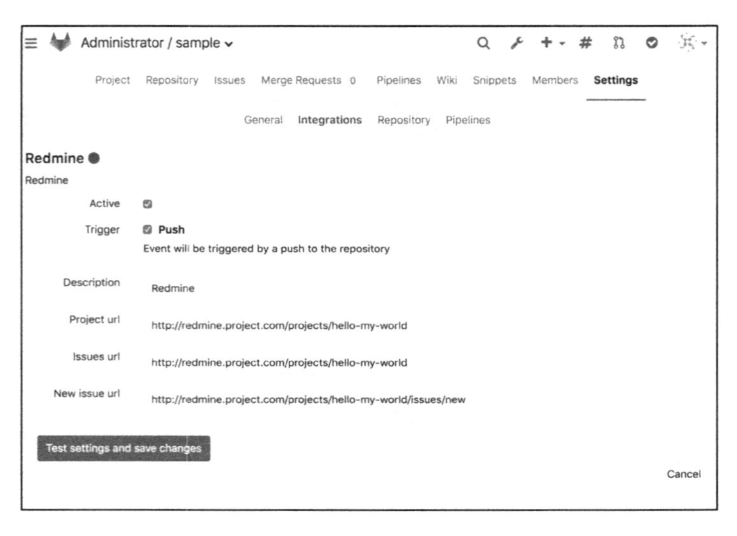


图 5-10

在项目建立后就可以获取代码，并通过 Commit 来触发持续集成的流程。添加 hello.php 源代码，并将其提交到 GitLab 库，发起推送操作，等 Redmine 获取代码。在更新后返回 Redmine 的问题页面，会发现问题状态已经按照之前的定制进行了更新，并且在代码仓库中也看到了新的内容。

**3）配置 Jenkins 的持续集成流程**

首先，在 Jenkins 中创建源代码管理任务。对源码管理工具选择 Git，在网址中填入 GitLab 中的项目地址，选择正确的分支（如 Master 分支），然后设置 Commit 或 Merge Request 等事件触发构建任务。

接下来，创建构建 Docker 镜像的任务。

（1）新建一个 Execute Shell 任务，内容如下，其中的 docker 目录为构建 Docker 镜像的根目录：

```
cp hello.php docker
```

（2）添加 Execute Docker Command 任务完成对 Docker 镜像的构建，配置信息如下。

◎ 对 Docker Command 选择"Create/Build Image"。

◎ 通过 Build Context folder 设置工作目录，在本例中为"docker"。

◎ Tag：设置生成的镜像 Tag，默认为$BILD_NUMBER，代表每次 Build 的任务编号，这里将其修改为[私库地址]:[私库端口]/free-style:$BUILD_NUMBER。

◎ 在子目录 docker 下放置 Dockerfile 文件，内容为：

```
FROM webdevops/php-apache
ADD hello.php /app
```

然后，设置将镜像推送进入镜像仓库的任务。创建一个 Execute Shell 任务：

```
docker push [私库地址]:[私库端口]/free-style:$BUILD_NUMBER
```

最后，设置应用部署到 Kubernetes 的任务。将用于访问 Kubernetes 集群的 kubeconfig 文件和 kubectl 客户端工具复制到 Jenkins 系统中（例如/k8s 目录）。新增一个 YAML 模板文件，命名为 k8s.yaml：

```
apiVersion: v1
kind: Service
metadata:
  name: freestyle
  labels:
```

```
    app: freestyle
spec:
  type: NodePort
  selector:
    app: freestyle
  ports:
    - name: http
      port: 80
      nodePort: 30021
---
apiVersion: extensions/v1beta1
kind: Deployment
metadata:
  name: freestyle
spec:
  replicas: 1
  template:
    metadata:
      labels:
        app: freestyle
        version: v1
    spec:
      containers:
      - name: freestyle
        image: TARGET_IMAGE
```

其中，镜像名以 TARGET_IMAGE 为标记来完成动态的镜像名设置。

（3）新增 Execute Shell 任务，完成镜像名的替换：

```
sed -i s/TARGET_IMAGE/10.211.55.19:5000\/freestyle/$BUILDNUMBER/g k8s.yaml
```

（4）新增 Execute Shell 任务，使用 kubectl 来部署应用到 Kubernetes 集群中：

```
/k8s/kubectl --kubeconfig=/data/kube.config apply -f k8s.yaml
```

**4）提交更新后的源代码，触发持续集成流程**

修改 hello.php 源代码，提交并推送新版本代码到 GitLab 中，会看到 Jenkins 开始进行 Docker 镜像的构建，并把新生成的镜像推送入镜像库中，并最终将该容器应用成功部署到 Kubernetes 集群上运行，完成了持续集成的全过程。

### 5.1.3　小结

本节通过一个实际应用的持续集成示例，对 DevOps 的工具链和流程进行了说明。在企业业务系统的实际开发过程中，持续集成工作流通常还会包含代码编译、代码扫描、自动化测试、镜像扫描、准生产环境验证等环节，均可通过在 Jenkins 中自定义任务和调用工具插件来完成。具体引入哪些工具和哪些流程，需要根据企业的实际管理需求进行灵活定制。

## 5.2　日志管理

随着容器应用的种类和数量的增长，分散在集群各个节点上的容器应用的日志管理和监控管理给传统的运维工作带来了极大的挑战，使得应用的性能数据及日志数据的统一监控和管理成为必然的选择。本节将结合实际生产环境中的实践，提供一套完整的成熟开源解决方案。为了能够实时监控当前集群应用的工作状态，以及支持对更长时间跨度的性能数据和日志数据的统计分析，本节将从对日志的集中采集和查询分析两方面展开。

### 5.2.1　日志的集中采集

在弹性伸缩、快速故障恢复和迁移、大规模微服务化部署等场景下，容器实例会扩展到集群中的各个节点上，应用生成的日志随之分散存放在各容器所在的主机上，这给整个应用系统的日志监控和故障排查带来了很大的挑战。和很多传统大型应用将日志持久化在本地不同，容器应用需要考虑将分散在多个容器中的日志统一采集，再汇聚到外部的集中日志管理中心，以满足对应用日志的管理需求。

日志管理主要包括采集、存储及展示分析功能部分，开源的日志汇总方案以 ELK（Elasticsearch、Logstash、Kibana）的应用最为广泛，其优点是部署简单、灵活、支持插件多，缺点主要是 Logstash 性能较低、资源消耗较多，且存在不支持消息队列缓存及存在数据丢失隐患等问题。随后诞生不久的 Fluentd 因其更易用、资源消耗更少、性能更高、数据处理更可靠、高效，受到了更多企业的青睐，成为了 Logstash 的可代替方案，亚马逊称其为数据收集方案的最佳实践。Elasticsearch、Fluentd、Kibana 软件栈也被称为社区方案 EFK，其总体架构如图 5-11 所示。

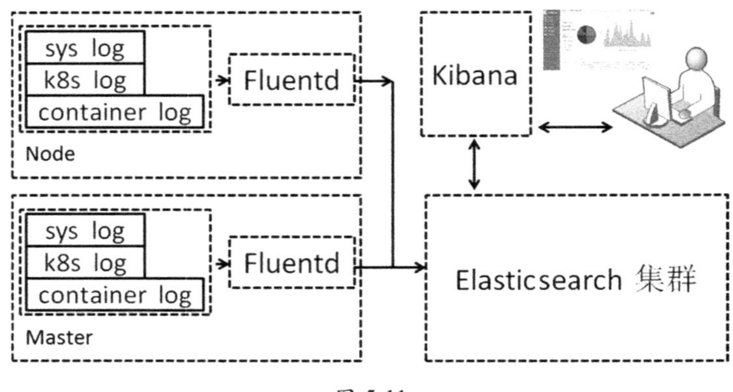


图 5-11

其中的主要组件如下。

◎ **Fluentd**：开源数据采集工具，提供统一的日志层，以灵活的插件系统支持社区对其进行功能扩展，只需消耗极少的资源即可高效处理事件，同时内在地支持以内存或文件缓存方式应对数据丢失，并具备健壮的故障恢复功能，能够支持对多种数据（包括日志）的采集、过滤并格式化输出到多种存储（包括 Elasticsearch、Kafka、Hadoop、MongoDB、Amazon S3 云存储等），并且对容器有完备的支持。可以在每一个集群节点部署一个 Fluentd 容器应用实例，以采集该节点上的主机系统日志、容器日志、Kubernetes 组件日志、容器应用的数据等，然后将其发送至 Elasticsearch 进行存储。

◎ **Elasticsearch**：开源的全文本查询和分析引擎，支持接近实时地快速存储、查询和分析大规模的数据，常用于有复杂搜索需求的应用。Elasticsearch 可对各节点的 Fluentd 采集的日志数据进行汇总，建立索引并进行存储，方便对日志文本进行快速聚合、分析和查询。

◎ **Kibana**：提供基于 Elasticsearch 存储数据的可视化界面和支持快速分析任务。自带丰富的图形化插件，方便以图形化方式集中监控和实时查看各 Fluentd 节点搜集汇总的日志数据。

下面对 Fluentd 采集的各种日志（包括系统日志、Kubernetes 各组件日志、Pod 容器日志）的配置文件中的关键配置信息进行示例说明。

```
# 配置不采集 Fluentd 自己的日志，以防止出现循环采集问题
<match fluent.**>
  @type null
</match>
```

```
## Kubernetes 各组件的 warning 日志采集配置
# Kubernetes API Server 组件
<source>
  @type tail
  format multiline
  multiline_flush_interval 5s
  format_firstline /^\w\d{4}/
  format1
/^(?<severity>\w)(?<time>\d{4}\s+[^\s]*)\s+(?<pid>\d+)\s+(?<source>[^      \]]+)\]
(?<message>.*)/
  time_format %m%d %H:%M:%S.%N
  keep_time_key true
  # Kubernetes apiserver 组件日志的存储位置
  path /opt/log/kubernetes/kube-apiserver.WARNING
  pos_file /var/log/logging /es-kube-apiserver.log.pos
  tag kube-apiserver.warn
</source>
# Kubernetes Controller Manager 组件
......（略）
# Kubernetes Scheduler 组件
......（略）
# Kubernetes Kubelet 组件
......（略）
# Kubernetes Proxy 组件
......（略）

# Pod 对应的 container 日志采集配置
<source>
  @type tail
  path /var/log/containers/*.log
  pos_file /var/log/logging /es-containers.log.pos
  time_format %Y-%m-%dT%H:%M:%S.%NZ
  tag kubernetes.*
  format json
  read_from_head true
</source>

# 节点主机的系统日志（以 CentOS 7 系统下的/var/log/messages 为例）
<source>
type tail
```

```
    format     /^(?<time>[^     ]*\s*[^     ]*     [^     ]*)     (?<host>[^     ]*)
(?<ident>[a-zA-Z0-9_\/\.\-]*)(?:\[(?<pid>[0-9]+)\])?(?:[^\:]*\:)?
*(?<message>.*)$/
    time_format %b %d %H:%M:%S
    keep_time_key true
    path /var/log/messages
    pos_file /var/log/logging/messages.pos
    tag sys-messages
    </source>

    # 将Kubernetes组件的日志信息发送至Elasticsearch服务
    <match kube**.warn>
    @type elasticsearch
      include_tag_key true
      #elasticsearch-logging为Kubernetes集群中的服务名，若为主机服务，则可使用其IP代替
      host elasticsearch-logging
      port 9200
      logstash_prefix admin_k8s_components
      logstash_format true
      request_timeout 60s
    </match>
    # 将其他日志信息发送至Elasticsearch服务
    ......（略）
```

根据应用日志数据的存储方式的不同，Fluentd 可以采用不同的部署方式对应用日志进行采集。

（1）Pod 应用数据位于 Pod 内部。Fluentd 容器和应用容器被部署在同一个 Pod 中，通过共享 Volume 的方式实现 Fluentd 容器对应用数据的采集；或者改造应用镜像，在其中加入 Fluentd，在启动容器时启动应用进程和 Fluentd 进程，实现 Fluentd 对同一容器内应用进程产生的数据的访问。

（2）Pod 应用数据存储在宿主机文件系统中。容器应用将数据文件挂载到宿主机文件系统中，Fluentd 在部署时将宿主机文件系统的日志目录挂载到 Fluentd Pod 内进行采集。同时，Fluentd 也可以采集主机上其他服务程序产生的日志（例如 Kubernetes 服务组件的日志、操作系统日志、其他主机进程产生的日志等）。

（3）Pod 应用将数据存储在共享文件存储系统（如 NFS、GlusterFS 等）中。在这种情况下，Fluentd Pod 在部署时直接访问应用数据在共享文件系统内的挂载目录即可访问。

Elasticsearch 原生支持多租户的使用场景，支持通过建立不同的索引方式来区分不同用户的不同业务类型的数据。若要实现对多租户模式下各租户数据的采集、存储及分析，则要从以下几点着手。

（1）确定租户 A 在 Kubernetes 集群中所属分区下的所有节点，例如 Node1、Node2 等。

（2）确定租户 A 在所属分区下各节点要监控采集的所有应用（Pod 应用或主机应用）及分别对应的日志数据目录。

（3）Fluentd 配置文件针对当前租户 A 下不同类型的被采集数据配置不同的参数。例如，配置文件中的 match 块的 logstash_prefix 值被设置为 tenantA_k8s（租户 A 所属分区下的节点组件日志）、tenantA_sysmsg（租户 A 所属分区下的节点系统日志）、tenantA_containers（租户 A 所属分区下的节点容器日志）等；如果是租户 B，则 logstash_prefix 的值可被设置为 tenantB_k8s、tenantB_k8s 等，以区分不同租户下的不同类型的数据。

（4）Fluentd 在启动后会根据配置文件中的 logstash_prefix，在 Elasticsearch 中分别生成指定前缀的索引。在 Kibana 界面创建显示索引时，根据之前设定的 logstash_prefix 值如 tenantA_k8s，分别监控、显示与之匹配的数据，这样可在 Kibana 界面监控每个租户的每种类型的数据。如需另外开发数据监控界面，则可根据 Elasticsearch API 直接访问指定的索引（如 tenantA_sysmsg 等），即可完成对租户 A 的系统日志数据的访问。

### 5.2.2 日志的查询分析

针对大规模持续增长的应用性能日志及应用业务日志，一方面不但需要快速、实时地监控整个集群中容器应用的运行状态和数据，还需要将这些数据进行持久化存储，以便随时能基于这些数据进行长时间跨度的数据挖掘、统计、分析及建模和预测工作。本节将基于大数据的批处理及流处理两种解决方案对应用日志的统一查询和分析管理进行讲解。

#### 1. 基于大数据的统一日志查询和分析

该方案将集群内的所有主机、容器应用的性能及日志数据统一进行采集和汇入 Hadoop 集群进行存储，随后便可基于 Hadoop 生态中丰富的大数据分析处理工具对数据进行加工和展示，系统架构如图 5-12 所示。

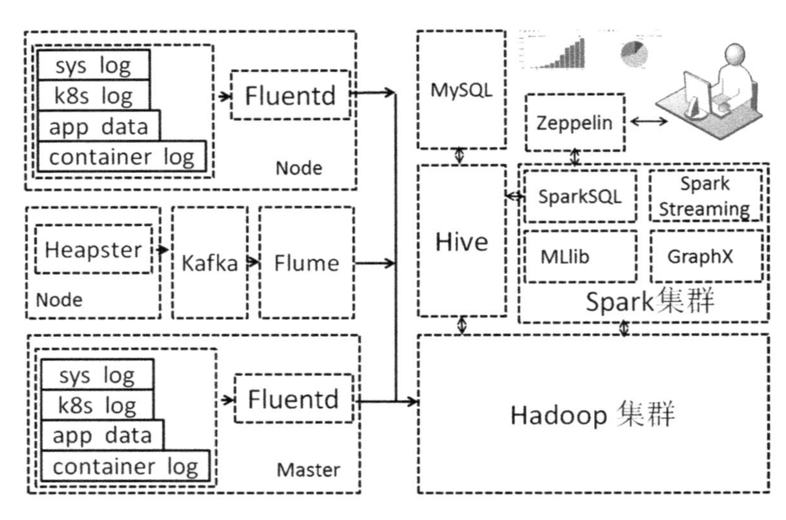


图 5-12

其中的主要组件如下。

◎ **Kafka**：Apache 软件基金会管理的一款开源实时流处理平台，由 Scala 和 Java 编写而成，是一种高吞吐量的分布式发布、订阅消息系统，具有良好的水平扩展、高容错、流处理速度快等特性，已被广泛用于上千家公司的生产环境中。在本方案中，Heapster 将采集到的集群及容器性能应用数据汇总后，实时发送、汇总到 Kafka 进行集中处理。

◎ **Flume**：一款开源的分布式应用，支持可靠、高效地实时采集、聚合和发送大量数据，并具有强大的容错与错误恢复机制。此处引入了 Flume 组件，主要是因为 Flume 可以实时地从 Kafka 中获取数据，并能稳定、可靠地向 Hadoop 集群写入数据。

◎ **Hadoop**：Apache 软件基金会管理的一款开源分布式系统架构，是大数据时代的中流砥柱。主要包含分布式文件系统 HDFS 和分布式计算框架 MapReduce，前者支持海量数据的可靠存储，后者为 Hadoop 的各种生态应用提供了通用的分布式计算平台以完成复杂的计算任务。我们使用 Hadoop 作为持久数据存储，用于存储整个集群的日志、性能、容器应用数据，然后用户就可以使用 Hadoop 生态圈中的各种工具对数据进行管理了。

◎ **Apache Hive**：Apache 软件基金会管理的一款数据仓库，负责使用 SQL 语句读写和管理存储在分布式文件系统（如 HDFS）中的大规模数据，提供了命令行工具和 JDBC 供使用者访问 Hive。此处可以使用 Hive 对存储在 Hadoop 上的日志性能应用数据进行管理和分析。

◎ **Spark**：一款开源的可对大规模数据进行处理的统一分布式计算引擎。由于 Spark 基于内存做分布式计算，因此其计算速度远远超过基于文件系统读写的 MapReduce 计算框架。Spark 支持多种部署模式：Standalone、EC2、Yarn、Mesos、Kubernetes，同时支持对包含 HDFS、Cassandra、HBase、Hive 等在内的数百种应用管理的数据进行访问。Spark 同时提供 SparkSQL、Spark Streaming、MLib、GraphX 组件以支持 SQL 查询、实时流处理、机器学习和图形处理。由于上述组件均基于相同的 Spark Core，而在 Spark Core 内计算以 RDD 为基础单位，所以为数据在上述组件间的相互转换提供了极大的便利。在该数据处理架构中，我们使用 Hive 对 Hadoop 上的海量数据进行统一管理（主要由 Hive 的组件 Hive MetaStore 完成数据管理任务）。SparkSQL 可以良好地支持对成熟的 Hive MetaStore 进行访问，并且由于是基于 Spark 计算引擎完成数据查询任务的，所以通过 SparkSQL + Hive MetaStore 的方式，能让我们快速访问 Hadoop 上的各种性能日志数据。

◎ **Zeppelin**：一款可视化 Web 笔记形式的交互式数据查询分析工具，可以在线用 Scala 和 SQL 对数据进行查询分析并生成报表。Zeppelin 对 Spark 环境的使用提供了良好的支持，通过连接 Spark 服务，使用 SparkSQL 执行查询分析功能，并将结果进行图形化显示。

在基于该方案进行性能数据、日志数据及应用数据的统一处理时，需要注意以下几个问题。

◎ Hadoop 集群在部署时要保证其所在主机的文件系统有较大的存储空间，以应对日志性能数据及容器应用数据的快速增长问题。

◎ Fluentd 或 Flume 在写入数据到 Hadoop 之前需要进行格式预处理，以支持 Hive 对 Hadoop 上数据的顺利加载。

◎ SparkSQL 在读写 Hive MetaStore 中的数据时需要考虑各子系统的配置相关的问题。

下面对各组件的关键配置信息进行说明。

**1）对 Fluentd 的配置**

可以配置 Fluentd 为同时写入日志到 Elasticsearch 和 Hadoop 中，需要修改 Fluentd 配置文件的 match 模块，参考配置如下：

```
<match kube**.warn>
  @type copy
  <store>
    @type webhdfs
    include_tag_key true
    host 192.168.18.1
    port 50070
    path "/fluentd/logs/k8s_components.%Y%m%d_%H.#{Socket.gethostname}.log"
    <buffer>
      flush_interval 10s
    </buffer>
    <format>
      @type json
    </format>
  </store>
  <store>
    @type elasticsearch
    include_tag_key true
    host elasticsearch-logging
    port 9200
    logstash_prefix admin_k8s_components
    logstash_format true
    request_timeout 60s
  </store>
</match>
```

**2）通过 Heapster 将性能数据写入 Kafka 中**

Heapster 可支持同时向 InfluxDB 和 Kafka 写入数据，参考配置如下：

```
…
command:
- /heapster
# kafka-svc 为 Kafka 服务名（如果 Kafka 被部署为主机应用，则可使用其 IP 代替）
- --sink=kafka:?brokers=kafka-svc:9092&timeseriestopic=hstseries&eventstopic=
hstevent
- --sink=influxdb:http://monitoring-influxdb:8086
```

**3）对 Flume 的配置**

Flume 可以被配置为从 Kafka 中读取 topic 信息，然后将其写入 Hadoop 中，参考配置如下：

```
agent.sources = r1
agent.channels = c1
agent.sinks = s1

# source r1
agent.sources.r1.type = org.apache.flume.source.kafka.KafkaSource
agent.sources.r1.channels = c1
agent.sources.r1.batchSize = 10000
agent.sources.r1.batchDurationMillis = 100000
# kafka-svc 为 kubernetes 集群中的服务名，若为主机服务，则可使用 IP 代替
agent.sources.r1.kafka.bootstrap.servers = kafka-svc:9092
# 采集 hstseries topic 数据
agent.sources.r1.kafka.topics = hstseries
agent.sources.r1.kafka.consumer2.group.id = g1

# channel c1
agent.channels.c1.type = file
agent.channels.c1.checkpointDir = /data/paas/flume/checkpoint/c1
agent.channels.c1.dataDirs = /data/paas/flume/data/c1

# sink s1
agent.sinks.s1.channel = c1
agent.sinks.s1.type = hdfs
agent.sinks.s1.hdfs.path = hdfs://192.168.18.1:9000/fluentd/logs/%Y%m%d/
agent.sinks.s1.hdfs.filePrefix = k8s_hstseries_%Y%m%d_%H%M%S
agent.sinks.s1.hdfs.fileSuffix = .dat
agent.sinks.s1.hdfs.inUseSuffix = .tmp
agent.sinks.s1.hdfs.batchSize = 10000
agent.sinks.s1.hdfs.minBlockReplicas = 1
agent.sinks.s1.hdfs.writeFormat = Text
agent.sinks.s1.hdfs.rollInterval = 0
agent.sinks.s1.hdfs.rollSize = 1342177280
agent.sinks.s1.hdfs.rollCount = 10000
agent.sinks.s1.hdfs.fileType = DataStream
agent.sinks.s1.hdfs.callTimeout = 0
agent.sinks.s1.hdfs.threadsPoolSize = 1
agent.sinks.s1.hdfs.round= true
agent.sinks.s1.hdfs.roundValue= 12
agent.sinks.s1.hdfs.roundUnit= hour
agent.sinks.s1.hdfs.timeZone= Asia/Shanghai
```

**4）对 Hadoop 的配置**

可以选择部署 CDH 集群、原生 Hadoop 集群或在 Kubernetes 上部署 Hadoop 集群（参见第 8 章的案例）。

**5）对 Hive 的配置**

可以使用 MySQL 作为 Hive MetaStore 元数据的存储。对于已存储于 Hadoop 的日志数据、性能数据及可能监控的容器应用数据，格式可能不同，在这种情况下需要将这些数据预处理为 Hive 支持的格式，同时要设计对应的数据表，便于直接加载入 Hive 数据仓库中。如果选择其他数据分析工具，则可将 Hadoop 上的数据预处理为其他格式使用。

**6）对 Spark 的配置**

需要将 Hadoop 配置文件中的 core-site.xml、hdfs-site.xml 及 Hive 配置文件中的 hive-site.xml 复制到 Spark 部署包的配置目录下，以实现 Spark 对 HDFS 文件系统及 Hive MetaStore 的访问。

### 2. 流式日志实时查询分析方案

上一节描述了基于 Hadoop 大数据平台实现大规模日志数据的存储和分析方案，可以提供长时间和多维度的数据分析能力。

对于实时采集到的日志，如果需要进行实时分析处理，例如希望基于短时间的日志数据实现实时告警，或者基于数据模型对某一类数据进行实时统计，则建议采用流式处理方案来实现实时的数据分析工作。

流式日志数据处理的系统架构如图 5-13 所示。

对关键数据的处理流程说明如下。

（1）Fluentd 和 Heapster 将采集到的数据实时推送至 Kafka 集群。

（2）基于 Kafka 的 API 接口实时获取对应的日志、性能数据或容器应用对应的 topic 数据。

（3）根据业务特征决定如何处理。

如果需要告警处理，则可将获取的数据发送至告警服务（如 Alertmanager，在下节会详细介绍），同时可将数据实时保存到分布式数据库或 Hadoop 文件系统中以供将来使用。

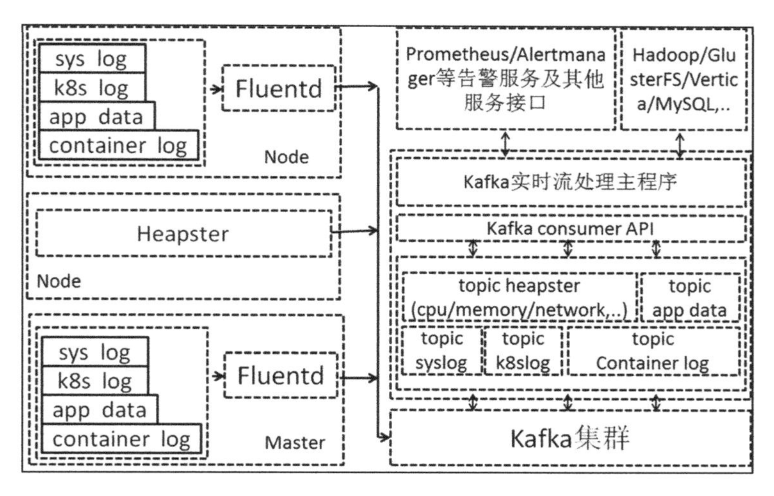


图 5-13

## 5.3　监控和告警管理

容器集群及容器应用在长时间运行的过程中，会不可避免地产生大量的故障告警或错误，这些故障信息可能包含节点不可用、CPU 及内存长时间使用率过高、磁盘空间不足、容器应用启动错误、数据库等服务超时、应用日志数据报错，等等。这些故障可能很久才会出现一次，也可能在短时间内大量、重复地出现，或者某个单一故障会引发后续一系列其他故障报错。如何及时发现每种故障、降低在短时间内大量重复出现的故障频率、抑制因原故障引发的一系列其他故障，以及如何及时进行故障告警、后续故障告警查验，也是容器云 PaaS 平台需要提供的重要运营管理功能之一。

本节对容器云平台上的监控和告警管理进行说明。

### 5.3.1　监控管理

随着容器化时代的到来，Nagios、Zabbix 等传统的性能监控软件已难以提供面向容器化应用的监控体验，新生的开源监控项目越来越多地涌现，它们把对容器的支持作为关键特性进行提供，极大提升了运维效率。目前流行且比较成熟的开源方案有 Heapster+InfluxDB+Grafana 和 Prometheus 这两种。

### 1．基于 Heapster+InfluxDB+Grafana 的监控平台

Heapster 是 Google 专门面向 Kubernetes 开发的性能数据集中监控系统，可以与多种系统对接，构成完整的监控平台。本节对由 Heapster+InfluxDB+Grafana 组成的 Kubernetes 监控系统进行说明。Heapster+InfluxDB+Grafana 的总体架构如图 5-14 所示。

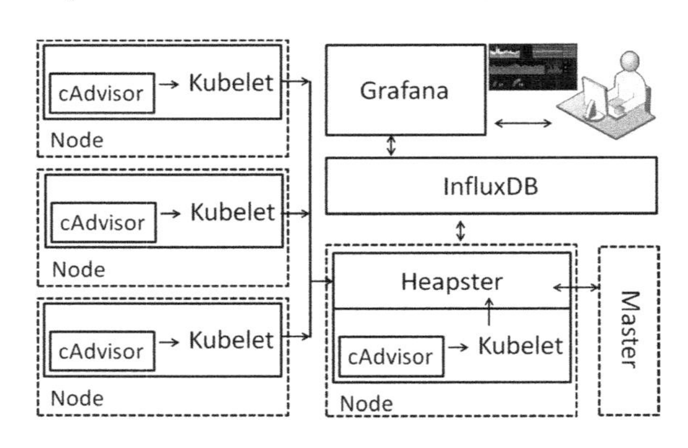


图 5-14

其中的主要组件如下。

◎ **cAdvisor**：是 Google 开发的容器监控组件，部署在每一个 Kubernetes Node 节点上，负责收集所在主机及该主机上所有容器的性能数据，包括 CPU、Memory、FileSystem、Network I/O、Uptime 等。

◎ **Heapster**：负责汇总各 Node 节点上 cAdvisor 的数据，并可以保存多种后端存储系统（例如 InfluxDB、Kafka 等）。Heapster 的工作流程：访问 Master 节点，获得当前集群节点的信息，然后访问各节点的 Kubelet 组件 API，再通过调用 cAdvisor 的 API 来收集该节点上所有容器的性能数据。Heapster 对采集到的数据进行聚合，将结果保存（sink）到多种后端存储，例如 InfluxDB、Elasticsearch 或 Kafka 等，为容器集群的监控和性能分析提供了强大的支持。这里使用 InfluxDB 进行存储。

◎ **InfluxDB**：是一种用 Go 语言编写的分布式时序数据库，能够存储监控数据、应用数据、IoT 传感器数据等各种应用场景中大规模带时间戳的数据，支持使用类 SQL 语句进行实时查询，提供可定制的数据存储保留策略，还提供 RESTful API 进行数据的存储和访问。

◎ **Grafana**：是一款页面展示工具，提供多种分析插件，可以支持多种主流数据库（InfluxDB、Elasticsearch、Graphite、CloudWatch 等）的数据展示。它可将保存在 InfluxDB 中的数据以图表、曲线等形式进行展示，方便运维人员实时监控整个集群的运行状态。

### 2. Prometheus 监控平台

Prometheus 项目来自于 SoundCloud，是继 Kubernetes 之后 CNCF 的第二个成员项目，是新兴的系统监控和告警工具套件，在容器和微服务领域被广泛关注和使用。其主要特性如下。

◎ 使用指标名称及键值对标识的多维度数据模型。
◎ 采用弹性查询语言 PromQL。
◎ 不依赖分布式存储，为自治的单节点服务。
◎ 使用 HTTP 完成对监控数据的拉取。
◎ 通过网关支持时序数据的推送。
◎ 支持多种图形和 Dashboard 的展示。

另外，在 Prometheus 的整个生态系统中有各种可选组件，用于功能的扩充。

◎ 多种客户端库，用于支撑接入开发。
◎ 支持推送数据的网关组件。
◎ 使用各种第三方 Exporter 支持各种外部系统的指标收集。
◎ 用于告警的 Alertmanager。
◎ 大量的支持工具。

Prometheus 的组件和功能都较多，因此其安装和配置的难度也是相对较大的。

CoreOS 提供了一种名为“Operator”的管理工具，它是管理特定应用程序的控制器，通过扩展 Kubernetes API 以软件的方式帮助用户创建、配置和管理复杂的或有状态的应用程序实例（例如 etcd、Redis、MySQL、Prometheus，等等）。它通过 Kubernetes 的 CRD（Custom Resource Definition，自定义资源定义）对 Prometheus 和 Prometheus 需要监控的服务进行部署和配置。本节基于 Kubernetes Operator 对 Prometheus 监控系统的关键配置信息进行说明，完整的配置文件请参考 https://github.com/coreos/prometheus-operator。

Prometheus Operator 使用下面两种资源来配置 Prometheus 及其需要监控的服务。

◎ **Prometheus**：为 Prometheus 的 Deployment。

◎ **ServiceMonitor**：用于描述被 Prometheus 监控的服务。

下面通过一个例子来说明如何为具有“team=frontend”标签的服务配置监控。

**1）首先为被监控的服务定义一个 ServiceMonitor 对象**

Service Monitor 与 Kubernetes 中的常用管理对象类似，也是使用 Label Selector 完成对目标服务的选择：

```
apiVersion: monitoring.coreos.com/v1
kind: ServiceMonitor
metadata:
  name: example-app
  labels:
    team: frontend
spec:
  selector:
    matchLabels:
      app: example-app
  endpoints:
  - port: web
```

**2）通过 Operator 工具部署 Prometheus 应用**

通过 Operator 工具，只需创建一个 kind=Prometheus 的对象就可以部署 Prometheus 应用了：

```
apiVersion: monitoring.coreos.com/v1
kind: Prometheus
metadata:
  name: prometheus
spec:
  serviceAccountName: prometheus
  serviceMonitorSelector:
    matchLabels:
      team: frontend
  resources:
    requests:
      memory: 400MB
```

其中，serviceMonitorSelector.matchLabels 对 ServiceMonitor 进行了筛选，选择上面创

建的 ServiceMonitor。

同时，创建一个 Service 来暴露 Prometheus 服务本身：

```
apiVersion: v1
kind: Service
metadata:
  name: prometheus
spec:
  type: ClusterIP
  ports:
  - name: web
    port: 9090
    protocol: TCP
    targetPort: web
  selector:
prometheus: prometheus
```

在 Prometheus 启动成功后，就可以进入 Prometheus 的主界面了，如图 5-15 所示。

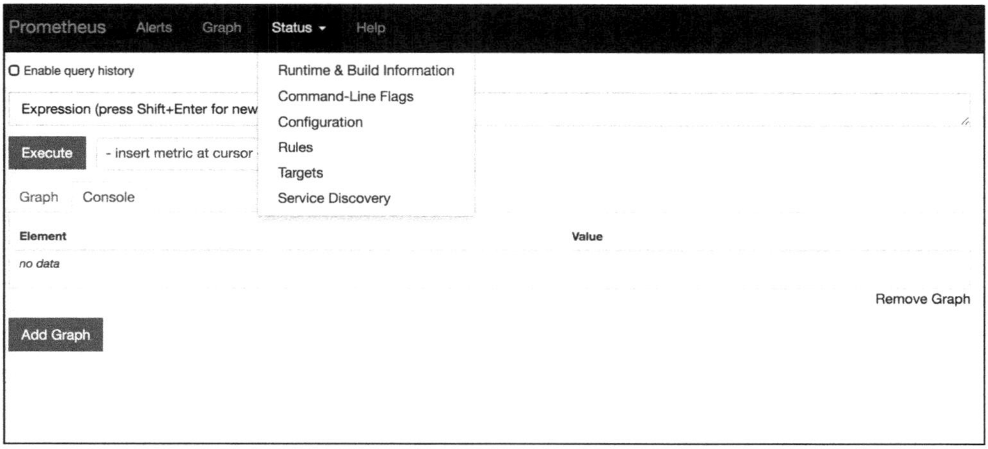

图 5-15

Prometheus 的主界面包含 Prometheus 最重要的交互功能：指标的查询和展示。假定被监控的服务已经启动，则可以选择 codelab_api_http_requests_in_progress 这个指标，在选择后可以查询出 Prometheus 采集的性能数据并展示在下面的结果区域中。可以在 Console 和 Graph 两个页面分别以数值和图形方式来呈现结果，如图 5-16 所示。

图 5-16

每个值包含的键值对形式的标签是很多的，这些值可以使用 Prometheus 的查询语言 PromQL 进行查询。例如，仅查询名为 example-app-5b8868d69d-5tp4z 的 Pod 的记录，则 PromQL 语句为：codelab_api_http_requests_in_progress{pod="example-app-5b8868d69d- 5tp4z"}。也可以对查询结果进行统计操作，例如，使用 sum(codelab_api_http_requests_ in_progress)进行汇总计算。

Prometheus 还可以通过设置 Exporter 来采集其他系统的性能数据。

Prometheus 支持多种类型的 Exporter，可用于采集其他系统的监控数据，本文以 kube-state-metrics Exporter 为例来实现 Prometheus 对 Kubernetes 集群的监控。

kube-state-metrics Exporter 的部署配置文件可从项目主页获取：https://github.com/kubernetes/kube-state-metrics/tree/master/kubernetes。在部署成功后，可以看到该 Exporter 容器应用在 Namespace"kube-system"中正确启动。

接下来创建针对这一服务的 ServiceMoitor：

```
apiVersion: monitoring.coreos.com/v1
kind: ServiceMonitor
metadata:
  name: kube-state-metrics
  labels:
    team: frontend
```

```
spec:
  jobLabel: k8s-app
  selector:
    matchLabels:
      k8s-app: kube-state-metrics
  namespaceSelector:
    any: true
  endpoints:
  - port: http-metrics
    scheme: http
```

这里使用 namespaceSelector 来要求 ServiceMonitor 监听所有命名空间内符合标签要求的 Pod，另外可以使用 namespaceSelector.matchNames 来指定可选的命名空间列表。需要注意的是，ServiceMonitor 对象必须和 Operator 在同一命名空间内，但是监控目标可以在任意命名空间内。

在创建 ServiceMonitor 之后就可以查看到，在 Prometheus 的指标列表中将出现一系列以"kube_"为开头的性能指标。

除了可以使用 Prometheus 自带的 Dashboard，还可以使用 Grafana 对 Prometheus 的监控数据进行展示。

在实际工作环境中仅通过手工输入 PromQL 查询语句来获取指标内容显然是不够的，建议引入 Grafana 来对 Prometheus 采集的监控数据进行可视化展示。

Grafana 默认支持类型为 Prometheus 的数据源，例如添加 URL 为 http://prometheus:9090 的 Prometheus 服务访问地址，即可对接系统中的 Prometheus 服务。

然后在面板中输入 PromQL 来定义该 Dashboard 的数据来源，如图 5-17 所示。

需要定义的主要参数如下。

◎ **公式：**这里输入的是 sum(kube_pod_status_phase) by (phase)，指标来自之前启动的 kube_status_metrics。Sum by 表示按照指定标签进行分类汇总。
◎ **图示格式：**{{phase}}代表原有 phase 标签的值。

在 Grafana 的官方网站上还有大量已制作完成的 Dashboard 样例，可以选择使用或加入现有的 Grafana 面板中进行功能扩充。

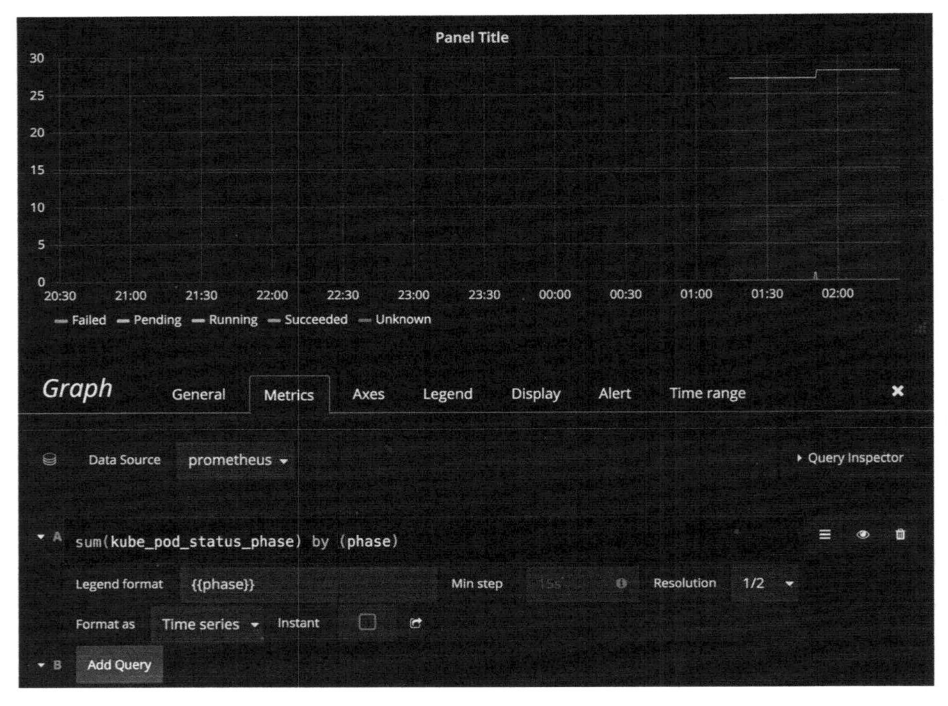


图 5-17

## 5.3.2 告警管理

Prometheus 的子项目 Alertmanager 可用于实现告警的管理，包括告警策略、过滤及转发等。Prometheus Alertmanager 具有如下优点。

（1）**组策略**：可以将相似类型的告警处理成单一告警。该功能在很多系统突然出现故障导致瞬间产成百上千条告警时特别有用，有助于简化告警通知。该功能可以在 Alertmanager 配置文件里配置实现。

（2）**抑制策略**：用于在某些特定告警发生时抑制其他特定的告警。比如在某条告警通知整个集群不可达时，我们可以配置 Alertmanager，使所有与该集群相关的告警都不出现，这可以避免出现大量与实际问题无关的告警。

（3）**静默机制**：该机制可以让我们在设定的时间内抑制某种告警的出现。可以在 Alertmanager 网页页面配置这个功能。

**（4）告警转发**：Alertmanager 可以在对所有接收的告警进行过滤处理后转发到配置的接收者，例如 email、slack、hipchat、webhook 等。

**（5）标准 API 接口**。可以根据 Alertmanager 提供的标准 API 接口将告警数据格式化后发送给 Alertmanager，由 Alertmanager 进行过滤处理。

下面以实时流式数据处理的告警管理为例，对 Prometheus Alertmanager 的功能和配置进行说明。基于 Alertmanager 进行实时告警处理的整体系统架构如图 5-18 所示。

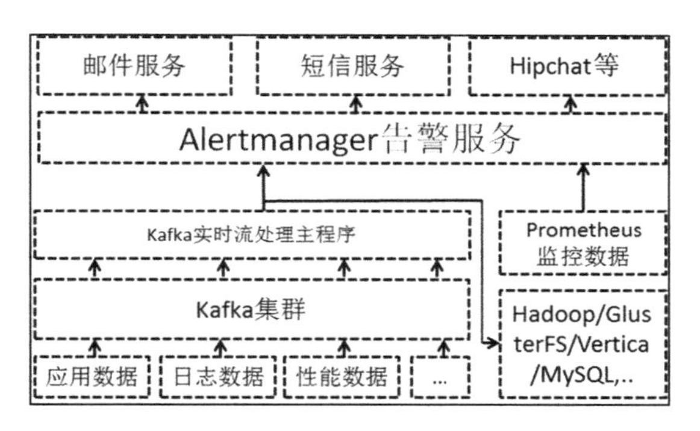


图 5-18

其中，可以将来自 Prometheus 的监控数据直接发送给 Alertmanager。

另外，对于主机可达性检查、集群可达性检查、数据库服务可达性检查、集群各服务可达性检查等功能可以基于第三方组件、程序或脚本开发实现，在检查过程中实时产生统一格式的日志，然后将该容器应用的日志挂载到主机的特定目录下，与其他日志（系统日志、Kubernetes 各组件日志、容器日志等）一并由节点上的 Fluentd 服务分别以不同的 topic 发送至 Kafka 集群。

之后，Kafka 获取各 topic 的数据，将其分别封装成符合 Alertmanager 格式要求的 JSON 数据，发送至 Alertmanager 服务。

Alertmanager 根据配置文件配置的规则进行过滤处理，最终根据在配置中指定的 Receivers 将过滤后的数据发送至电子邮件服务、短信服务或 Slack、Hipchat 等其他系统完成告警信息的发布。

### 1. AlertManager API 服务的关键配置信息

（1）Alertmanager 用于客户端 POST 请求的 API URL：http://<alertmanager-server>

/api/v1/alerts。

（2）一次可发送多条告警数据，例如：

```
[
  {
    "labels": {
      "severity": "ERROR>",
    },
    "annotations": {
      "summary": "CPU usage > 75%",
    },
  },
  {
    "labels": {
      "service": "backend",
    },
    "annotations": {
      "summary": "MEM usage > 90%",
    },
  },
  ...
]
```

（3）Alertmanager 在对接收的告警信息根据配置规则进行过滤处理后，会将告警信息打包发送给对应的 Receiver。以 webhook 类型的 Receiver 为例，Alertmanager 会将过滤处理后的告警信息以 JSON 格式发送给 webhook 定义的 URL。JSON 数据的格式如下：

```
{
  "version": "4",
  "groupKey": <string>,    // 用于区分不同的告警组
  "status": "<resolved|firing>",
  "receiver": <string>,
  "groupLabels": <object>,
  "commonLabels": <object>,
  "commonAnnotations": <object>,
  "externalURL": <string>,
  "alerts": [
    {
      "labels": <object>,
      "annotations": <object>,
      "startsAt": "<rfc3339>",
```

```
        "endsAt": "<rfc3339>"
      },
      ...
    ]
  }
```

2．Alertmanager 告警规则配置示例

下面以一个 Alertmanager 配置文件为例，对可配置的告警规则进行举例说明：

```
# global 块配置下的配置选项在本配置文件内的所有配置项下可见
global:
# 在 Alertmanager 内管理的每一条告警均有两种状态："resolved"或者"firing"。在Alertmanager 首次发送告警通知后，该告警会一直处于"firing"状态，设置配置项 resolve_timeout 可以指定处于"firing"状态的告警间隔多长时间会被设置为"resolved"状态，在设置为"resovled"状态的告警后，Alertmanager 不会再发送"firing"的告警通知。该项可根据预估解决问题所需的时间来确定
  resolve_timeout:  2h

  # 如果告警选择邮件方式进行通知，则需进行以下配置
  smtp_smarthost: 'localhost:25'
  smtp_from: 'alertmanager@example.org'
  smtp_auth_username: 'alertmanager'
  smtp_auth_password: 'password'
  # 如果告警选择以 Hipchat 方式进行通知，则可进行如下配置
  hipchat_auth_token: '1234556789'
  hipchat_api_url: 'https://hipchat.foobar.org/'

# 告警通知内容所使用的模板文件的位置
templates:
- '/etc/alertmanager/template/*.tmpl'

# route(根路由)模块用于该根路由下的节点及其子路由（routes）的定义。子树节点如果不对相关配置项进行配置，则默认会从父路由树继承该配置选项。每一条告警都要进入 route（根路由），即要求配置项group_by 的值能够匹配到每一条告警的至少一个 labelkey(即通过 POST 请求向 Alertmanager 服务接口所发送告警的"labels"项所携带的<labelname>)，告警在进入 route 后，将会根据子路由（routes）节点中的配置项（match_re 或者 match）来确定能进入该子路由节点的告警（由在 match_re 或者 match 下配置的 labelkey: labelvalue 是否为该告警"labels"的子集决定，是的话则会进入该子路由节点，否则不被接收进入该子路由节点）。
route:
  # 例如，所有 labelkey:labelvalue 含 cluster=A 及 alertname=LatencyHigh  labelkey 的告警都会被归入单一组中
```

```
    group_by: ['alertname', 'cluster', 'service']

  # 若一组新的告警产生，则会等 group_wait 后再发送通知，该功能主要用于当告警在很短时间内接连产生时，在 group_wait 内合并为单一的告警后再发送
    group_wait: 30s

    # 在第一条告警通知发送后，间隔 group_interval 再发送下一条告警通知
    group_interval: 5m

    # 如果一条告警通知已成功发送，且在间隔 repeat_interval 后，该告警仍然未被置为"resolved"状态，则将会再次发送该告警通知
    repeat_interval: 3h

    # 默认告警通知接收者。凡未匹配进入各子路由节点的告警均将被发送到此接收者处
    receiver: team-X-mails

    # 该 route 块内以上所有配置的默认项均会被传递给其子路由节点，除非子路由节点进行了重新配置，才进行覆盖

    # 子路由树
    routes:
    # 该配置选项使用正则表达式来匹配告警的 labels，以确定能否进入该子路由树
    # 下述 match_re 和 match 均用于匹配 labelkey 为 service，labelvalue 分别为指定值的告警，被匹配到的告警会将通知发送到对应的 receiver
    - match_re:
        service: ^(foo1|foo2|baz)$
      receiver: team-X-mails

  # 在带该"service" 标签的告警同时有"severity"标签时，它可以有自己的子路由。同时，具有 severity != critical 的告警则被发送给接收者'team-X-mails'，对 severity == critical 的告警则被发送到对应的接收者，即'team-X-pager'。

      routes:
      - match:
          severity: critical
        receiver: team-X-pager
    - match:
        service: files
      receiver: team-Y-sms

      routes:
```

```
      - match:
          severity: critical
        receiver: team-Y-pager

    # 比如，关于数据库服务的告警，如果子路由没有匹配到相应的 owner 标签，则都默认由team-DB-pager 发送

    - match:
        service: database
  receiver: team-DB-pager

  # 我们也可以先根据标签 service:database 将数据库服务告警过滤出来，然后进一步将所有同时带labelkey 为"database"的告警组成一组，再根据具体是哪种"database"（labelkey 为"database", labelvalue 为不同数据库名），决定发送给其对应的接受者，以实现将不同的数据库服务告警发送给不同的数据库服务维护人员
      group_by: [alertname, cluster, database]
      routes:
      - match:
          owner: team-X
        receiver: team-X-pager
      - match:
          owner: team-Y
        receiver: team-Y-pager


  # 告警抑制规则。当一种告警产生时，我们可以抑制一系列其他告警。此处为:当出现"critical"严重级别告警时，抑制一系列"warning"级别告警产生
  inhibit_rules:
  - source_match:
      severity: 'critical'
    target_match:
      severity: 'warning'

    # 此处为做基本判断。要求在被抑制告警和源告警的告警名相同时才执行抑制操作
    equal: ['alertname', 'cluster', 'service']

  # 告警通知接收者，分别为Email、PagerDuty、短信网关接口(需单独部署短信服务监听"port"端口)或自定服务接口及 Hipchat 配置示例
  receivers:
  - name: 'team-X-mails'
    email_configs:
```

```
    - to: 'team-X+alerts@example.org'

  - name: 'team-X-pager'
    email_configs:
    - to: 'team-X+alerts-critical@example.org'
    pagerduty_configs:
    - service_key: <team-X-key>

  - name: 'team-Y-sms'
    webhook_configs:
    # 配置通用的 receiver，在接收过滤后需自己设定告警的 URL，指向处理告警的服务接口
    - url: 'http://localhost:port/postalert'
     send_resolved: true  # 是否发送已经处于"resolved"状态的告警，默认为 true

  - name: 'team-Y-pager'
    pagerduty_configs:
    - service_key: <team-Y-key>

  - name: 'team-DB-pager'
    pagerduty_configs:
    - service_key: <team-DB-key>

  - name: 'team-X-hipchat'
    hipchat_configs:
    - auth_token: <auth_token>
      room_id: 85
      message_format: html
      notify: true
```

## 5.4 安全管理

容器云平台为了对多租户提供服务，在安全方面需要进行多角度精细管理，以支持复杂的应用场景。云平台上的安全机制至少应该从以下几方面进行设计和管理：各级用户角色的权限管理、租户之间资源和应用的隔离、网络层面的安全、与应用相关的敏感信息的管理（如密码、密钥类数据）、镜像库的安全管理，等等。本节对容器云平台的安全管理机制进行说明。

## 5.4.1 用户角色的权限管理

在容器云平台上，用户的权限至少应该包括平台管理员和租户两个级别，通常还应为租户设置租户级别的管理员和普通用户这两个级别。图 5-19 描述了容器云平台上的用户角色权限管理。

◎ **平台管理员**：负责整个平台范围内的租户管理，并为租户分配其需要的系统资源。包括租户的创建、系统资源分区的设置、资源分区与租户进行绑定等管理工作。

◎ **租户管理员**：为一个租户范围内的管理员，如果系统比较复杂，则可以通过创建用户组和用户，进一步细分资源分区，将细分的资源分区与用户进行绑定等操作，完成租户范围内的安全管理。如果系统不很复杂，则租户管理员也可以作为普通用户，在其可用的资源分区上部署应用。

◎ **普通用户**：主要负责应用的管理，包括应用的部署、更新、监控、查错等应用全生命周期管理。普通用户应该无须关心平台级别的资源设置，只需在可用的资源分区上管理业务应用。

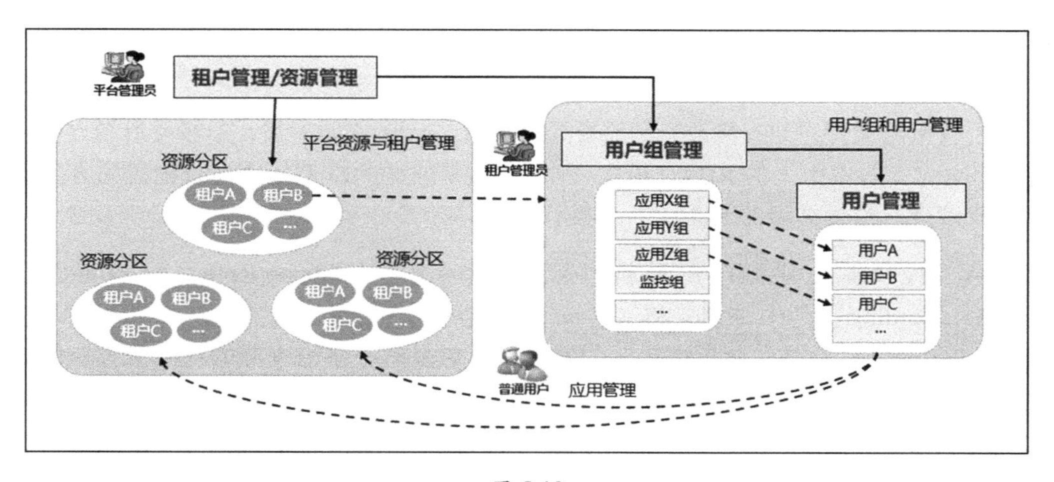


图 5-19

如果企业已有完善的用户角色权限管理系统，例如 LDAP 或 AD，则容器云平台应该直接与之对接，完成对用户角色和权限的管理。

### 5.4.2 租户对应用资源的访问安全管理

为了实现租户间的资源隔离，如 2.1 节所述，可利用基于 Kubernetes 的资源分区管理为不同的租户设置相互隔离的资源分区。同时，可以利用 Kubernetes 提供的资源配额和资源限制管理体系，对租户的应用进行细粒度的资源隔离管理。

此外，还可以使用 Kubernetes 提供的授权机制对用户设置应用的访问权限，实现应用级别的安全管理。Kubernetes Master 为用户对应用的请求进行授权，通过“授权策略”决定其访问请求能否被允许。简而言之，授权就是将不同的资源访问权限授予不同的用户。Kubernetes 目前支持以下几种授权策略。

- ◎ **AlwaysDeny**：表示拒绝所有请求，仅用于测试。
- ◎ **AlwaysAllow**：表示允许接收所有请求，不启用授权机制。
- ◎ **ABAC（Attribute-Based Access Control）**：基于属性的访问控制，使用用户配置的授权规则对用户的请求进行匹配和控制。
- ◎ **Webhook**：通过调用外部 RESTful 服务对用户的请求进行授权。
- ◎ **RBAC**：全称为 Role Based Access Control，指基于角色的访问控制。

其中，Webhook 方式是由外部系统完成授权的工作，本章不做说明。ABAC 模式的实现基于授权策略文件，如有修改，则需要重启 API Server 才能生效，不够灵活和方便。从 Kubernetes v1.5 版本引入的 RBAC 模式，则可以在 Kubernetes 系统中通过配置的方式直接进行授权管理，是最灵活的 Kubernetes 授权模式。

RBAC 授权模式引入了 4 种新的资源对象：Role、ClusterRole、RoleBinding 和 ClusterRoleBinding。其中 Role 和 ClusterRole 都是“角色”的概念，RoleBinding 和 ClusterRoleBinding 都是“角色绑定”的概念。角色是对一系列资源的权限集合，例如一个角色可以拥有读取 Pod 的权限和删除 Pod 的权限，是 Namespace 级别的；而 ClusterRole 是集群级别的权限集合。角色绑定则将角色与用户进行绑定，使得这些用户拥有在“角色”中定义的权限，ClusterRoleBinding 则使用户拥有在“ClusterRole”中定义的集群级权限。

图 5-20 展示了对 Pod 的 get/watch/list 操作进行授权的 Role、RoleBinding、用户及资源对象之间的授权关系。

目前，RBAC 机制已与 Kubernetes 深度集成，建议应用系统的各资源对不同的用户进行 RBAC 授权设置，以实现对资源访问的安全控制。下面对 RBAC 的设置和应用进行说明。

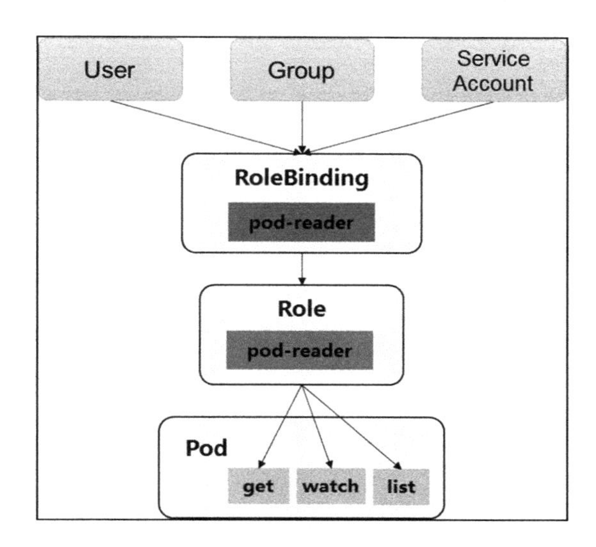


图 5-20

在 Kubernetes 集群中，Master 会创建一组默认的 ClusterRole 和 ClusterRoleBinding，多以“system:”为前缀，为系统组件设置默认的授权设置，例如，在系统中已创建的 ClusterRole 包括 system:controller:deployment-controller（为 Deployment Controller 设置的角色）、system:node（为 Kubelet 设置的角色），等等：

```
# kubectl get clusterrole
NAME                                                                   AGE
admin                                                                  1m
......
system:basic-user                                                      1m
system:certificates.k8s.io:certificatesigningrequests:nodeclient       1m
system:certificates.k8s.io:certificatesigningrequests:selfnodeclient   1m
system:controller:certificate-controller                               1m
system:controller:cronjob-controller                                   1m
system:controller:daemon-set-controller                                1m
system:controller:deployment-controller                                1m
......
system:discovery                                                       1m
system:kube-aggregator                                                 1m
system:kube-controller-manager                                         1m
system:kube-scheduler                                                  1m
system:kubelet-api-admin                                               1m
system:node                                                            1m
```

```
......
```

对于系统级别的默认角色和角色绑定通常不需要修改，管理员需要设置的是用户级别的角色绑定，可以通过设置 Role 和 RoleBinding 对象来实现。

### 1. 角色（Role）的定义

如下所示定义了一个对 Pod 资源授权 get 和 list 操作的角色：

```
kind: Role
apiVersion: rbac.authorization.k8s.io/v1beta1
metadata:
  name: pod-reader
  namespace: default
rules:
- apiGroups: [""]
  resources: ["pods"]
  verbs: ["get", "list"]
```

### 2. 角色绑定（RoleBinding）的定义

如下所示将角色 pod-reader 授权给用户 jane，这一绑定操作使得用户 jane 可以读取 Pod：

```
kind: RoleBinding
apiVersion: rbac.authorization.k8s.io/v1beta1
metadata:
  name: read-pods
  namespace: default
subjects:
- kind: User
  name: jane
  apiGroup: rbac.authorization.k8s.io
roleRef:
  kind: Role
  name: pod-reader
  apiGroup: rbac.authorization.k8s.io
```

### 3. 角色（Role）规则示例

下面为常用的授权用户对资源进行访问的示例。

（1）允许读取 Pod 资源：

```
rules:
- apiGroups: [""]
  resources: ["pods"]
  verbs: ["get", "list", "watch"]
```

（2）允许读和写 extensions 和 apps 这两个 API 资源组中的 deployment 资源：

```
rules:
- apiGroups: ["extensions", "apps"]
  resources: ["deployments"]
  verbs: ["get", "list", "watch", "create", "update", "patch", "delete"]
```

（3）允许读取一个名为 my-config 的 ConfigMap：

```
rules:
- apiGroups: [""]
  resources: ["configmaps"]
  resourceNames: ["my-config"]
  verbs: ["get"]
```

（4）允许对 URL /healthz 及其所有子路径进行 get 和 post 操作（需要使用 ClusterRole 和 ClusterRoleBinding）：

```
rules:
- nonResourceURLs: ["/healthz", "/healthz/*"]
  verbs: ["get", "post"]
```

### 4．角色绑定（RoleBinding）示例

（1）对用户 alice 进行授权：

```
subjects:
- kind: User
  name: "alice"
  apiGroup: rbac.authorization.k8s.io
```

（2）对用户组 frontend-admins 进行授权：

```
subjects:
- kind: Group
  name: "frontend-admins"
  apiGroup: rbac.authorization.k8s.io
```

（3）对 qa 命名空间中的所有 Service Account 进行授权：

```
subjects:
- kind: Group
  name: system:serviceaccounts:qa
  apiGroup: rbac.authorization.k8s.io
```

### 5.4.3 Kubernetes 系统级的安全管理

Kubernetes 的 Master 作为集群的总控大脑，提供了三种级别的客户端认证方式。

◎ **HTTP Base 认证**：通过用户名+密码的方式认证。
◎ **HTTP Token 认证**：通过一个 Token 来识别合法用户。
◎ **HTTPS 数字证书认证**：基于 CA 根证书签名的双向数字证书认证方式。

HTTP Base 认证和 HTTP Token 认证的安全级别都很低，不建议使用，建议启用 HTTPS 数字证书认证的方式提供服务。这要求为 Kubernetes 系统设置相关的 CA 数字证书。对需要访问 Master 的客户端应用来说，需要基于 CA 数字证书连接到 Master，这就要求对 CA 数字证书进行完善的管理。

如果企业已经有 CA 认证中心，则可以直接向 CA 认证中心申请数字证书用于配置 Kubernetes Master 和各客户端应用。如图 5-21 所示为通过 CA 认证中心完成对数字证书的管理。

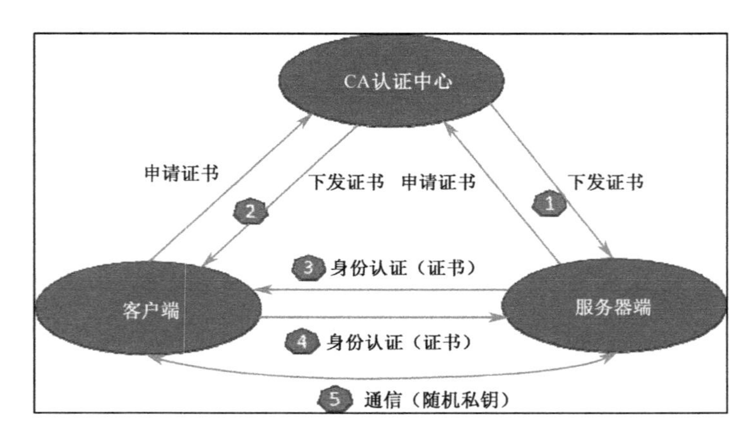


图 5-21

通常 CA 数字证书有可用时间限制，在到期后应更新证书。在更新的过程中需要考虑

Kubernetes 使用了数字证书的各个组件，建议采用 DevOps 自动化流程完成更新。

如果没有 CA 认证中心，就需要容器云平台对 Kubernetes 集群进行 CA 自签名来生成数字证书，并进行完善的数字证书安全管理。

### 5.4.4　与应用相关的敏感信息管理

在很多场景中，应用系统需要配置诸如密码或密钥之类的敏感信息，使用明文的方式保存在配置文件中显然很不安全。在 Kubernetes 系统中，可以使用 Secret 资源对象来管理敏感信息，目前 Secret 有以下 3 种类型。

◎ **Opaque**：字符串类型的加密信息。

◎ **kubernetes.io/dockerconfigjson**：用于在拉取镜像（pull）操作时访问 Docker 镜像库的凭据信息。

◎ **kubernetes.io/service-account-token**：用于 ServiceAccount 使用的密钥信息。

下面对 Opaque 和 kubernetes.io/dockerconfigjson 两种类型的 Secret 进行举例说明。

如下所示为设置了一个 Opaque 类型的 Secret，其中，username 和 password 字段的值是经过 BASE64 编码的字符串：

```
apiVersion: v1
kind: Secret
metadata:
  name: mysecret
type: Opaque
data:
  username: YWRtaW4=
  password: MWYyZDFlMmU2N2Rm
```

下面将 Secret 以 Volume 的形式挂载到 Pod 容器的/etc 目录下，生成/etc/username 和/etc/password 两个文件，供应用程序使用：

```
apiVersion: v1
kind: Pod
metadata:
  name: mypod
spec:
  containers:
  - name: mycontainer
```

```
      image: busybox
      volumeMounts:
      - name: secret
        mountPath: "/etc"
        readOnly: true
    volumes:
    - name: secret
      secret:
        secretName: mysecret
```

下面对 Docker 镜像库拉取镜像的凭据信息进行设置：

```
apiVersion: v1
kind: Secret
metadata:
  name: myregistrykey
data:
  .dockerconfigjson:
UmVhbGx5IHJlYWxseSByZWVlZWVlZWVlZWFhYWFhYWFhYWFhYWFhYWFhYWFhYWFhYWFhYWxsbGxsbGxs
bGxsbGxsbGxsbGxsbGxsbGxsbGxsbGx5eXl5eXl5eXl5eXl5eXl5eXl5eSBsbGxsbGxsbGxsbGxsbG9v
b29vb29vb29vb29vb29vb29vb29vb25ubm5ubm5ubm5ubm5ubm5ubm5ubmdnZ2dnZ2dnZ2dn
Z2dnZ2dnZ2cgYXV0aCBrZXlzCg==
type: kubernetes.io/dockerconfigjson
```

然后，在 Pod 的定义中引用这个 Secret，用于在拉取镜像时使用：

```
apiVersion: v1
kind: Pod
metadata:
  name: mypod
spec:
  containers:
    - name: foo
      image: mydockerregistry/someimage
  imagePullSecrets:
    - name: myregistrykey
```

### 5.4.5 网络级别的安全管理

Kubernetes 在多租户的应用之间通过 Namespace 的隔离是逻辑上的隔离，如果在网络层不做限制，则租户 A 是能够直接访问租户 B 的应用服务的。通过网络级别的安全设置，能够实现租户之间的应用的完全隔离。在网络层面上实现应用之间的安全隔离至少有以下两种机制。

（1）使用网络策略（NetworkPolicy），详见 2.2.2 节的说明。

（2）使用服务网格（Service Mesh）机制，详见 4.3 节的说明。

## 5.5　容器云平台关键数据的备份管理

为了使容器云平台持续正常工作，平台数据的备份和恢复尤为关键。本节对容器云平台上关键数据的备份和恢复机制进行说明，主要包括 Kubernetes 集群中的 etcd、Elasticsearch、InfluxDB 数据库等系统数据。

### 5.5.1　etcd 数据备份及恢复

etcd 是高可靠的分布式键值存储系统，支持 Leader 选举、分布式锁及键值改变监控等功能，在 CoreOS、Kubernetes、Cloud Foundry 等云计算项目中得到了广泛应用。etcd 在 Kubernetes 中作为重要的后端存储组件，用于存储 Kubernetes 集群自身的服务发现、集群状态与配置信息。通过与 etcd 服务的交互，Kubernetes 集群得以实时更新整个集群的状态与数据。

etcd 服务对于 Kubernetes 集群的正常运行发挥着至关重要的作用，其本身的高可靠运行、数据备份及故障恢复变得尤为重要。由于 etcd 的实现采用 Raft 算法，服务属于分布式主从架构，因此如果在工作中由 $N$ 个节点构成 etcd 分布式集群，那么只要少于$(N-1)/2$ 个节点出现故障或者临时节点机器重启，etcd 自身的服务就不会受到影响；但在超过 $(N-1)/2$ 个节点出现故障时，etcd 就无法正常运行了。为了使 etcd 服务更可靠地运行，建议部署 $N$（$N$ 为大于等于 3 的奇数，可根据 Kubernetes 集群规模调整 etcd 节点的个数）个节点的 etcd 集群对外提供高可用服务。下面分别从 etcd v3 及 etcd v2 版本出发，讲解如何使用 etcd 进行数据备份和恢复。

#### 1．使用 etcd v3 进行数据备份和恢复

我们可以使用 etcd v3 自带的 snapshot 工具或者将 etcd 数据文件复制到目标目录中，进行数据备份，过程如下。

（1）选择处于运行状态的 etcd 节点，执行 etcdctl snapshot save 操作，将当前 etcd 中的全部数据保存到一个文件中：

```
$ ETCDCTL_API=3 etcdctl --endpoints $ENDPOINT snapshot save snapshot.db
```

其中，$ENDPOINT 是本节点提供对外服务的 URL（如 localhost:2379）；snapshot.db 是备份数据文件的名称，后续可以使用该备份文件对 etcd 集群中的各节点逐一进行恢复。

（2）可使用 etcdctl snapshot restore 恢复 etcd 集群中的各节点的数据。该操作要求各节点使用同一 snapshot.db 文件进行恢复，在执行时会创建新的数据目录，并依据快照中的集群 ID 及各节点的 ID 等元信息重新生成数据，以避免新生成的节点加入原有的 etcd 集群中，所以集群恢复是根据 snapshot 来创建一个新的逻辑 etcd 集群的过程，只会更新 etcd 集群的配置信息，并不会更新所要恢复的数据。

注意，etcdctl snapshot restore 在执行时会自动检查通过 etcdctl snapshot save 操作创建的快照文件的完整性，如果使用 etcdctl snapshot restore 进行数据恢复，则对这一点无须关注；但如果使用的快照文件是直接从节点数据目录中复制的，则需要在执行 restore 恢复操作时加入--skip-hash-check 参数。

如下所示，在执行数据恢复的过程中会创建新的 etcd 数据目录（m1.etcd、m2.etcd 和 m3.etcd）：

```
    $ ETCDCTL_API=3 etcdctl snapshot restore snapshot.db \
      --name m1 \
      --initial-cluster
m1=http://host1:2380,m2=http://host2:2380,m3=http://host3:2380 \
      --initial-cluster-token etcd-cluster-1 \
      --initial-advertise-peer-urls http://host1:2380
    $ ETCDCTL_API=3 etcdctl snapshot restore snapshot.db \
      --name m2 \
      --initial-cluster
m1=http://host1:2380,m2=http://host2:2380,m3=http://host3:2380 \
      --initial-cluster-token etcd-cluster-1 \
      --initial-advertise-peer-urls http://host2:2380
    $ ETCDCTL_API=3 etcdctl snapshot restore snapshot.db \
      --name m3 \
      --initial-cluster
m1=http://host1:2380,m2=http://host2:2380,m3=http://host3:2380 \
      --initial-cluster-token etcd-cluster-1 \
      --initial-advertise-peer-urls http://host3:2380
```

然后基于新的 etcd 数据目录启动 etcd 服务即可：

```
$ etcd \
  --name m1 \
  --listen-client-urls http://host1:2379 \
  --advertise-client-urls http://host1:2379 \
  --listen-peer-urls http://host1:2380 &
$ etcd \
  --name m2 \
  --listen-client-urls http://host2:2379 \
  --advertise-client-urls http://host2:2379 \
  --listen-peer-urls http://host2:2380 &
$ etcd \
  --name m3 \
  --listen-client-urls http://host3:2379 \
  --advertise-client-urls http://host3:2379 \
  --listen-peer-urls http://host3:2380 &
```

至此，基于快照文件进行 etcd 集群数据服务恢复的操作就完成了。

### 2. 使用 etcd v2 进行数据备份和恢复

在对 etcd v2 版集群服务进行备份时，可使用 etcd 提供的 backup 工具来完成，过程如下。

（1）备份 etcd 数据。在执行备份之前需要停掉 etcd 服务，在执行备份操作时需要向 etcdctl backup 命令传入 etcd 原存储数据的目录和原 wal 数据的目录。执行 backup 操作会重新生成 etcd 集群及各节点 ID 等 etcd 集群的元配置信息，以避免新生成的节点加入原有 etcd 集群中：

```
$ etcdctl backup \
  --data-dir %data_dir% \
  [--wal-dir %wal_dir%] \
  --backup-dir %backup_data_dir%
  [--backup-wal-dir %backup_wal_dir%]
```

（2）单节点恢复。etcd 数据恢复是基于备份的文件创建一个新的 etcd 集群的操作，用于创建一个新的单节点 etcd 集群。以下方式在启动 etcd 时加入了-force-new-cluster 参数，以及-data-dir、-wal-dir 参数，前者用于在创建新的单节点集群时带有默认的 advertised peer URLs 参数，后者用于指向备份文件所在的目录以恢复数据。

```
$ etcd \
```

```
  -data-dir=%backup_data_dir% \
  [-wal-dir=%backup_wal_dir%] \
  -force-new-cluster \
    ...
```

在该操作完成后，即可验证在原备份文件中进行单节点数据恢复后服务是否正常。如果正常，则说明备份文件完整且可以使用。这时可以停止该节点的 etcd 服务，将原 etcd 数据目录进行删除，并将该备份文件目录更改为原 etcd 数据目录，再启动 etcd 服务即可：

```
$ pkill etcd
$ rm -fr %data_dir%
$ rm -fr %wal_dir%
$ mv %backup_data_dir% %data_dir%
$ mv %backup_wal_dir% %wal_dir%
$ etcd \
  -data-dir=%data_dir% \
  [-wal-dir=%wal_dir%] \
  ...
```

（3）恢复集群服务。基于上述操作，单节点 etcd 服务已经可以正常提供服务了。由于在启动 etcd 时加入了-force-new-cluster 参数,所以产生了默认的--advertise-client-urls 参数，此时可以在线更新该--advertise-client-urls 配置，然后可以使用 etcdctl member 等操作向该新建的单节点的 etcd 集群添加新的节点，以扩充 etcd 集群的规模。

### 5.5.2 Elasticsearch 数据备份及恢复

Elasticsearch 作为容器云平台重要的基础应用之一，提供了日志数据的文本存储、检索及分析任务，建议在部署的时候使用集群模式，因为集群模式下的副本可以保证集群内部的分节点在出现故障时仍然可用，保障集群的正常运行。但是一旦出现灾难性故障，我们就需要对整个集群的数据有一个完整的备份，以便对集群进行完整恢复。Elasticsearch 提供了 snapshot API 进行数据备份，将集群里当前的状态和数据保存到一个共享仓库里。在备份过程中使用了增量备份的机制，即第一个快照会是数据的完整复制，后续的快照将仅保存已有快照和新数据之间的差异。随着对数据不断进行快照操作，备份也在不断添加和删除，这意味着后续的备份会相当快速，因为它们只需要传输很小的数据量。

若要使用该功能，我们就需要先创建一个保存数据的仓库，该仓库需要支持共享文件系统如 NAS、HDFS 等。

（1）创建共享文件系统仓库，可以通过 API“PUT _snapshot/my_backup”来完成，如下所示：

```
PUT _snapshot/my_backup
{
    "type": "fs",
    "settings": {
        "location": "/mount/backups/my_backup"
    }
}
```

其中，my_backup 是仓库名，fs 是共享文件系统的类型，location 提供了一个已挂载的设备作为目的地址（注意，该路径对 Elasticsearch 集群内的所有节点都可以访问）。

如果希望降低快照进入数据仓库或从仓库恢复的网络带宽消耗，则可根据实际网络性能调节参数 max_snapshot_bytes_per_sec 和 max_restore_bytes_per_sec，默认均为每秒 20MB：

```
POST _snapshot/my_backup/
{
    "type": "fs",
    "settings": {
        "location": "/mount/backups/my_backup",
        "max_snapshot_bytes_per_sec" : "50mb",
        "max_restore_bytes_per_sec" : "50mb"
    }
}
```

（2）对索引创建快照并监控创建的过程。一个仓库可以包含多个快照，每个快照都与一系列索引相关（例如所有索引、部分索引或者单个索引）。在创建快照的时候，需要指定索引的名称并给快照取唯一的名字。

表 5-1 列出了创建快照、查看快照信息和删除快照等常见操作的 API。

表 5-1

| API | 作　用 |
|---|---|
| PUT _snapshot/my_backup/snapshot_1 | 该命令会备份所有打开的索引到 my_backup 仓库下的一个被命名为 snapshot_1 的快照里。该命令会立即返回，然后快照操作会一直在后台运行 |
| PUT _snapshot/my_backup/snapshot_2<br>{"indices": "index_1,index_2"} | 仅对索引 index_1 及 index_2 进行快照 |

续表

| API | 作　用 |
| --- | --- |
| GET _snapshot/my_backup/snapshot_2 | 获取 my_backup 仓库中快照 snapshot_2 的快照信息。<br>注意，在快照的数据量比较大时显示的当前快照的状态更新会比较慢 |
| GET _snapshot/my_backup/_all | 获取 my_backup 仓库中的所有快照信息 |
| DELETE _snapshot/my_backup/snapshot_2 | 删除 my_backup 仓库中的 snapshot_2 快照。<br>用于删除不再使用的旧快照，注意用 API 删除快照很重要，而不能用其他机制。因为快照是增量的，所以有可能有很多快照依赖过去的段。delete API 知道哪些数据还在被更多的近期快照使用，然后会只删除不再被使用的段 |
| GET _snapshot/my_backup/snapshot_3/_status | 会立即返回快照 snapshot_3 的总体状况 |
| DELETE _snapshot/my_backup/snapshot_3 | 该操作会中断快照过程并删除仓库里正在进行的快照 |

（3）快照恢复及恢复过程监控。只需在需要恢复到集群的快照 ID 后加_restore，表 5-2 列出了常用的快照恢复、查看快照恢复进度和停止恢复等操作的 API。

表 5-2

| API | 作　用 |
| --- | --- |
| POST _snapshot/my_backup/snapshot_1/_restore | 默认恢复 snapshot_1 快照里存有的所有索引 |
| POST /_snapshot/my_backup/snapshot_1/_restore<br>{"indices": "index_1",<br>"rename_pattern": "index_(.+)",<br>"rename_replacement": "restored_index_$1" } | 可选择仅恢复 snapshot_1 中的某个索引如 index_1。在恢复时如果不想替换现有的索引，则可分别使用参数 rename_pattern 及 rename_replacement，来查找当前正进行恢复的索引（使用模式匹配）并将该索引重命名为新的索引名。<br>该操作会恢复 index_1 到集群中，但将其重命名为 restored_index_1 |
| GET restored_index_3/_recovery | 查看索引 restored_index_3 的快照恢复进度 |
| GET /_recovery/ | 查看所有索引快照的恢复进度 |
| DELETE /restored_index_3 | 如果索引 restored_index_3 正在恢复，则该操作命令会停止恢复，同时删除所有已经恢复到集群里的数据 |

通过上述一系列 API 操作命令，即可完成 Elasticsearch 的日常备份与恢复工作。在一个完善的备份计划中，应该要对 Elasticsearch 集群做定期的快照备份，并且要定期基于这些快照做真实的恢复测试，以便在危机真正到来时尽可能避免数据的丢失。

## 5.5.3　InfluxDB 数据备份及恢复

InfluxDB 不仅可用于存储 Kubernetes 集群的性能数据，还可广泛用于很多其他应用可选的高性能时序数据库后端存储。开源版本的 InfluxDB 从 0.11 版本开始就不再提供集群部署功能，主要维护 InfluxDB 开源版本的 InfluxData 公司将集群部署功能纳入商业版中。虽然单点的 InfluxDB 已经可以做到高效、稳定，但考虑到单点部署带来的高可用问题，InfluxData 公司针对开源版本的 InfluxDB 推出了 InfluxDB Relay 项目（https://github.com/influxdata/influxdb-relay）以实现其高可用。从 0.11 版本到现在，InfluxDB 已经做了很多改进，若采用开源方案部署 InfluxDB 以实现其高可用，则建议尝试 InfluxDB Relay 项目。从 1.5 版本起，InfluxDB 就提供了在线备份及在线恢复功能，通过该功能，用户无须在备份或恢复数据时停止 InfluxDB 应用。

### 1．使用 InfluxDB 的新版本（1.5 以上版本）进行数据备份及恢复

使用 InfluxDB 的新版本（1.5 以上版本）进行数据备份及恢复的操作如下。

#### 1）在线备份

我们可以使用 backup 功能实现数据的在线备份。若提供数据备份及恢复功能，则建议在 influxdb.conf 配置文件中将参数 bind-address 的值更新为<remote-node-IP>:8088。表 5-3 对 influxd backup 命令的常用参数进行了说明。

表 5-3

<table>
<tr><th>参　数</th><th>说　明</th></tr>
<tr><td>influxd backup<br>[ -database <db_name> ]<br>[ -portable ]<br>[ -host <host:port> ]<br>[ -retention <rp_name> ] | [ -shard <shard_ID> -retention <rp_name> ]<br>[ -start <timestamp> [ -end <timestamp> ] | -since <timestamp> ]<br><path-to-backup></td><td>[ -database <db_name> ]：选择要备份的数据库。<br>[ -portable ]：在数据备份时兼容企业版 InfluxDB 的数据格式。<br>[ -host <host:port> ]：备份 InfluxDB 的主机和端口，若不指定，则默认为'127.0.0.1:8088'。<br>[ -retention <rp_name> ]：数据保留策略。在未指定的情况下将使用原数据库的所有保留策略。在指定时需要-database 参数。<br>[ -shard <ID> ]：指定要备份的分片 ID。若指定的话，则需要-retentition 参数。<br>[ -start <timestamp> ]：备份从指定的时间戳（符合 RFC3339 格式）起的所有数据，例如-start 2015-12-24T08:12:23Z。<br>[ -end <timestamp> ]：不备份该指定的时间戳后的所有数据。和-since</td></tr>
</table>

续表

| 参　数 | 说　明 |
| --- | --- |
| | 不兼容。若不指定-start，则所有数据从 1970-01-01 起进行开始备份。<br>[ -since <timestamp> ]：从指定的时间戳起进行增量备份。除非在传统备份方式中需要，否则建议使用-start 进行取代 |

示例如表 5-4 所示。

表 5-4

| 参　数 | 说　明 |
| --- | --- |
| influxd backup -portable -database telegraf <path-to-backup> | 对 telegraf 数据库进行备份 |
| influxd backup -portable -database mytsd -start 2017-04-28T06:49:00Z -end 2017-04-28T06:50:00Z /tmp/backup/influxdb | 对 mytsd 数据库指定时间段内的数据进行备份 |

**2）在线恢复**

使用 restore 功能实现数据的在线恢复。表 5-5 对 influxd restore 命令的常用参数进行了说明。

表 5-5

| 参　数 | 说　明 |
| --- | --- |
| influxd restore [ -db <db_name> ]<br>-portable \| -cnline<br>[ -host <host:port> ]<br>[ -rp <rp_name> ]<br>[ -newrp <newrp_name> ]<br>[ -shard <shard_ID> ]<br><path-to-backup-files> | [ -db <db_name> \| -database <db_name> ]：指定从备份文件中要恢复的数据库。若无指定，则恢复备份文件中的所有数据库。<br>portable：企业版的 InfluxDB 数据以兼容格式恢复 InfluxDB 数据。建议取代 online。<br>online：使用传统数据备份格式进行恢复。<br>[ -host <host:port> ]：执行恢复操作的 InfluxDB 的主机和端口，若不指定，则默认为 '127.0.0.1:8088'。<br>[ -newdb <newdb_name> ]：导入备份数据到指定的数据库中。若不指定，则使用-db 参数指定的数据库名。要求被导入的数据库名在被恢复的系统中不存在。<br>[ -rp <rp_name> ]：指定要从备份文件中恢复的保留策略，需要同时设定-db。若不指定，则将导入原数据库的所有保留策略。<br>[ -newrp <newrp_name> ]：在被恢复的系统中创建新的保留策略，需要同时设定-rp 参数。若不设定，则将使用原有的策略名。<br>[ -shard <shard_ID> ]：指定要恢复的分片 ID。若指定，则需要同时设定-db 参数及-rp 参数 |

### 2．使用 InfluxDB 的旧版本进行数据备份及恢复

由于 InfluxDB 的当前版本( v1.5 )提供后向兼容性，所以建议部署当前版本的 InfluxDB 对老版本的 InfluxDB 数据进行备份和恢复。操作如下。

**1）备份 metastore 元数据**

metastore 负责存储 InfluxDB 数据库系统的状态数据，例如用户信息、数据库及分片元数据、持续查询、保留策略及订阅信息等。InfluxDB 系统在运行时可以随时使用 backup 命令对系统的 metastore 数据进行备份：

```
193nflux backup <path-to-backup>
```

例如：

```
$ 193nflux backup /tmp/backup
2018/05/06 17:15:03 backing up metastore to /tmp/backup/meta.00
2018/05/06 17:15:03 backup complete
```

**2）备份数据库数据**

对每个 InfluxDB 数据库的数据都需要单独分开备份：

```
influxd backup -database <mydatabase> <path-to-backup>
// -retention <retention-policy-name>: 备份指定的保留策略。
// -shard <shard ID>: 备份指定的分片 ID。
// -since <date>: 备份从指定时间戳起所有的数据。
```

其中，<mydatabase>为要备份的数据库；<path-to-backup>为指定的数据备份路径。

下面的例子将数据库数据备份在/tmp/backup 目录下：

```
$ influxd backup -database telegraf -retention autogen -since 2018-05-06T00:
00:00Z/tmp/backup
2018/05/06 18:06:32 backing up rp=default since 2018-05-06 00:00:00 +0000 UTC
2018/05/06 18:06:32 backing up metastore to /tmp/backup/meta.01
2018/05/06 18:06:32 backing up db=telegraf rp=default shard=2 to
/tmp/backup/telegraf.default.00002.01 since 2018-05-06 00:00:00 +0000 UTC
2018/05/06 18:06:32 backup complete
```

**3）依次恢复 metastore 数据及数据库数据**

注意，在恢复数据之前要先停止 InfluxDB 后台服务。

对恢复命令的参数说明如下：

```
    influxd restore [ -metadir | -datadir ] <path-to-meta-or-data-directory>
<path-to-backup>
    // -metadir: metastore 备份数据要恢复的路径。如果使用包安装方式安装 InfluxDB，则该路径为/var/lib/influxdb/meta
    // -datadir 数据库备份数据要恢复的路径。如果使用包安装方式安装 InfluxDB，则该路径为/var/lib/influxdb/data
    // -database <database>: 指定将数据恢复到哪个数据库。如何-metadir 没指定，则该项属于必选项
    // -retention <retention policy>:恢复数据到指定的保留策略
    // -shard <shard id>: 指定要恢复的分片数据。如果指定该项，则需同时指定参数-database 和-retention
```

恢复分为两步操作，先恢复 metastore 数据：

```
$ influxd restore -metadir /var/lib/influxdb/meta /tmp/backup
Using metastore snapshot: /tmp/backup/meta.00
```

再恢复数据库数据：

```
$ influxd restore -database telegraf -datadir /var/lib/influxdb/data /tmp/backup
Restoring from backup /tmp/backup/telegraf.*
unpacking /var/lib/influxdb/data/telegraf/default/2/000000004-000000003.tsm
unpacking /var/lib/influxdb/data/telegraf/default/2/000000005-000000001.tsm
```

同时修改 InfluxDB 的数据目录权限：

```
$ sudo chown -R influxdb:influxdb /var/lib/influxdb
```

**4）启动 InfluxDB 后台服务并验证数据已经恢复**

代码如下：

```
$ service influxdb start
```

执行 SHOW DATABASES 操作，测试恢复的效果：

```
influx -execute 'show databases'
name: databases
---------------
name
_internal
telegraf
```

综上所述，etcd、Elasticsearch 和 InfluxDB 的数据备份及恢复机制，从应用本身的高可用部署和数据备份两方面保证应用数据的高可靠性。另外，我们可以考虑将数据保存到共享存储系统如 GlusterFS、HDFS 等中，使用共享存储系统提供的数据冗余机制进一步保障应用数据的完整性和高可靠性。

# 第 6 章 传统应用的容器化迁移

为了能够适应容器云平台的管理模式和管理理念，应用系统需要完成容器化的改造过程。对于新开发的应用，建议直接基于微服务架构进行容器化的应用开发；对于已经运行多年的传统应用系统，也应该逐步将其改造成能够部署到容器云平台上的容器化应用。本章针对传统的 Java 应用、PHP 应用和复杂中间件等常见应用类型，对如何将应用进行容器化改造和迁移到 Kubernetes 平台上进行说明。

## 6.1 Java 应用的容器化改造迁移

要将传统 Java 应用改造迁移到 Kubernetes 平台上运行，通常要经过以下几个步骤。

（1）进行应用代码改造，要考虑配置文件、多实例部署下的分布式架构问题，并对程序代码和架构做出相应的改造。

（2）进行容器化改造，选择合适的基础镜像并打包生成新的应用镜像，使得应用能以容器方式部署、运行。

（3）进行 Kubernetes 建模与部署，采用合适的 Kubernetes 资源对象建模 Java 应用，最终发布到 Kubernetes 平台上实现应用的自动化运维。

接下来以一个传统的 Java 应用改造迁移过程为例，来说明上述步骤中的细节。

## 6.1.1 Java 应用的代码改造

我们的目标是搭建一个简单的学员分数管理系统（Study Application），应用界面与架构如图 6-1 所示。

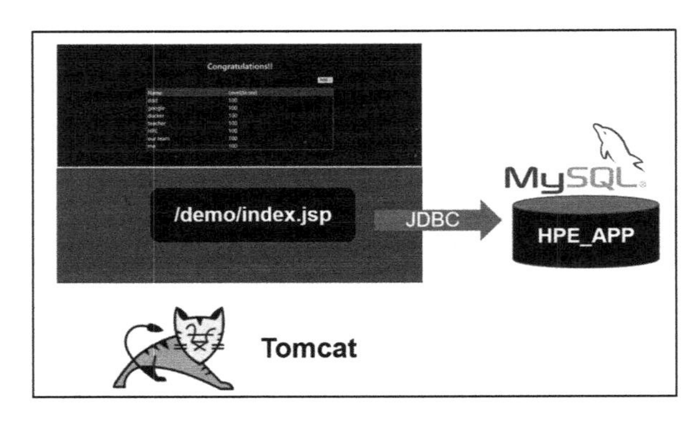


图 6-1

Study Application 是一个典型的 J2EE 系统，为了方便理解，并没有采用额外的框架技术，而是采用了 MySQL 数据库，将 JSP 作为 Web 页面，并通过 JDBC 进行数据库操作，整个系统以标准方式部署在 Tomcat 的 webapp 目录下。如图 6-2 所示是 Study Application 的目录结构与说明。

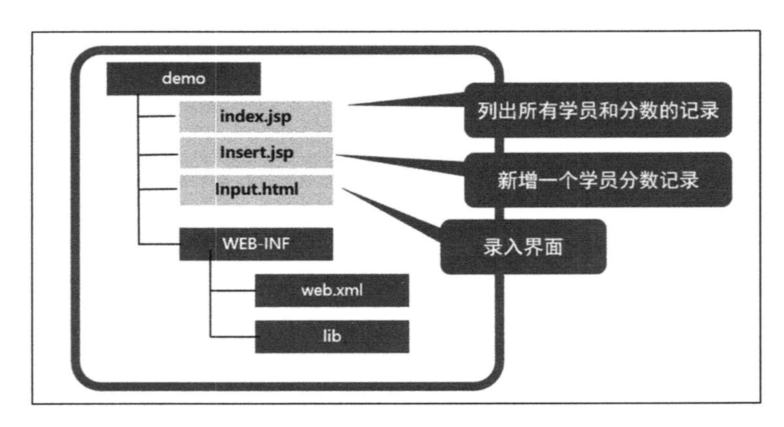


图 6-2

下面是在 index.jsp 中访问数据库的关键代码，数据库连接的配置信息被放在 jdbc.properties 属性文件中，便于在不同的环境下修改：

```
    Class.forName("com.mysql.jdbc.Driver");
    java.util.Properties pps = new java.util.Properties();
    pps.load(new java.io.FileInputStream("jdbc.properties"));
    String ip=pps.getProperty("mysql_ip");
    String user=pps.getProperty("user");
    String password=pps.getProperty("password");
    System.out.println("Connecting to database...");
    conn                                                        =
java.sql.DriverManager.getConnection("jdbc:mysql://"+ip+":3306"+"?useUnicode=tru
e&characterEncoding=UTF-8", user,password)
        stmt = conn.createStatement();
        String sql = "show databases like 'HPE_APP'";
        rs =stmt.executeQuery(sql);
```

我们知道，应用在以容器化运行以后，是不建议进入容器里修改配置文件的（在多实例情况下很难保持配置文件同步更新），因此，需要修改从 jdbc.properties 属性文件中获取数据库连接的以上代码，根据容器环境的要求，将其改为从环境变量中获取，改造后的代码如下：

```
    String ip=System.getenv("mysql_ip");
    String user=System.getenv("user");
    String password=System.getenv("password");
```

改造后的代码基本达到了容器化的要求，但对于一个完整的应用来说，由于还存在用户 Session 会话保持的问题，因此还需要实现分布式的 Session 会话机制，才能做到多实例部署，此时可以考虑采用 Spring Session 框架来改造、升级我们的单体应用。对于大部分 RESTful 服务，由于不需要会话保持功能，因此可以直接多副本部署，多个实例可以同时提供服务。

## 6.1.2　Java 应用的容器镜像构建

接下来，我们需要将自己的 Java 应用打包为 Docker 镜像，以容器方式启动并提供服务。在打包镜像时，需要注意以下几个关键问题。

（1）需要注意基础镜像的选择问题。选择基础镜像的两个原则：标准化与精简化。尽可能选择 Docker 官方发布的基础镜像，这些基础镜像通常符合标准化与精简化这两个目标。比如，它们都有 Dockerfile 源文件，我们可以获知此镜像是如何制作的，并可以在此基础上实现诸如软件版本、性能优化、日志及安全等方面的特殊定制，然后打包为公司级别的内部标准镜像，供各个项目使用。

（2）需要注意业务进程的启动方式。与在物理机上将自己的程序放到后台运行的方式不同，在容器化时，我们需要将自己的业务进程放到前台运行。这样一来，当业务进程由于某种原因而停止时，容器也随之销毁，我们就能及时观察到这种严重故障，并做出相应的行动来恢复系统。目前有一些系统在容器化的过程中采用了 supervisord 这样的工具，将业务的主进程和辅助进程放到后台启动，并交给 supervisord 监管，这种做法虽然在一定程度上也能实现自动重启故障进程的目标，但它将问题隐藏得更深，即使业务进程由于特殊故障始终无法重启成功，运维人员也发现不了问题，因此不建议采用这种方式启动业务进程。

（3）需要注意程序的日志输出问题。在物理机上运行业务进程时，我们通常会把程序日志输出到指定的文件中，以便更好地排查故障。但在容器化以后，我们需要改变这种做法，将程序的日志直接输出在容器的屏幕上（或者说控制台 Console 上），此时 Docker 会将这些输出日志存放到容器之外的特定文件中，第三方的日志收集工具（例如 Elasticsearch）就可以方便采集这些日志并实现集中化的日志搜索和分析功能。此外，Docker 也提供了统一的 log 命令来查看容器的日志，这推进了系统运维的标准化。Java 中常用的 Log4j 及 Slf4j 日志框架都支持把日志输出到控制台的配置方式，在打包应用时，需要对日志的配置文件做出相应的修改。

（4）需要注意文件操作的问题。当业务进程运行在物理机上时，它看到的文件系统就是物理机的文件系统；但当业务进程运行在容器中时，它所访问的文件系统就是一种特殊的、被隔离的、分层模式的虚拟文件系统，在这种情况下，频繁进行 I/O 操作的性能比较低。为了解决这个问题，容器可以使用 Volume 将频繁进行操作的目录映射到容器外部（通常是物理机上）；同时，Volume 也是容器与外部交换文件的重要工具，因此在制作镜像和运行容器时，需要考虑 Volume 映射的问题，对于在程序运行过程中产生的大量临时文件和被频繁读写的文件，或者在需要跟外界交换文件时，可以选择挂载 Volume。

如图 6-3 所示是 Study Application 打包镜像的示意图及对应的 Dockerfile 源码。

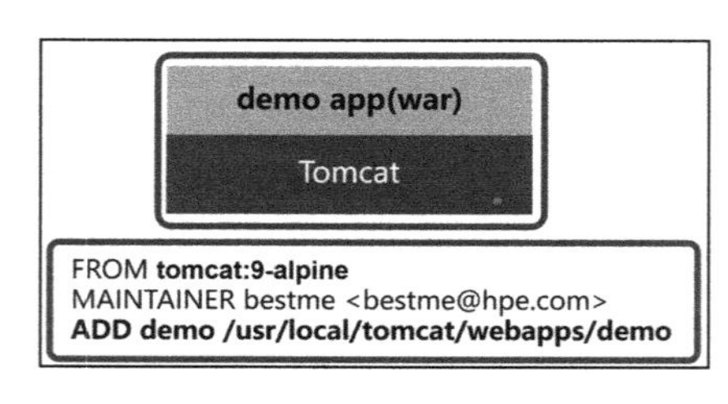


图 6-3

Study Application 的镜像继承了 tomcat:9-alpine 这个官方的基础镜像，这个镜像基于 Alpine Linux，如果对比一下，我们会发现，基于 alpine 的镜像不到 5MB，而基于 Ubuntu 或 CentOS 的镜像都在 100MB 以上。此外，从 Study Application 的 Dockerfile 来看，制作 Java 类型应用的 Docker 镜像是很方便的一件事，通常只需几行代码。

### 6.1.3　在 Kubernetes 上建模与部署

在应用容器化后，就可以在 Kubernetes 上建模与部署了，在建模的过程中，我们需要考虑一些关键问题，这些问题及其答案如下。

（1）将业务进程建模为 Pod 还是 RC?

对于这个问题，最重要的判断依据是该进程提供的是有状态服务还是无状态服务。对于无状态服务，比如大多数 REST 接口的服务，通常是可以在任意节点上启动并提供服务的，例如我们这里的 Web 应用程序就符合无状态服务。但对于有状态服务，比如 MySQL 服务，我们通常不能这么做，因为它依赖本地存储的数据库文件。对于有状态服务，我们通常只能将业务进程建模为 Pod，这是因为 RC 控制的 Pod 实例可以从一台节点飘到另一台节点上，如果我们能够通过共享存储解决 Pod 的状态问题，则也可以把某些有状态服务的进程建模为 RC，这种做法与 StatefulSet 很类似。

（2）我们是否需要在 Pod 的基础上，继续建模对应的 Service?

这主要取决于此 Pod 是否会被其他业务进程（或终端用户）所访问，对于不会被其他业务进程所访问的 Pod，我们无须建模对应的 Service。实际上，在一个分布式系统中，大多数进程都会被建模为 Service 并对应一个微服务，如果某个服务还需要被终端用户访问，则往往还需要"导出"外网访问地址，比如 NodePort 端口。对于无须外部访问的 Service，还可以考虑建模为 Headless Service，在这种情况下，该 Service 不会分配一个虚拟的 Cluster IP，通信效率更高。

（3）是否需要考虑应用的数据存储问题?

如果只是本机存储，则可以直接使用 Kubernetes Volume 资源对象；如果希望有远程存储功能，则可以考虑使用 PV（Persistent Volume）。这样一来，不管 Pod 被调度到哪台机器，都可以继续访问原来的存储数据。如果希望系统自动管理共享存储的空间，则可以考虑建模对应的 StorageClass。

（4）是否需要考虑应用的配置问题？

我们知道，在几乎所有应用开发中，都会涉及配置文件的管理问题，比如 Study Application 中的数据库配置信息，常见的互联网应用还有缓存中间件、消息队列、全文检索等一系列中间件的配置文件。而在分布式情况下，发布在多个节点上的 Pod 副本都需要访问同一份配置文件，这也加大了配置管理的难度，为此业内的一些大公司专门开发了自己的一套配置管理中心，如 360 的 Qcon、百度的 Disconf 等，但这些解决方案都比较复杂而且有侵入性。Kubernetes 则提供了无侵入的更简单的方案，这就是 ConfigMap，我们可以把任意数量的配置文件放入 ConfigMap 中，实现集中化管理，然后通过环境变量的方式将配置数据传递到 Pod 里，或者通过 Volume 方式挂载到 Pod 内。

在 Study Application 中，Web 应用在 Kubernetes 上的建模如图 6-4 所示。我们通过定义一个 RC 来控制 Web 的 Pod 实例，数据库连接信息则通过环境变量传递到 Pod 里，然后定义一个 Service，并且通过 NodePort 方式暴露到集群外供用户访问，即可完成这个 Java 应用的容器化改造工作。

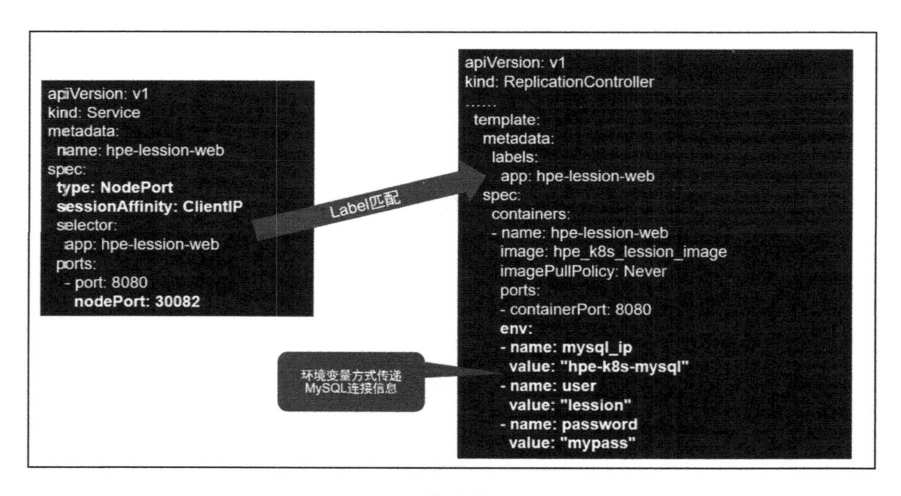


图 6-4

## 6.2 PHP 应用的容器化改造迁移

很多 PHP 应用都属于无状态的可水平扩展的 Web 应用，很适合运行在容器环境中。下面以 Drupal 应用为例，对 PHP 类应用的容器化改造迁移方案进行说明。

### 6.2.1　PHP 应用的容器镜像构建

PHP 应用的容器镜像通常可以分为两部分：基础镜像和应用镜像。基础镜像是应用镜像的地基，负责为应用提供运行环境的支持。应用镜像则构建在基础镜像之上，将应用自身及依赖的环境内容进行封装。

对基础镜像的选择，又可分为对 OS 基础镜像、PHP 基础镜像和 Web Server 基础镜像的选择。

#### 1. 对 OS 基础镜像的选择

在精简镜像的体积时，建议选择一个较小的操作系统镜像作为基础。有两种主流的操作系统镜像可供选择。

◎　以 debian:slim 为代表的主流发行版的精简版本，这类系统镜像的体积比通常的完整的发行版精简很多，自带包管理系统，兼容性最好。
◎　以 alpine 为代表的专门用于镜像打包的操作系统。这种系统镜像只有几兆字节，也具备包管理功能，但是相对于上面的一种操作系统镜像来说，可选的安装包较少；另外，alpine 使用 musl 代替了 glibc，目前还有一些软件无法支持。

#### 2. 对 PHP 基础镜像的选择

PHP 一般有以下三种运行方式。

◎　**CLI 方式：**也就是命令行交互，通常用于在控制台上执行 PHP 脚本。
◎　**Apache 的 mod_php 方式：**使用 Apache 作为 Web Server，在提供静态文件服务的同时使用 mod_php 对 PHP 进行解析。
◎　**php-fpm 方式：**php-fpm 以单独的服务方式提供 PHP 的运行环境，单独提供了 Web Server，负责面向最终用户的浏览请求，还提供了静态文件服务，把 PHP 服务请求转发给 php-fpm 服务。

图 6-5 显示了 mod_php 和 php-fpm 这两种方式的区别。

另外，PHP 目前有两个主流版本：5.x 和 7.x，需要根据应用开发的要求进行选择。

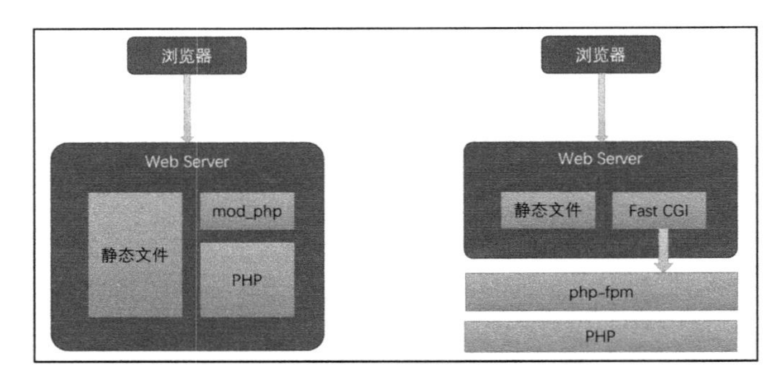


图 6-5

### 3. 对 Web Server 基础镜像的选择

我们通常可以选择 Apache 或者 Nginx，通常建议使用 Apache+mod_php 或者 Nginx+php-fpm 的组合。

综合上面提到的几个因素，PHP 的基础镜像就有了若干选择。根据业务需要，我们对基础镜像有以下要求。

◎ 需要满足业务应用对 PHP 插件如 mbstring、crypto、memcache 等的支持。
◎ PHP 版本需要兼容业务应用，例如部分系统仅能运行在 PHP 5.x 中。
◎ 如果采用 php-fpm 方式运行，则需要解决业务应用文件存储的问题。
◎ 如果需要保持会话，则需要有共享会话功能。
◎ 如果在应用中需要有支持用户上传或者文件生成的功能，则也需要有文件存储的支持。

有了具体要求，我们就可以选择 Docker Hub 上的官方 PHP 镜像作为基础镜像，这一系列镜像包含了上面所述的几种因素的几个组合，并提供了较为方便的插件安装方法。

这里可以参考一下 php:7-apache 的镜像制作脚本，以下代码节选自 php:7-apache 的 Dockerfile：

```
# 继承自 debian:stretch-slim
FROM debian:stretch-slim

# 防止安装 apt 版本的 PHP
# https://github.com/docker-library/php/pull/542
RUN set -eux; \
…
```

```
    } > /etc/apt/preferences.d/no-debian-php

# 安装 phpize 的依赖项目
# (see persistent deps below)
ENV PHPIZE_DEPS \
        autoconf \
…
# 安装运行时依赖
RUN apt-get update && apt-get install -y \
        $PHPIZE_DEPS \
        ca-certificates \
        curl \
        xz-utils \
    --no-install-recommends && rm -r /var/lib/apt/lists/*
…
# 安装 Apache
RUN apt-get update \
    && apt-get install -y --no-install-recommends \
        apache2 \
    && rm -rf /var/lib/apt/lists/*
# 为 Apache 设置环境变量
ENV APACHE_CONFDIR /etc/apache2
ENV APACHE_ENVVARS $APACHE_CONFDIR/envvars
…
# 启动 Apache 模块
RUN a2dismod mpm_event && a2enmod mpm_prefork

# 重定向日志输出到 stderr 和 stdout
RUN set -ex \
    && . "$APACHE_ENVVARS" \
    && ln -sfT /dev/stderr "$APACHE_LOG_DIR/error.log" \
    && ln -sfT /dev/stdout "$APACHE_LOG_DIR/access.log" \
    && ln -sfT /dev/stdout "$APACHE_LOG_DIR/other_vhosts_access.log"

# 为 Apache 的 PHP 模块设置参数
RUN { \
        echo '<FilesMatch \.php$>'; \
        echo '\tSetHandler application/x-httpd-php'; \
        echo '</FilesMatch>'; \
…
        echo '\tAllowOverride All'; \
```

```
        echo '</Directory>'; \
    } | tee "$APACHE_CONFDIR/conf-available/docker-php.conf" \
    && a2enconf docker-php

# 下载和编译 PHP 及其扩展
ENV PHP_EXTRA_BUILD_DEPS apache2-dev
ENV PHP_EXTRA_CONFIGURE_ARGS --with-apxs2
…
# 清理环境
apt-mark auto '.*' > /dev/null; \
…
# 生成入口，声明端口
COPY apache2-foreground /usr/local/bin/
WORKDIR /var/www/html

EXPOSE 80
CMD ["apache2-foreground"]
```

另外，这个镜像提供了 PHP 扩展安装工具，通过使用 docker-php-ext-install、docker-php-ext-configure 及 docker-php-ext-install 就能够完成 PHP 扩展的安装工作，同时提供了 pecl 用于相关扩展的安装。

#### 4. PHP 应用镜像的构建

在有了 PHP 基础镜像之后，就可以进行业务应用的构建了。下面以 Drupal 应用为例，说明 PHP 应用的镜像构建过程和注意事项，通过该 Dockerfile 主要完成的工作包括：安装 PHP 扩展、设置运行环境和部署应用。以下为 PHP 源码：

```
# 继承自 php7.2-apache
FROM php:7.2-apache

# 安装 Drupal 所需的 PHP 扩展
RUN set -ex; \
…
# 清理环境
    apt-mark auto '.*' > /dev/null; \
    apt-mark manual $savedAptMark; \
    ldd "$(php -r 'echo ini_get("extension_dir");')"/*.so \
        | awk '/=>/ { print $3 }' \
        | sort -u \
```

```
            | xargs -r dpkg-query -S \
            | cut -d: -f1 \
    …
    # 设置 php.ini
    # 参考 https://secure.php.net/manual/en/opcache.installation.php
    RUN { \
            echo 'opcache.memory_consumption=128'; \
    …
            echo 'opcache.enable_cli=1'; \
        } > /usr/local/etc/php/conf.d/opcache-recommended.ini

    WORKDIR /var/www/html

    # https://www.drupal.org/node/3060/release
    ENV DRUPAL_VERSION 8.5.1
    ENV DRUPAL_MD5 23e18afbdd031d0cd7c519c4e9baff71

    # 下载并安装 Drupal
    RUN curl -fSL "https://ftp.drupal.org/files/projects/drupal-${DRUPAL_VERSION}.
tar.gz" -o drupal.tar.gz \
        && echo "${DRUPAL_MD5} *drupal.tar.gz" | md5sum -c - \
        && tar -xz --strip-components=1 -f drupal.tar.gz \
        && rm drupal.tar.gz \
        && chown -R www-data:www-data sites modules themes
```

这个镜像仍有以下不足。

◎　受制于 Drupal 应用自身结构的限制，并没有将不变和可变的部分进行分离，这对存储卷的挂载会造成很大困扰。

◎　没有明确声明服务的端口号。

◎　服务进程使用 www-data 用户运行，会使外部存储的加载过程变得复杂。

## 6.2.2　在 Kubernetes 上建模与部署

要将 PHP 应用部署在 Kubernetes 集群上，则可以通过一个 Deployment 和一个 Service 来完成。主要配置如下。

◎　将 Drupal 的配置文件及用户上传文件使用的目录“/var/www/html/sites/default”挂载到一个 PV 持久存储，也可以挂载到宿主机的一个目录下。

◎　Service 通过宿主机 80 端口提供 HTTP 服务。

代码如下：

```
kind: Deployment
apiVersion: extensions/v1beta1
metadata:
  name: drupal
  labels:
    app: drupal
    version: "8"
spec:
  replicas: 1
  selector:
    matchLabels:
      app: drupal
      version: "8"
  template:
    metadata:
      labels:
        app: drupal
        version: "8"
    spec:
      containers:
      - image: drupal:apache
        name: drupal
        volumeMounts:
        - name: sites
          mountPath: /var/www/html/sites/default
      volumes:
      - name: sites
        persistentVolumeClaim:
          claimName: drupal-sites
---
kind: Service
apiVersion: v1
metadata:
  name: drupal
spec:
  type: NodePort
  selector:
    app: drupal
    version: "8"
```

```
  ports:
    - protocol: TCP
      port: 80
      nodePort: 80
      name: http
```

总之，根据 Drupal 应用的特性，对 PHP 类应用的容器化迁移主要需要考虑以下几方面。

（1）应用系统自身代码应该和配置文件、用户生成文件等可变的需要持久保存的内容清晰地分离。

（2）服务进程应该根据业务需要对存储卷的访问权限进行正确设置。

（3）在镜像构建时就应该明确声明服务需要使用的端口号。

（4）如果在容器运行过程中需要上传新的模块或者主题，则有两种选择：

◎　在上传后重新构建镜像；
◎　将自定义模块主题等代码目录也做成加载卷进行持久化。

## 6.3　复杂中间件的容器化改造迁移

企业应用经常存在大量复杂的中间件，这些中间件也需要与业务应用模块一起被建模并部署到 Kubernetes 平台上运行。为了准确地对这些中间件进行建模，我们需要首先深入理解目标中间件的工作原理、集群结构、配置文件及安装过程，并能够预先完成在裸机上的部署。

本节以典型的 MySQL 主从集群为例，说明复杂中间件在 Kubernetes 上的建模思路与过程。

我们首先分析一下 MySQL 主从集群的工作原理。图 6-6 给出了 MySQL 主从集群的原理示意图，其中的两台服务器分别是 Master（主）与 Slave（从）数据库，应用只能向 Master 里写数据，这些变更的数据会被同时记录在 Master 节点的 Binlog 日志里，随后通过 MySQL 主从同步的网络协议传递到 Slave 节点上，最后更新到 Slave 节点的数据库文件中。如果 Master 节点在宕机后无法修复，则由 DBA 来决定 Slave 节点能否被安全提升为 Master 节点。如果在 Slave 节点上已经完成了数据同步，或者仅仅可能丢失少量不重要的数据，则可以将 Slave 节点提升为 Master 节点继续服务。Master 节点在恢复以后可以作为

Slave 节点，重新完成 MySQL 主从同步的配置。

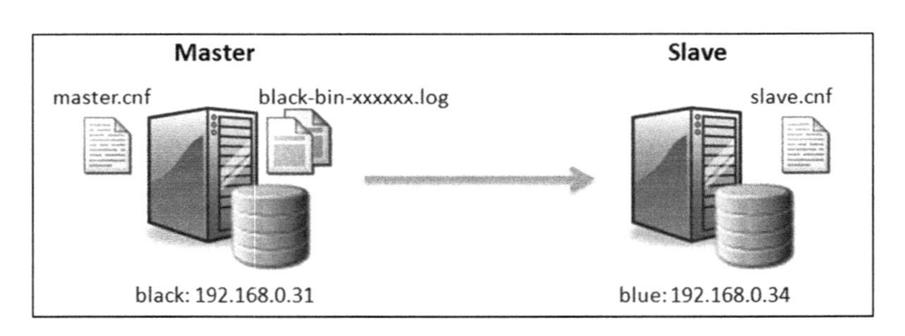


图 6-6

在了解 MySQL 主从集群的工作原理后，就可以得到如下建模思路。

◎ 为 Maser 节点与 Slave 节点分别定义 Pod 与 Service。
◎ 用 Service 名来代替 IP 地址，完成 MySQL 主从同步的配置。
◎ Pod 挂载本地 Volume 存储数据。

根据上面的思路，这里给出了如图 6-7 所示的建模方案。

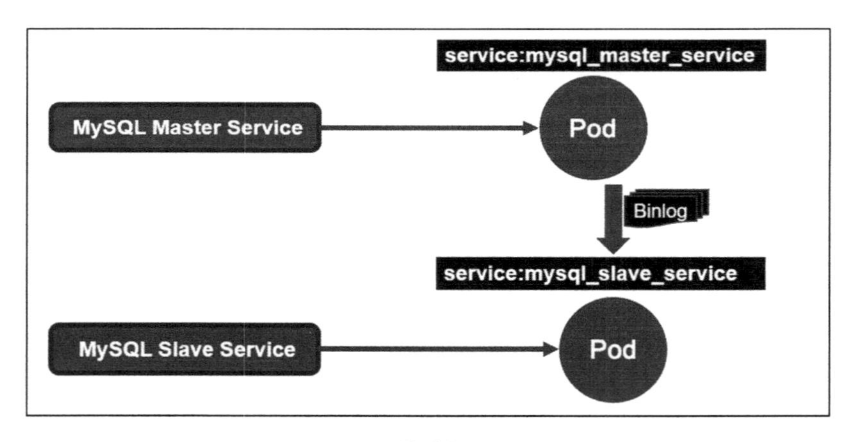


图 6-7

另外，可以编写一个监控程序，持续监测 MySQL 主从同步的状态，一旦发现 Master 节点发生故障并且无法恢复，就可以根据主从同步的结果提升 Slave 节点为新的 Master 节点。也可以通过监控程序在 Slave 节点中进行设置，提升其为新的 Master 节点。同时，在 Kubernetes 中通过修改 Slave 节点对应的 Pod 的 Label 标签为 Master 节点对应的 Label 标签，即可完成 Pod 身份的更换，客户端通过“mysql_master_service”服务名就能立即访问新的 Pod。这个过程如图 6-8 所示。

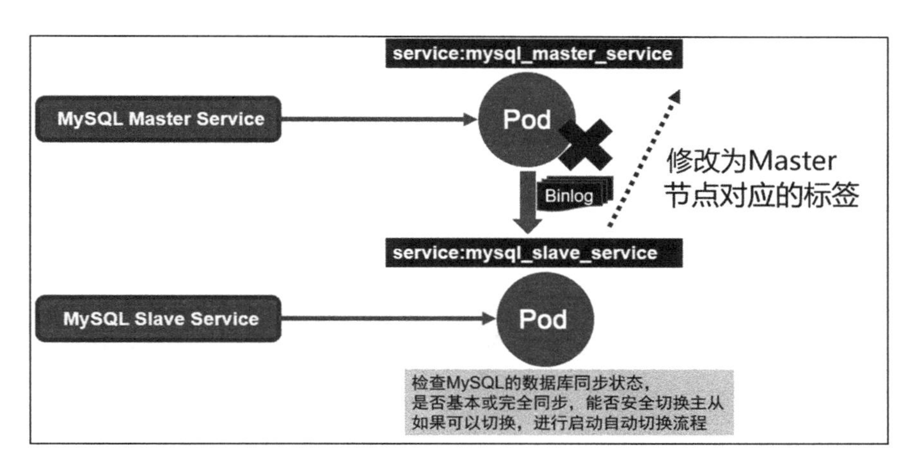


图 6-8

基于上述对 MySQL 主从集群的容器化改造，就能实现在 Kubernetes 中对 MySQL 集群的搭建和高可用（自动故障恢复）。这种容器化改造迁移的思路也可以为其他常见的集群化中间件系统（例如 MongoDB、Redis、RabbitMQ 等）提供参考。

# 第 7 章 容器云 PaaS 平台落地实践

基于前面各章对容器云平台的规划、建设、应用、运维等方面的分析和说明，本章将对容器云 PaaS 平台的项目准入和准备、持续交付、连续性服务、监控分析、反馈与优化等容器应用的全生命周期管理进行实践，为容器云平台的建设落地提供指导。

## 7.1 容器云平台运营全生命周期管理

为了确保项目在容器云平台的开发和迁移过程中符合云平台的规范和各项管理需要，从而有效地提高容器云平台中各角色、各岗位的工作质量和效率，我们制定了容器云平台运营全生命周期管理规范。本规范适用于容器云平台所有项目的日常运作和管理工作，并描述了开展工作基本的工作内容、规范要求和关键流程。

下面从项目准入和准备、持续集成和持续交付、服务运营管理、监控分析、反馈与优化 5 个方面，讲解容器云平台运营全生命周期管理规范及其过程，如图 7-1 所示。

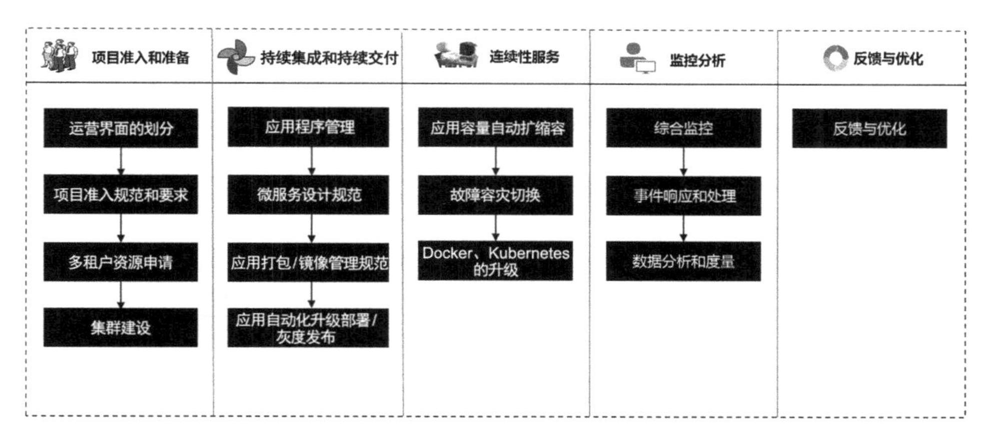


图 7-1

## 7.2　项目准入和准备

本节从容器云平台运营界面的划分、项目准入规范和要求、租户对资源的申请和应用部署流程管理方面，对容器云平台的管理规范进行说明。

### 7.2.1　运营界面的划分

#### 1．运营角色定义

在平台运营的过程中，只有对人员的角色划分清晰、目标定位明确、职责范围明了，才能做到各司其职、各尽其责。我们将容器云 PaaS 平台的运营角色统称为 PaaS 平台 SRE（Services Reliability Engineering）人员。SRE 在《SRE：Google 运维解密》中被称为站点可靠性工程师（Site Reliability Engineering），其关注的焦点在于可靠性。可靠性应该是在任意产品设计中的基本概念：任意一个系统如果没有人能够稳定地使用，就没有存在的意义。因为可靠性是如此重要，因此 SRE 专注于对其负责的软件系统架构设计、运维流程的不断优化，让软件系统运行得更可靠、扩展性更好，且能更有效地利用资源。在具体的实践中，我们将 SRE 中的 S（Site 网站）理解为 PaaS 平台运行的各种 Services（服务）会更为确切，因此这里将 SRE 引申为 Services Reliability Engineering（服务可靠性工程师）。

在逻辑管理层面，PaaS 平台的 SRE 运营角色模型可被划分以下两种。

一种是以“项目互备小组”来划分的，如图 7-2 所示。

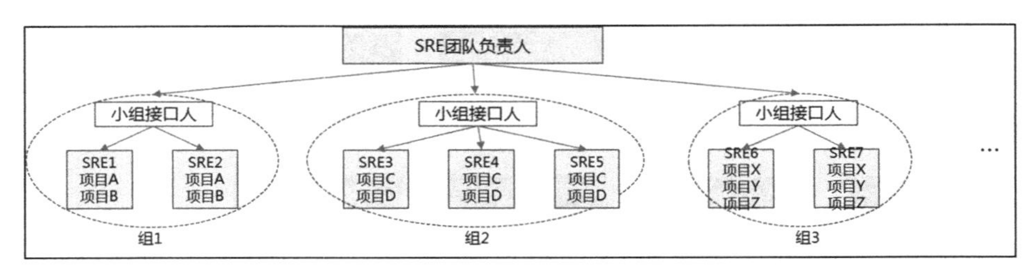


图 7-2

另一种是以“技术互备小组”来划分的，如图 7-3 所示。

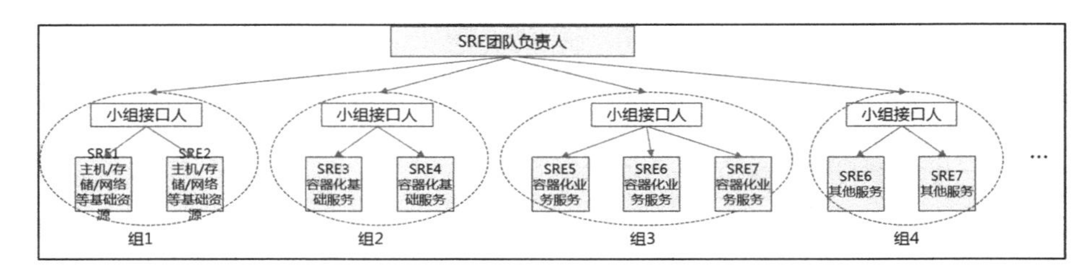


图 7-3

这两种划分方式各有优势，在实践中可根据项目的不同阶段和 PaaS 平台的成熟度来选择和采用。一般在 PaaS 平台的建设初期，推荐选用以“项目互备小组”来划分，这样会划分得更为清晰。

在系统管理层面，PaaS 平台的运营管理层级关系可参考图 7-4。

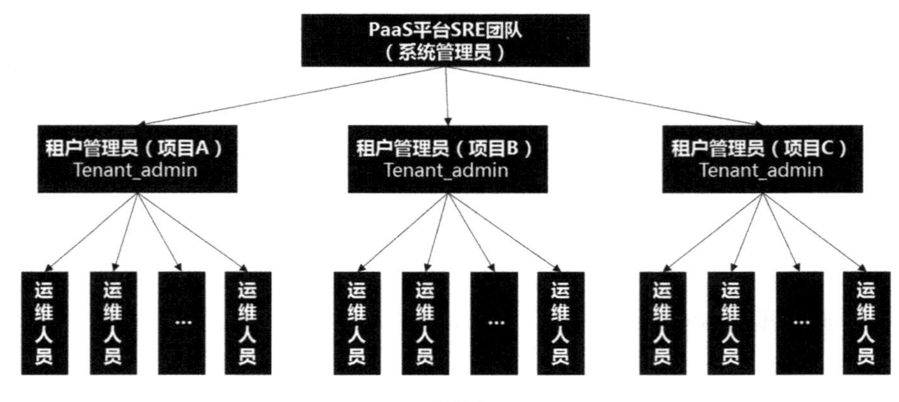


图 7-4

（1）PaaS 平台 SRE 团队（系统管理员）的职责如下：

◎　创建租户；
◎　管理企业基础服务套件；
◎　镜像库管理；
◎　主机、网络、存储基础设施资源的管理。

（2）项目的租户管理员的职责如下：

◎　用户管理；
◎　资源申请、资源管理；
◎　基础服务安装；
◎　应用发布审批；
◎　镜像管理；
◎　应用管理；
◎　集群、业务和服务监控。

（3）运维人员的职责如下：

◎　应用管理；
◎　系统运维；
◎　业务运维和业务测试；
◎　集群、业务和服务监控。

### 2．运营界面划分

因为在容器云 PaaS 平台上要让承载的多个项目的业务系统同时、顺利地运行，所以我们对各项目组与 PaaS 平台的运营工作进行了分工，如图 7-5 所示。对容器云 PaaS 平台的运营管理，主要负责 PaaS 平台本身的开发、测试、服务保障、运维、监控、告警处理，服务的发布部署，以及基础服务的稳定运行和高可用保障；对应用项目开发平台的运营管理，主要负责各项目业务的开发、镜像打包、测试（单元测试、集成测试、系统测试）、业务监控和日常的业务运维。

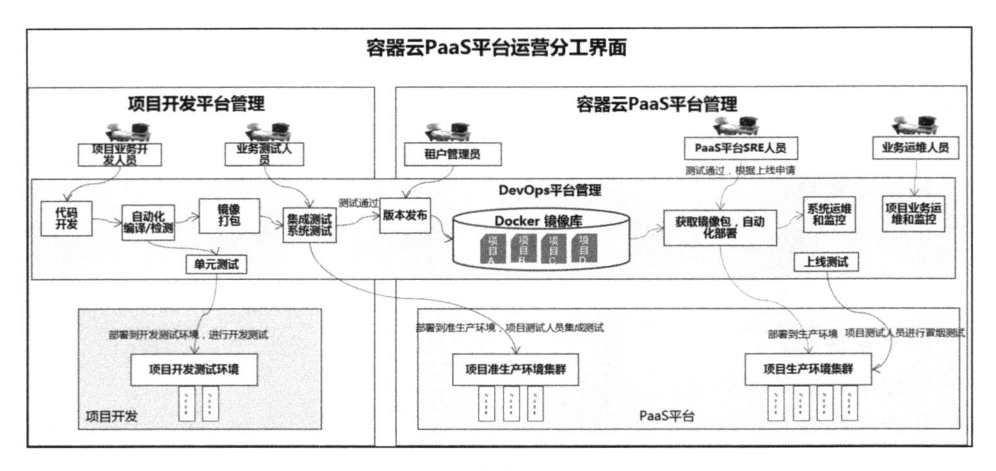


图 7-5

## 7.2.2 项目准入规范和要求

PaaS 平台的构建与应用项目的业务上云（容器云）是一个长期和持续的过程。应用项目在上云前需要具备哪些条件？在上云时又需要如何进行改造？这是本节探讨的重点。传统项目的业务系统向容器云 PaaS 平台迁移的过程如图 7-6 所示。

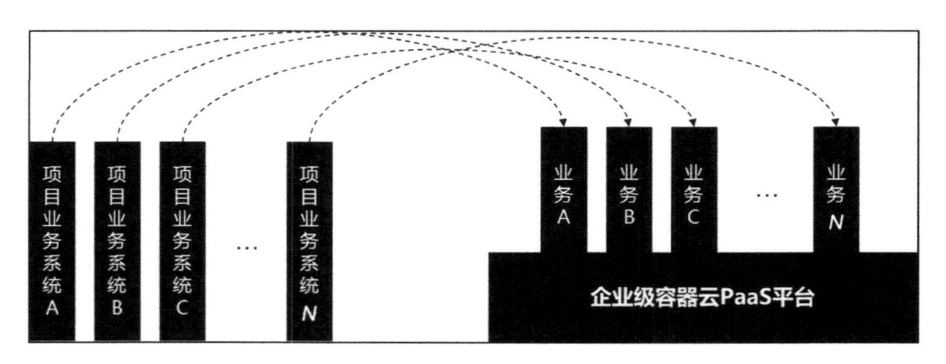


图 7-6

在过去，系统架构师最常用的系统框架是三层架构设计，即 Web 层、应用业务逻辑层和数据库层。Web 层和应用业务逻辑层可随着业务的变化快速地进行弹性扩展，但绝大多数数据库层无法实现此功能。在云时代，由于业务成长快速且服务多样化，数据量急剧增加，用户对系统响应的时间有更严格的要求。另外，在高负载情况下，无法横向扩展的数据库层往往成为系统性能的绊脚石。因此，业务系统上云的目标是打造一个从下到上都可做弹性扩展的云应用系统，企业客户可将关键业务的子系统部署在资源丰富的容器云 PaaS 平台上，云化后的子系统可按需获取所需的服务器虚拟机资源和动态调整网络带宽，利用这些资源解决在高流量和高负载情况下，系统无法快速地弹性扩展而导致的性能瓶颈。

业务系统在迁移到容器云 PaaS 平台时应遵循如图 7-7 所示的工作流程。

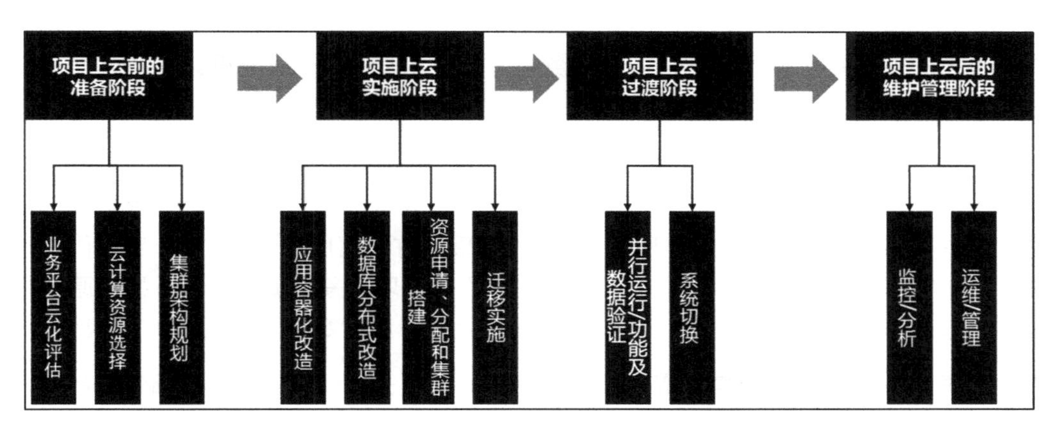


图 7-7

## 1．准备阶段

**（1）业务平台云化评估：**对应用进行梳理和分析，将不同的应用分类，比如计算密集型、I/O 密集型等，同时综合考虑波峰波谷与业务特性。针对梳理出的需要整合或迁移的业务平台，对照业务平台云化的评估要求，最终确定哪些平台和业务可快速实现云化。基于现有应用的主要功能保持稳定，在应用迁移方案的规划期间具体梳理：业务流程、业务功能结构、业务子模块间的关联和依赖关系；业务功能模块间的通信、数据同步等方式；关键业务流程的性能；功能模块配置分割等。在确保业务模块功能完整迁移到云平台的基础上，根据模块间的功能耦合度做应用微服务化分割，通用的功能直接由 PaaS 平台提供。

**（2）云计算资源选择：**在考虑满足网络发展和业务需求的情况下，针对业务平台迁移后的可维护性提出对云资源的相关配置要求或建议。

**（3）集群架构规划：**根据业务系统的部署架构，规划迁移到容器云 PaaS 平台后的系统集群架构、规模和配置要求。

2．实施阶段

**（1）应用容器化改造：**在理论上，能在 Linux 之上运行的传统应用都可以 Docker 化并迁移到容器云 PaaS 平台，但业务访问量波动较大、无状态且高并发的系统更适合容器化并部署到云平台。应用容器化在改造的过程中要保证事务回滚控制的一致性，在 Web 层建议做到无状态化，且应用要与数据分离，Session 信息集中存放；基于应用模块间的耦合度关系和性能特点，对应用进行微服务化分割、Load Balance 等设计；同时，对于功能模块间的通信机制、通用功能进行分析，由容器云 PaaS 平台统一提供，例如 Log、Redis 等。建议从某个的典型应用着手，逐步完成容器化改造。

**（2）数据库分布式改造：**对数据库分片存储。将数据库迁移到 PaaS 平台是一个比较慎重的过程，PaaS 平台优先考虑开源数据库。如果原有数据库是 MySQL，那么使用基于 PaaS 平台提供的 MySQL 数据库服务，开发成本较少，只需考虑版本问题。如果原有数据库是 Oracle，那么情况比较复杂，需要结合具体业务考虑对数据进行分片并向云化迁移。

**（3）资源申请、分配和集群搭建：**根据规划的配置需求，向容器云 PaaS 平台申请主机、存储、网络等资源。在申请虚拟资源时，应根据现有业务资源的占用情况，考虑近期业务的发展需要，结合适当宽裕的原则，综合决定划分虚拟资源的大小（包括 CPU、内存和存储等）；容器云 PaaS 平台在通过资源管理进行分配和提供后，搭建集群环境。

**（4）迁移实施：**业务系统向容器云 PaaS 平台的迁移实施，主要通过自动化部署工具来完成，包括应用迁移、接口迁移和数据迁移（表与模型迁移、历史数据迁移）等。该阶段主要根据实际情况决策如何使用云平台的相关资源和选择迁移方式，并组织平台进行模拟迁移、迁移实施等工作，并且通过对迁移后的应用系统的集成及系统的有效性测试等保证系统的功能、性能等质量目标。

3．过渡阶段

**（1）并行运行/功能及数据验证：**在过渡阶段，新旧系统可能会并行运行，在数据迁移后的校验是对迁移工作的检查，数据校验的结果是判断新系统能否正式启用的重要依据。通过对迁移后的数据进行质量分析，对新旧系统查询数据进行对比检查，并试运行新系统的功能模块，特别是查询、报表功能，来检查数据的准确性，对迁移后的数据进行校验。

**（2）系统切换：**在功能验证和数据验证通过后，正式启动容器云 PaaS 平台的业务生产上线和运营。

### 4．维护管理阶段

**（1）监控/分析：** 在监控方面，应利用容器云 PaaS 平台提供的监控手段和丰富的监控内容，将物理机、云管理平台、虚拟机、容器、服务、应用等纳入容器云平台的集中监控系统进行统一管理。在数据智能分析方面，应根据业务、应用特征和资源运行情况，及时调整、优化资源配置，包括 CPU、内存、存储等参数；根据运行情况，及时优化动态迁移、高可靠性、动态资源分配等策略，并建立云平台运维分析制度。

**（2）运维/管理：** 在业务平台迁移到容器云 PaaS 平台后，除了按照现有业务平台的维护管理制度及流程做好日常维护工作，还必须结合云平台的运维流程和要求，加强对业务在云平台上运行的维护管理。特别是对于日志的管理，在 PaaS 平台化之前，运维人员可以登录主机查看日志定位问题，在采用 PaaS 平台之后，各项目的租户只能在容器上查看日志，或使用 PaaS 平台提供的工具查看日志。因此，各应用应遵循 PaaS 平台的开发规范，选择规范化的日志输出方式。PaaS 平台将存储在容器、共享存储、本地盘等不同位置的日志统一采集、处理和集中存储，并提供一系列完备的日志查询、业务运维、业务监控工具给各项目租户使用。

在应用项目上容器云 PaaS 平台之前，还需要满足以下要求和条件。

**（1）对部署应用的要求**

◎　应用程序按照容器标准完成开发或容器化改造。

◎　应用程序按照微服务开发规范完成开发或微服务化改造。

**（2）对应用镜像的要求**

◎　按照应用打包/镜像管理规范生成应用程序镜像。

◎　应用程序的 Docker 化符合 Docker 容器规范，保持镜像的通用性。

◎　配置参数可通过环境变量在启动容器时设置。

◎　容器化的应用应具备可管理性、可监控性，应用镜像应提供接口供健康监控、日志采集和业务性能监控等。

**（3）对网络及部署的其他要求**

◎　容器云 PaaS 平台对硬件环境的要求不高，裸机和虚拟机都可以，但是考虑到虚拟机的性能损耗，建议直接在裸机上部署。

◎　在系统部署前准备好裸机设备，主机设备需要部署好 Linux 操作系统，Linux 的内核版本在 3.10 以上。根据不同的业务需求，可以混搭 CPU 和内存数量。

◎ 在系统部署前准备好网络环境，并对网络联通性、网络速度提前进行测试，保障要求使用的网络带宽等。

◎ 对接入负载均衡器（如 F5、A10、Nginx 等）需要提供配置操作权限。

◎ 如需跨互联网域管理其他 Kubernetes 集群，则需要在防火墙上配置 PaaS 平台和 Kubernetes Master 的管理端口。

## 7.2.3 多租户资源申请流程

资源按照模板的标准形式组装，并在容器云 PaaS 平台以资源规格的形式展示（如物理机/虚拟机，2/4CPU，32/64GB 内存），之后资源的申请、供给均以产品为单位进行。各项目的租户对资源的申请、审批流程和资源的分配、开通在 PaaS 平台上进行管理。资源申请流程如图 7-8 所示。

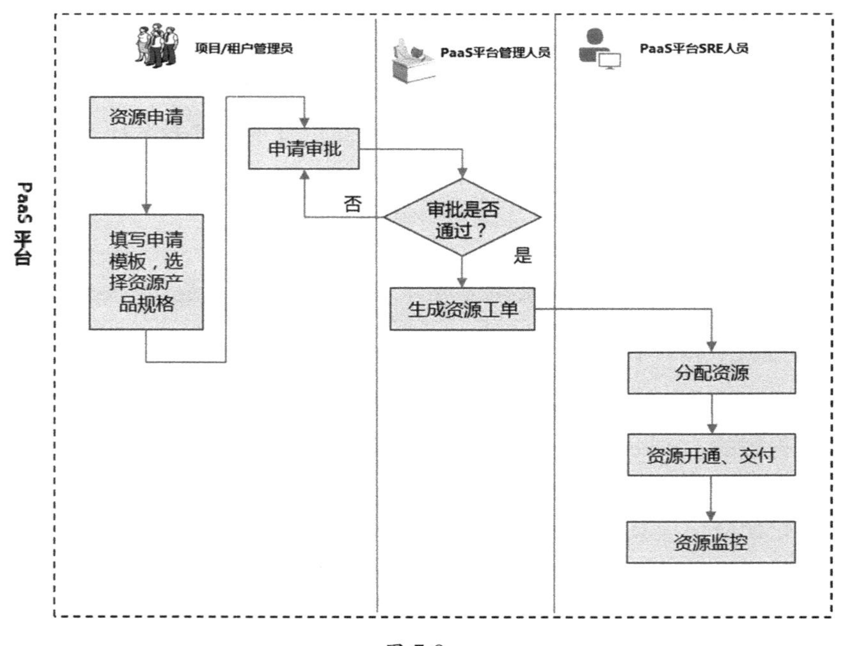


图 7-8

资源申请模板如表 7-1 所示。

表 7-1

| 资源申请模板 | | | | | |
|---|---|---|---|---|---|
| 申请时间 | | 项目组名称 | | 申请人 | |
| 联系电话 | | E-mail | | | |
| 应用名称 | 如 Web 应用、应用服务 | | | | |
| 基础服务 | 选择 MySQL 数据库、共享存储、Kafka、Redis 等现有基础类服务 | | | | |
| 资源用途 | | | | | |
| 申请资源配置信息如下 | | | | | |
| 服务器类型 | 应用主机类、MPP 类、Hadoop 类 | | | | |
| 是否需要 Oracle | | | | | |
| 存储空间 | | | | | |
| 网络带宽 | | | | | |
| 所属机房 | | | | | |
| 申请台数 | | | | | |
| 备注 | | | | | |

## 7.2.4　集群建设及应用部署

项目租户在完成资源申请和分配，即在资源准备就绪后，按照如图 7-9 所示的流程进行集群搭建和应用部署。

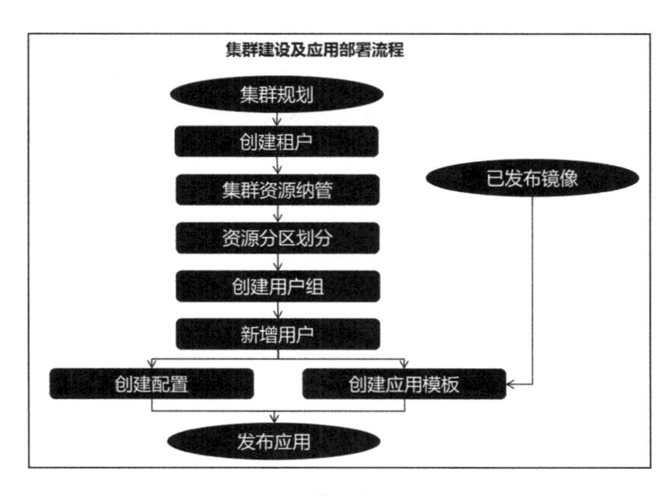


图 7-9

主要内容如下。

◎ 项目在资源池的集群规划和分区设计。
◎ 租户创建和分配。
◎ 集群建设、资源纳管和资源分区划分。
◎ 用户组、用户、角色创建。
◎ 镜像的打包、发布和版本管理。
◎ 配置、应用的模板创建。
◎ 应用发布和业务监控。

## 7.3 持续集成和持续交付

### 7.3.1 应用程序管理

在项目持续交付的过程中，对应用程序的管理是工作的重点，容器云平台应提供应用程序的管理功能。PaaS 用户在使用容器云平台时，对应用程序进行开发的整个过程应遵循容器云平台的应用程序管理流程。容器云平台的应用程序管理流程如图 7-10 所示。

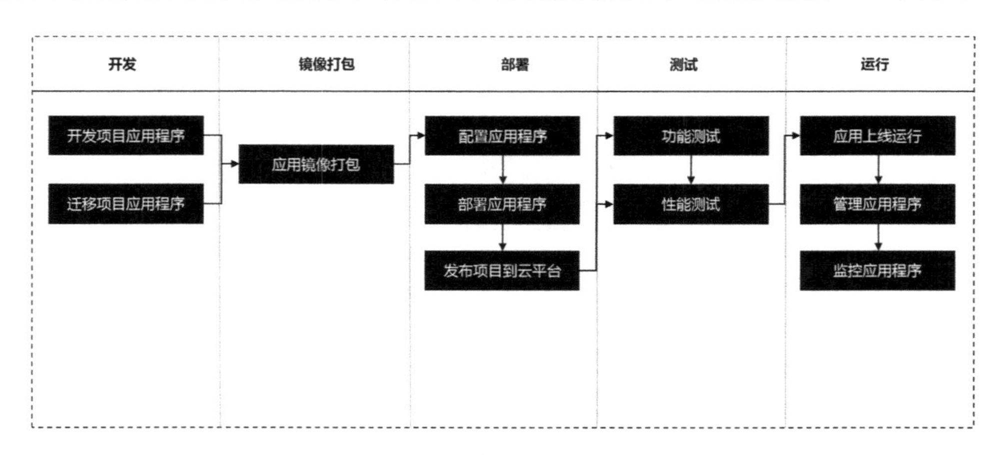


图 7-10

将容器云平台的应用程序管理流程分为开发、镜像打包、部署、测试、运行 5 个阶段，所有阶段均由 PaaS 用户和 SRE（服务可靠性工程师）人员来推进并执行所涉及的活动。

**（1）开发：**按照微服务开发规范，基于容器云平台所提供的规范、接口、工具及服务，开发能够在容器云平台上部署和运行的应用程序。或将已有的应用迁移到容器云平台上，包括相关数据的迁移。

**（2）镜像打包：**按照应用打包、镜像管理规范，基于容器云平台所提供的镜像打包工具，形成可在容器云平台上运行的应用程序部署包。

**（3）部署：**使用容器云平台提供的自动化部署和灰度发布工具，将应用程序部署到云平台，并配置应用程序，为应用程序在容器云平台上运行做好准备。

**（4）测试：**对部署到容器云平台的应用程序进行测试（一般在准生产环境中进行），包括功能测试、性能测试等，在测试通过后再进行生产环境的业务上线。

**（5）运行：**对容器云平台应用程序的运行进行管理，包括对运行状态的启动、停止和发布进行管理，获取应用程序运行的相关信息，并对应用程序的服务和资源进行监控。

## 7.3.2　微服务设计规范

在微服务设计规范中详细描述了将应用程序部署到容器云 PaaS 平台上时应遵循的要求，在微服务的设计过程中应与系统的业务目标和功能范围紧密结合，来详细识别和设计微服务。服务的设计原则如下：

- ◎　采用分布式框架；
- ◎　按照业务而不是技术来划分；
- ◎　按照产品思路来设计；
- ◎　减少服务之间的调用；
- ◎　可以实现自动化和智能运维；
- ◎　可以实现高可用；
- ◎　可以实现快速水平扩展。

整个应用体系的服务一般可分为两大类：基础类服务和用户定义类服务。

### 1．基础类服务

**（1）提供数据库类基础服务**（如 MySQL、PostgreSQL、MongoDB 等）：系统可自动实现高可用和数据的多本复制，保证数据的安全性。

（2）**提供共享存储类基础服务**（如 GlusterFS、Ceph 等）：实现初始化脚本挂载、数据高可用和支持 Volume 的定义等功能。

（3）**提供缓存类基础服务**（如 Redis、Memcached 等）：实现初始化脚本挂载，保证 Master 应用服务的高可用，并能够根据容量的需求实现快速水平扩展。

（4）**提供消息中间件类基础服务**（如 Kafka、RabbitMQ、ActiveMQ 等）：实现初始化脚本挂载，支持高可用，发生单点故障时不会影响服务的正常使用，支持管理工具的集成。

（5）**提供统一日志采集和查询类基础服务**（如 Elasticsearch 等）：采集系统日志和应用日志，进行日志的统一存储和分析，并支持高可用。

（6）**提供大数据分析类基础服务**（如 Spark 等）：实现海量数据的查询和分析。

如图 7-11 所示为容器云 PaaS 平台提供的常用基础类企业服务，作为容器云 PaaS 平台的内置服务，用户可以直接通用服务的名称进行调用。

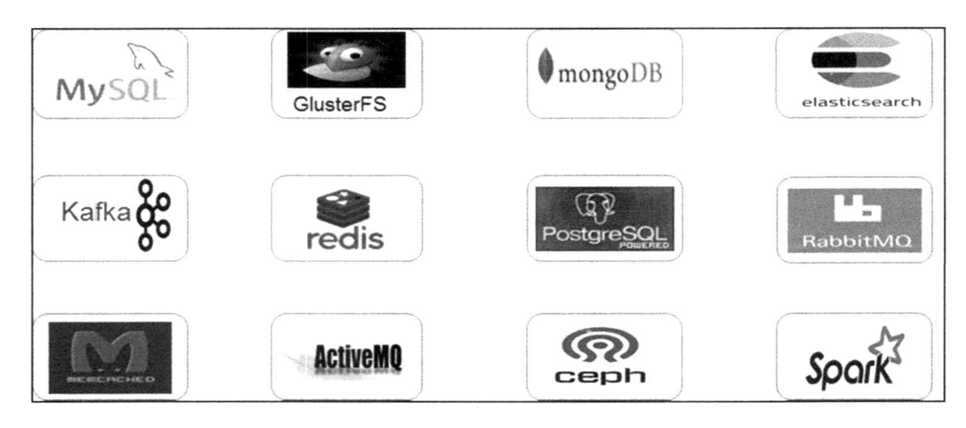


图 7-11

### 2. 用户定义类服务

对于用户定义类的微服务，需要根据每个项目的具体业务需求和功能架构来梳理和定义。根据微服务的设计原则，我们以电商类业务的 API 服务设计为例进行说明。例如，关键服务的分类可包括：促销类服务、购物车类服务、订单类服务、支付类服务、用户类服务、搜索类服务和消息类服务等，具体分类如图 7-12 所示。

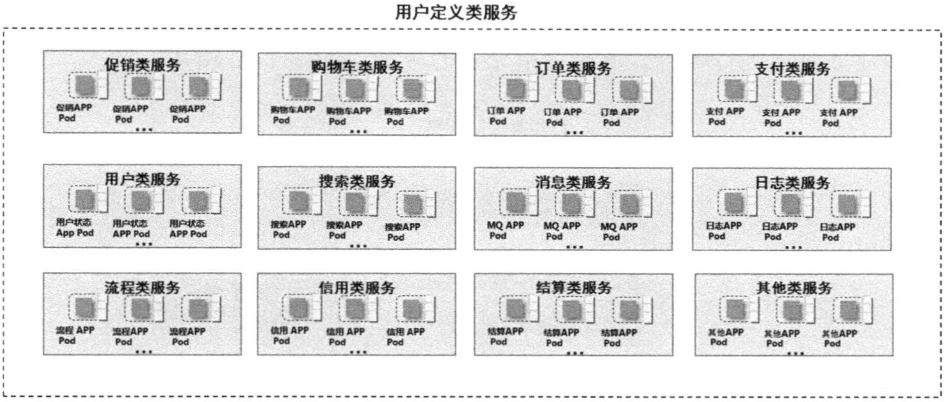

图 7-12

在每个分类中根据具体的业务特点和独立性、高内聚低耦合等设计原则，又可设计为多个微服务。例如，订单类服务可包括的微服务如表 7-2 所示。

表 7-2

| 微服务的类别 | 微服务 API 的名称 | 描　　述 |
|---|---|---|
| 订单类服务 | 订单接收 API | 统一接收各渠道生成的订单 |
| | 订单号生成 API | 根据业务规则生成唯一的订单号 |
| | 订单校验 API | 在生成订单时校验订单的正确性和有效性 |
| | 订单查重 API | 查询是否有重复的订单 |
| | 订单流转 API | 根据业务规则将不同类型的订单按不同的流程流转 |
| | 订单拆分 API | 将大订单拆分为多个子订单 |
| | 订单分拣 API | 根据业务规则将不同类型的订单流转给不同的处理渠道 |
| | 订单同步 API | 将订单同步给仓储商、物流商或其他系统 |
| | 订单分配稽核 API | 按特定的业务策略规则对订单分配结果进行稽核 |
| | 订单状态更新 API | 更新订单的状态信息 |
| | 订单撤销 API | 撤销订单 |
| | 订单删除 API | 删除订单 |
| | 订单基础信息查询 API | 查询订单的基础信息 |
| | 订单详细信息查询 API | 查询订单的详细信息 |
| | 订单配送信息查询 API | 查询订单的配送信息 |
| | 订单状态查询 API | 查询订单的状态信息 |

再通过服务编排，将多个微服务组合成一个完整的应用。例如，将订单管理中的各个微服务按照业务流程进行编排，形成订单完整的服务，如图 7-13 所示。

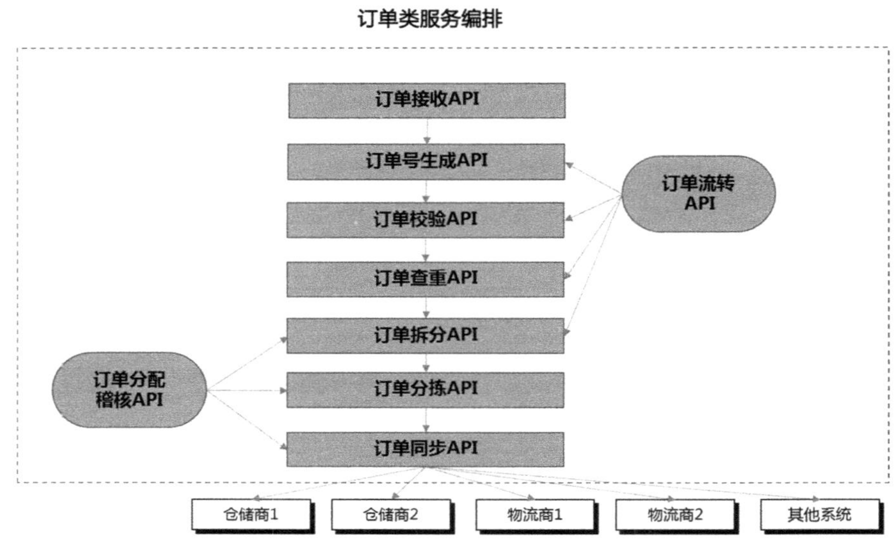


图 7-13

## 7.3.3 应用打包/镜像管理规范

应用程序能够在容器化 PaaS 平台上顺利运行的前提：必须将容器化的应用程序进行镜像打包，且必须符合 Docker 镜像的管理规范，因此，我们在实践过程中逐步制定和完善了该应用的打包、镜像管理规范，来指导各应用项目的业务系统顺利上云。

项目应用在完成开发后，应按照 Docker 镜像管理规范的要求来进行应用镜像打包，该规范概括了这些文件系统变更集的格式及相应参数，并描述了创建它们的方法及在容器运行时和执行工具中如何使用它们。下面从基于 Dockerfile 打包镜像和自动化打包镜像两个方面说明应用打包的管理规范。

### 1. 基于 Dockerfile 的镜像打包规范

Docker 镜像是软件的交付物，制作 Docker 镜像则需要通过开发 Dockerfile 来实现构建。本文将构建 Docker 镜像的过程称为“打包”。Docker 镜像在技术上是由分层联合文件系统组成的，每一层镜像中的文件都属于静态的内容，Docker 容器则可以被认为是运行时的动态内容。Dockerfile 中的 ENV、VOLUME、CMD 等内容最终都将被实现到容器的运行环境中，这些内容均以“层”的形式存在于镜像所包含的文件系统内容中。从图 7-14 可以看出 Docker 镜像的分层文件系统、容器操作的最上层“读写层”及各层之间的关系。

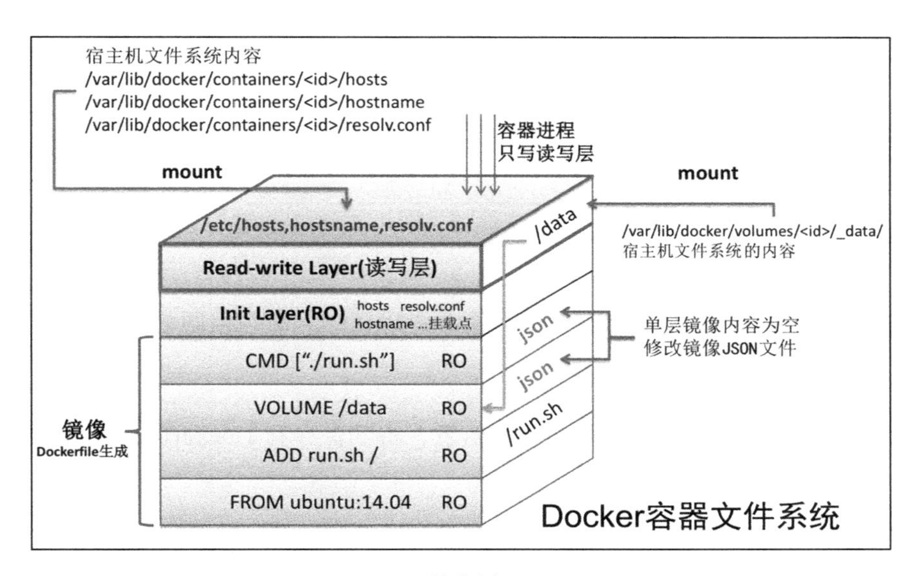


图 7-14

以 CentOS 镜像的 Dockerfile 为例，其使用了 FROM、MAINTAINER、ADD、LABEL、CMD 等指令完成镜像的打包：

```
FROM scratch
MAINTAINER The CentOS Project <cloud-ops@centos.org>
ADD c7-docker.tar.xz /
LABEL name="CentOS Base Image" \
    vendor="CentOS" \
    license="GPLv2" \
    build-date="2016-03-31"

# Volumes for systemd
# VOLUME ["/run", "/tmp"]

# Environment for systemd
# ENV container=docker
```

```
# For systemd usage this changes to /usr/sbin/init
# Keeping it as /bin/bash for compatability with previous
CMD ["/bin/bash"]
```

使用 Dockerfile 将应用进行容器化打包，应遵循以下规范。

**1）选择体积较小的 Base 镜像**

Base 镜像的选择应遵循尽量小且够用的原则，例如，可以选择 Alpine 操作系统的 Docker 镜像作为 Base 镜像（约 5MB），或使用 busybox 作为 Base 镜像，也可以使用空白的 scratch。

如果应用依赖于某种特定的 Linux 发行版，则应选择官方发行的 Linux Docker 版镜像作为 Base 镜像。

尽量不选择体积较大的镜像作为 Base 镜像，以减少对磁盘空间的消耗。

**2）写明 MAINTAINER 的信息**

在 Docker 镜像中应包含组织与作者的信息，将其保存在 Dockerfile 的 MAINTAINER 内容中。

**3）镜像的命名应体现版本的信息**

一个镜像的名字由 Repository 和 Tag 组成，同时，镜像具有唯一的 Image ID，它们的关系如下：

◎ Repository 包含一个或多个 Image ID；
◎ Image ID 用 GUID 表示，有一个或多个 Tag 与之关联。

以 Docker 官网提供的官方 CentOS 镜像为例，如图 7-15 所示，该镜像的 Repository 名为"centos"，Tag 有很多个，包括 latest、centos7、centos6，等等，通过 Repository 和 Tag 的组合成唯一的镜像名称，这个镜像也对应唯一的 Image ID（GUID）。

**4）将应用需要的环境变量暴露出来**

被打包到镜像内的应用应保持最大的通用性，将需要设置的参数/启动参数作为变量暴露出来，仅需在创建容器时设置这些参数的值，注入运行时的容器中。

例如：

```
ENV JAVA_HOME /usr/lib/jvm/java-1.8-openjdk
ENV PATH $PATH:$JAVA_HOME/bin
```

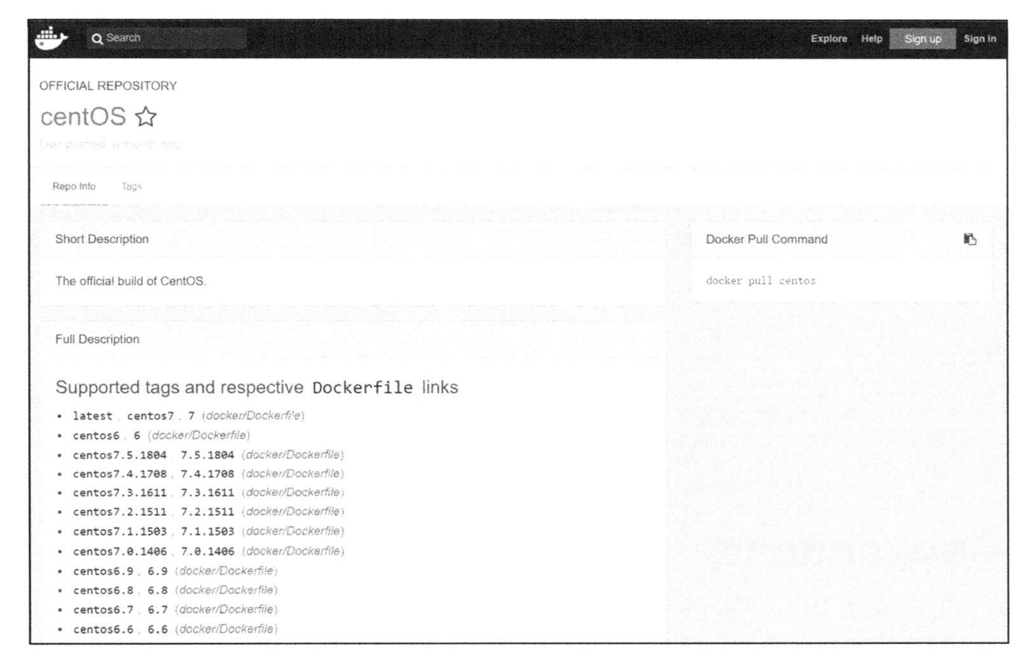


图 7-15

**5）将应用提供服务的端口号暴露出来**

明确指定应用需要监听的端口号。

例如：

```
EXPOSE 8080
```

**6）容器的启动命令需要为前台执行的命令**

由于 Docker 在创建容器后，将执行镜像设定的启动命令来启动应用，所以一旦该命令执行结束，Docker Daemon 就会认为容器成功完成，将会销毁容器的运行状态，将其置为“启动命令执行完毕，成功结束”的状态。从运行态来看，这个容器已经处于“停止”状态，哪怕在镜像的启动命令中包含了后台执行脚本。

通常一个服务类应用需要长时间运行，需要在镜像制作的启动命令部分设置一个能够在前台执行的命令。

例如，可以使用一个脚本来实现：

```
ENTRYPOINT ["bash", "-c", "/run.sh"]
```

或

```
CMD ["/run.sh"]
```

**7）为 Dockerfile 中的重要操作进行注释**

Dockerfile 是构建 Docker 镜像的基石，对其中的重要命令和操作应加上清晰、明确的注释，以说明制作该镜像的过程和关键步骤。

注释以井号字符“#”开头，内容由开发 Dockerfile 的人员编写。

例如：

```
# For systemd usage this changes to /usr/sbin/init
# Keeping it as /bin/bash for compatability with previous
CMD ["/bin/bash"]
```

### 2. 自动化应用镜像打包

除了可以通过 Dockerfile 手工打包，容器云 PaaS 平台也应提供自动化的镜像打包工具，采用流程驱动流水线的方式，通过可视化的图形界面，用拖拉拽的方式快速实现自动化快速构建 Docker 镜像。如图 7-16 所示为容器云 PaaS 平台设计的自动化应用镜像打包流程。

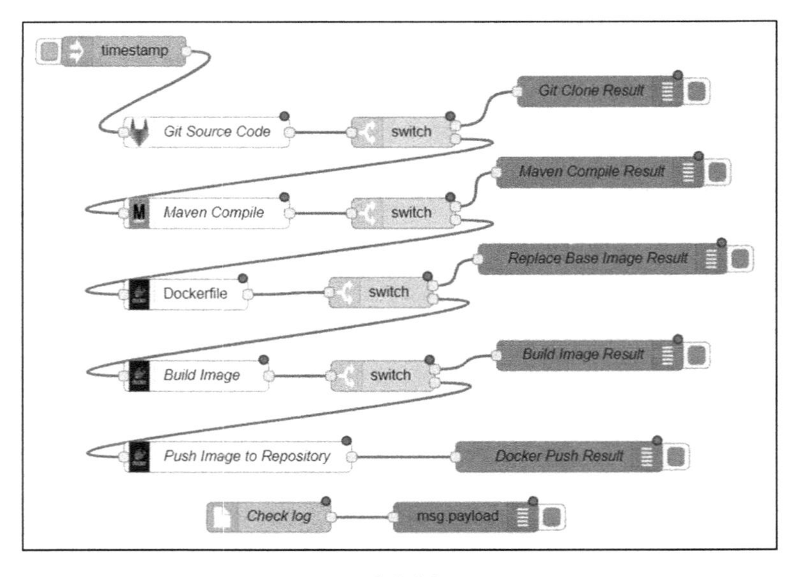


图 7-16

主要步骤如下，在其中的各个环节还可以记录相关操作日志。

（1）从 Git 下载源代码。

（2）Maven 编译源代码。

（3）下载 Dockerfile 文件。

（4）进行构建镜像的操作。

（5）上传镜像到镜像仓库。

### 7.3.4　应用自动化升级部署/灰度发布

在应用部署中的每个步骤都实现自动化，可以为运维工作带来诸多好处。设置自动部署工具的确给软件开发带来一个新的提升，因为每进行一轮开发，我们都可以将其快速地部署到容器云平台上然后进行测试，用户只需根据使用情况在图形界面进行简单的参数配置。虽然刚开始需要一个学习的过程，但这完全值得，而且见效快。

自动应用部署也改进了软件的总体质量，在整个生命周期（包括部署在内）都使用好的自动化工具，能够把人的干预最小化，节省必须等待某人做某事的时间。一旦把人的干预去掉，质量就更加可预测。

容器云 PaaS 平台的自动化部署模块统一对各数据中心进行服务自动化安装部署。可以定义同一个服务在不同数据中心的 Kubernetes 集群统一部署，也可以定义在每个集群部署服务的容器实例的比例，并且可以实现先在一部分集群中部署新版本，在稳定之后再平滑升级集群的全部节点。

如图 7-17 所示为容器云 PaaS 平台一键式部署几十个集群的应用自动化部署过程。

在应用更新迭代发布的过程中，若发布频率小于每月 1～2 次，则系统升级总会伴随新旧版本兼容的风险，用户使用习惯的突然改变也会导致用户流失的风险。为了避免这些风险，很多产品都采用了灰度发布的策略，其主要思想就是把影响集中到一个点，然后发散到一个面，在出现意外情况后影响的范围小，很容易进行版本回退。灰度发布即在系统正式发布前由部分用户进行测试，同时根据初期用户的反馈结果对发布功能进行调整。通过灰度发布尽早获得用户的反馈意见，完善系统功能，提升系统质量，让用户参与产品测试，加强与用户互动，降低产品升级所影响的用户范围，提升发布质量和系统质量。灰度发布在不同的实际应用中应根据不同的业务需求和关注点，采取不同的应用形式和应用机制。

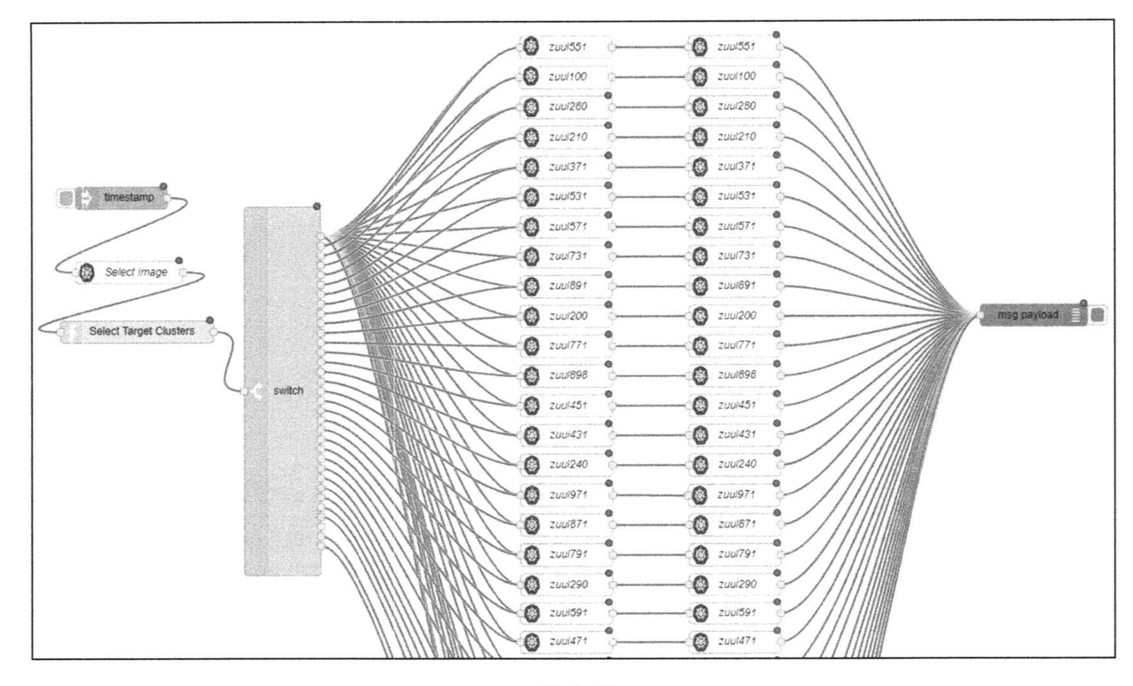


图 7-17

容器云 PaaS 平台在应用升级时，可以选择按集群和分区进行灰度发布和滚动升级，保证在上线时业务系统不中断。如图 7-18 所示为容器云 PaaS 平台设计的灰度发布的自动化流水线发布流程。

上述灰度发布流程实现的应用更新过程如下。

（1）调整负载均衡器的转发规则，关闭分区一的应用，在判断关闭成功后，不再分发新的流量请求到分区一的应用服务。

（2）在检查到分区一的容器处理完已接收的流量请求后，关闭分区一的应用服务。

（3）升级分区一的应用版本为新版本。

（4）在检查到分区一的新版本容器全部正常运行后，调整负载均衡器的转发规则，打开流量请求到分区一的应用。

（5）调整负载均衡器的转发规则，关闭分区二的应用，在判断关闭成功后，不再分发流量请求到分区二的应用服务。

（6）在检查到分区二的容器处理完已接收的流量请求后，关闭分区二的应用服务。

（7）升级分区二的应用版本为新版本。

（8）在检查到分区二的新版本容器全部正常运行后，调整负载均衡器的转发规则，打开流量请求到分区二的应用。

（9）灰度发布结束。

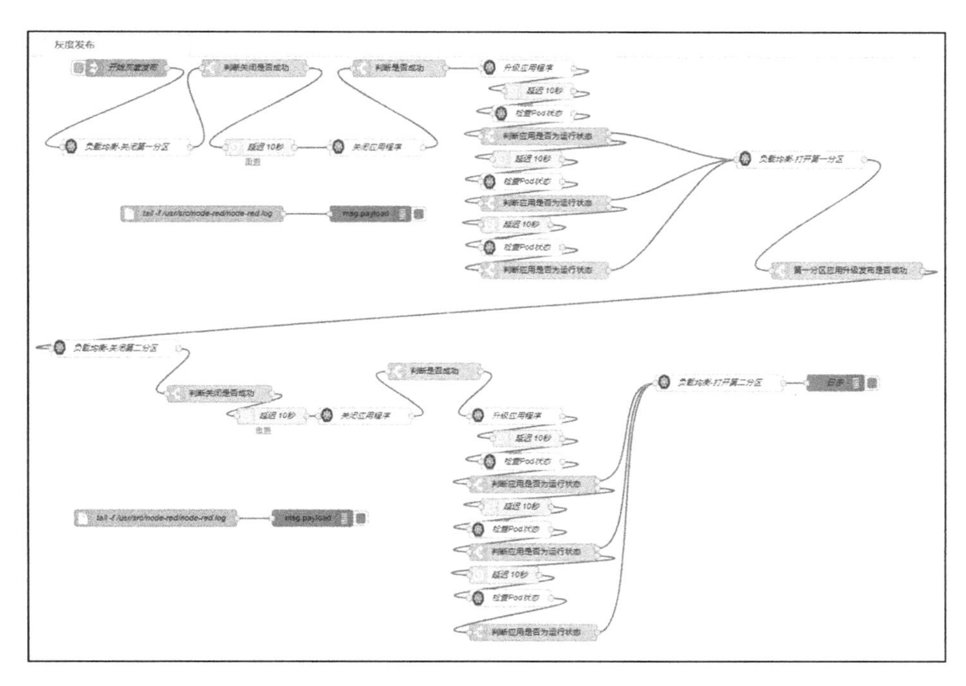


图 7-18

# 7.4　服务运营管理

## 7.4.1　应用容量的自动扩缩容

业务系统的应用容量的扩缩容在实践中一般分为两种：动态扩缩容和预期扩缩容。对于互联网类、互联网与传统业务融合类等业务，业务波动剧烈，需要实现资源的动态弹性扩展能力，对弹性伸缩能力要求较高，可以通过配置动态弹性扩展策略来实现服务的弹性伸缩。对于可预知高峰型的业务，可以通过对预期的业务高峰提前调配资源、扩展服务，在高峰过后再释放资源。PaaS 平台上服务的扩缩容和动态弹性伸缩流程如图 7-19 所示。

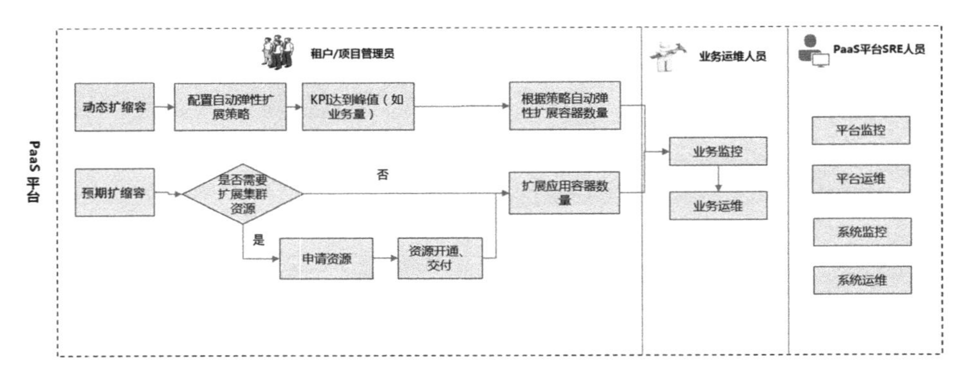


图 7-19

用户利用容器云 PaaS 平台的弹性扩缩容算法引擎，基于实时监控的数据（包括应用日志、性能日志、系统日志、CPU、内存使用率、容器内部的进程数、线程数等实时业务性能指标），通过业务量和业务容器规模的适配算法形成策略，驱动规则引擎进行容器的自动扩缩容。同时，要保证自动弹性扩缩容时的准确性和可靠性，保障业务系统的稳定性。要求既能快速响应和支撑爆发式的业务量增长，又能减少对运维人员的依赖。

在进行应用容量扩容时，如果需要增加资源，则一般先新增 Node 再扩容容器实例，流程如图 7-20 所示。

图 7-20

## 7.4.2　故障容灾切换

容器云 PaaS 平台根据所承载业务的重要性、故障处理的时间限制、对用户的影响范围等因素划分所承载业务的容灾等级，可以针对不同的容灾等级采用不同的容灾策略。在某个数据中心的应用主机高负载运行产生告警，或在业务高峰期一个数据中心的容量不足时，容器云 PaaS 平台会自动进行应用容量的自动扩展，根据扩展策略（如 CPU/内存使用率、交易延时、业务量阈值等指标），自动启动容灾数据中心的容器服务来支撑业务。当某个数据中心发生故障时，容器云 PaaS 平台会采用流程驱动的方式，实现快速容灾切换，容灾切换流程如图 7-21 所示。

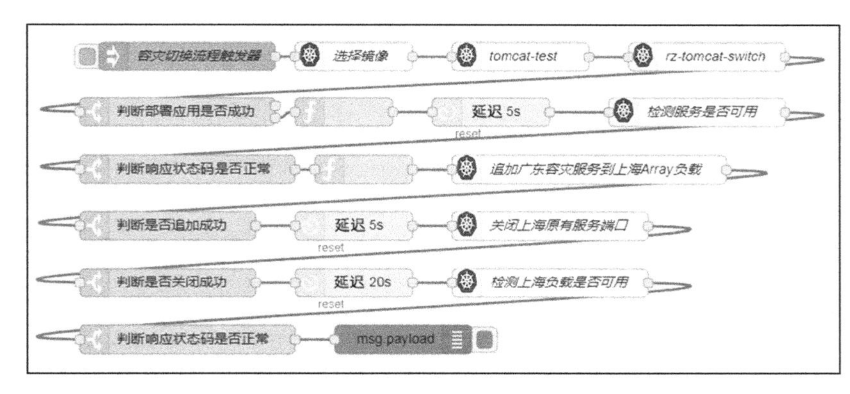


图 7-21

容器云 PaaS 平台容灾切换的应用场景一般如下所述。

（1）在集群发生故障时，容器云 PaaS 平台可以自动实现容灾切换。例如，在生产数据中心发生网络整体故障时，监控模块自动探测网络的联通性，由容灾集群自动接管所有业务服务。在生产集群故障恢复后，可以将迁移到容灾集群运行的容器服务根据优先策略进行恢复。

（2）在容器发生故障时，保障服务的高可用。容器云 PaaS 平台会自动进行容器应用的健康检查，在生产数据中心的集群内的应用容器运行故障时，系统自动重启或重建容器，以保证运行容器支撑业务的总能力不变。

## 7.4.3　Docker、Kubernetes 的升级

由于 Docker 和 Kubernetes 的版本不断升级，所以 Docker 和 Kubernetes 在生产环境上

也需要进行版本升级，以支持新功能和新特性的需求。对于节点规模超过上百台的集群，Docker 和 Kubernetes 的升级工作将不能再由人工来完成，必须借助自动化的升级部署工具。

### 1．自动化升级工具 Ansible

本节主要讲解如何使用 Ansible 来自动化升级 Docker 和 Kubernetes。

Ansible 是一种基于 Python 开发的自动化运维工具，集合了众多运维工具（puppet、cfengine、chef、func、fabric）的优点，实现了批量系统配置、批量程序部署、批量执行命令等功能。如图 7-22 所示为 Ansible 系统架构图。

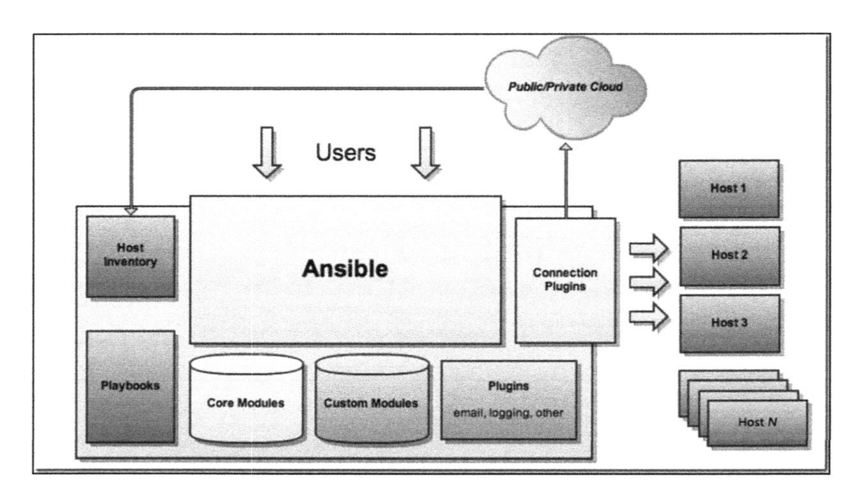


图 7-22

Ansible 提供了一种框架，基于各种模块来完成批量操作的功能，主要模块如下。

- ◎ Host Inventory：指定待操作的主机列表。
- ◎ Playbook：基于“剧本”（Playbook）格式的脚本执行任务。
- ◎ 各种插件：包括连接、日志、邮件等。

通过定制不同的 Playbook，容器云 PaaS 平台的自动化部署模块可以方便、快速地完成 Docker、Kubernetes、操作系统补丁、容器云 PaaS 平台、各种系统的自动化批量升级，如图 7-23 所示。

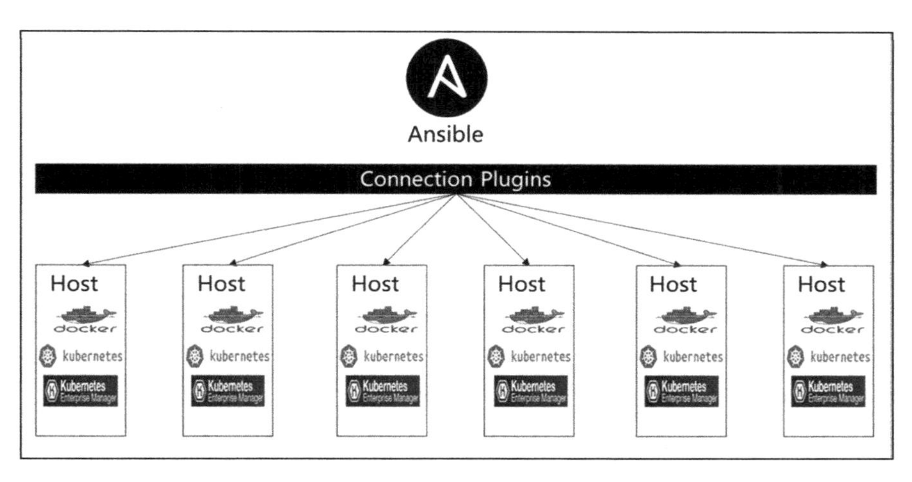


图 7-23

### 2. 升级前的准备工作

#### 1）升级时间要求

由于应用服务在生产集群内运行，所以升级时间应避开交易高峰时段，比如一般选择在凌晨业务交易非繁忙的时段进行 Docker 和 Kubernetes 的版本升级。

#### 2）私库镜像备份

在 Docker、Kubernetes 升级前，为了防止镜像丢失，可以备份镜像。镜像备份的方法有多种，如下所述。

- ◎ 在 SVN 等版本管理服务器上保留之前 docker build 命令时用到的 Dockerfile，随时可以重新打包镜像，该方法为镜像的长期管理和维护的最佳方案。
- ◎ 通过 docker save 命令保留镜像的 tar 包文件。
- ◎ 备份/docker_registry_data 目录以保存私库镜像文件。

#### 3）etcd 库备份

在升级前，可以备份 etcd 所在主机的 etcd 工作目录/var/data/etcd/，一般选择 etcd 集群中的任意一台机器即可，etcd 库的数据是互为备份的。

#### 4）应用数据备份

对于 Kubernetes 集群中的应用服务数据，可根据需要在升级前自行备份。

### 3．Docker 和 Kubernetes 的升级流程

在对生产环境中的 Docker 和 Kubernetes 进行版本升级时，要求尽量减少对生产环境的正常业务运行的影响。因此，我们一般采取将相同的业务应用部署在两个分区的方法，按分区来进行升级，以最小化对业务的影响。基于分区的灰度升级示意图如图 7-24 所示。

升级的过程如下。

（1）在硬件负载均衡器上隔离应用分区 A1 上的交易；启动 Ansible 自动化升级程序进行应用分区 A1 的升级（升级 Master 主机的 kube-apiserver、kube-controller-manager、kube-scheduler、docker；升级 Node 主机的 docker、kubelet、kube-proxy）；在升级完成后检查正确性，在负载均衡器上放开应用分区 A1 上的交易，检查业务是否正常处理。

（2）在硬件负载均衡器上隔离应用分区 A2 上的交易；启动 Ansible 自动化升级程序进行应用分区 A2 的升级（升级 Master 主机的 kube-apiserver、kube-controller-manager、kube-scheduler、docker；升级 Node 主机的 docker、kubelet、kube-proxy）；在升级完成后检查正确性，在负载均衡器上放开应用分区 A2 上的交易，检查业务是否正常处理；

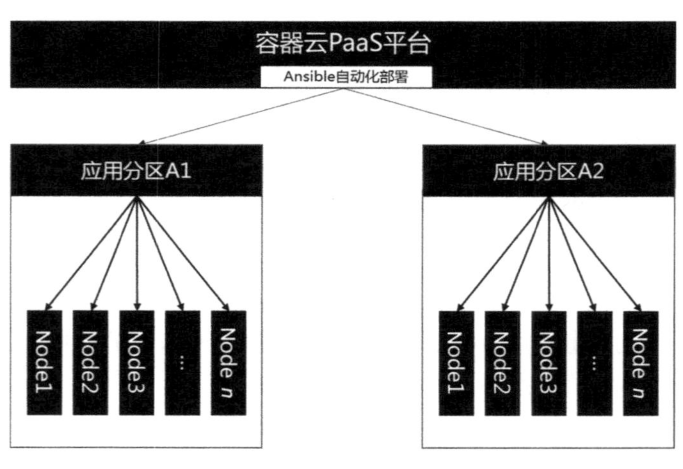


图 7-24

PaaS 平台采用流程驱动的方式，实现 Docker 和 Kubernetes 业务不中断在线升级，流程如图 7-25 所示。

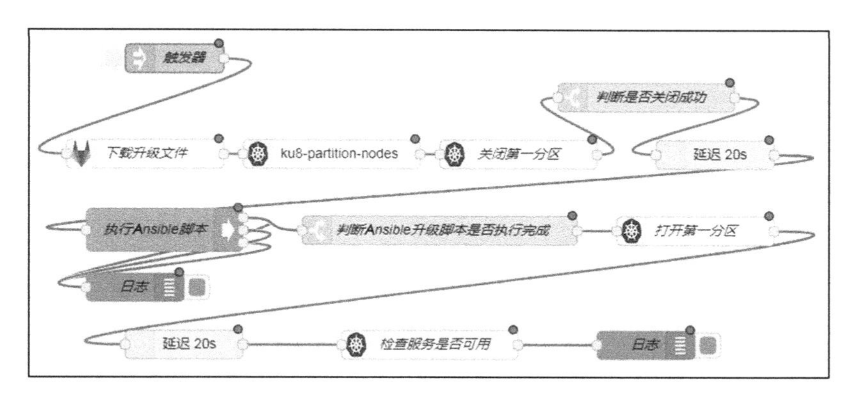


图 7-25

# 7.5　监控分析

## 7.5.1　综合监控

在 PaaS 上运行的应用需要新的监控技术，这是因为有效的监控对于促进资源自动伸缩、维持高可用性、管理多租户、多种应用共享资源，以及识别应用和 PaaS 系统中的性能缺陷是至关重要的。

为了从PaaS平台的操作环境中提取充足的信息，我们必须有完整和全面的性能数据，并且进行有效的数据收集，因此，需要在容器云 PaaS 平台上提供全方位的应用性能监控（Application Performance Monitoring，简称 APM）。应用的性能数据包括应用的各项业务性能指标，以及应用运行环境（容器、虚拟机、硬件）的资源使用率指标。容器云 PaaS 平台通过多样化采集、统一存储和展示，提供全面的监控、分析和可视化管理，至少从集群、主机和服务三个维度提供监控视图。

### 1．集群综合监控

在多集群、多租户模式下，每个租户都会关心自己的资源和服务的运行状况，容器云 PaaS 平台为不同的租户展示不同的集群的综合监控信息，包含集群的资源使用情况、应用服务的资源使用情况、公共服务对资源的占用情况、系统关键事件等。集群综合监控界面如图 7-26 所示。

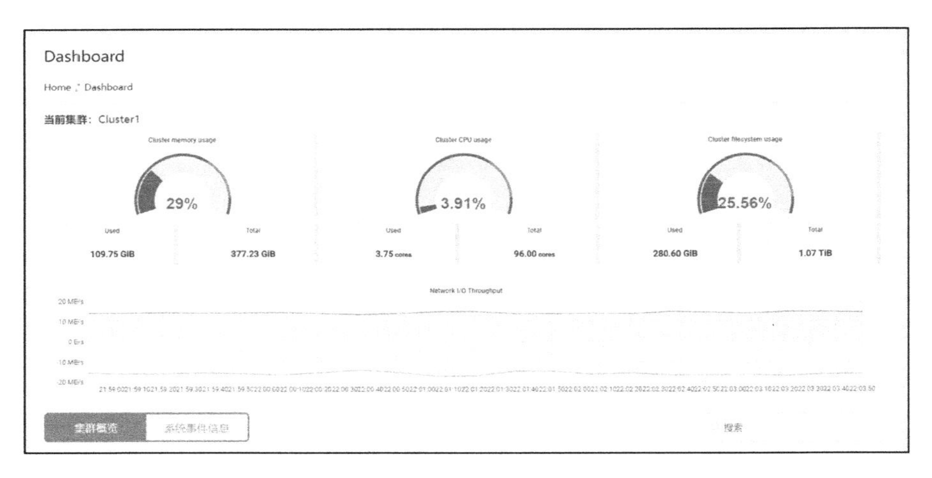


图 7-26

### 2．主机监控视图

容器云 PaaS 平台从主机维度提供对主机 CPU、内存、存储资源使用情况的监控，提供实时综合监控视图和历史性能数据监控视图。主机监控视图界面如图 7-27 所示。

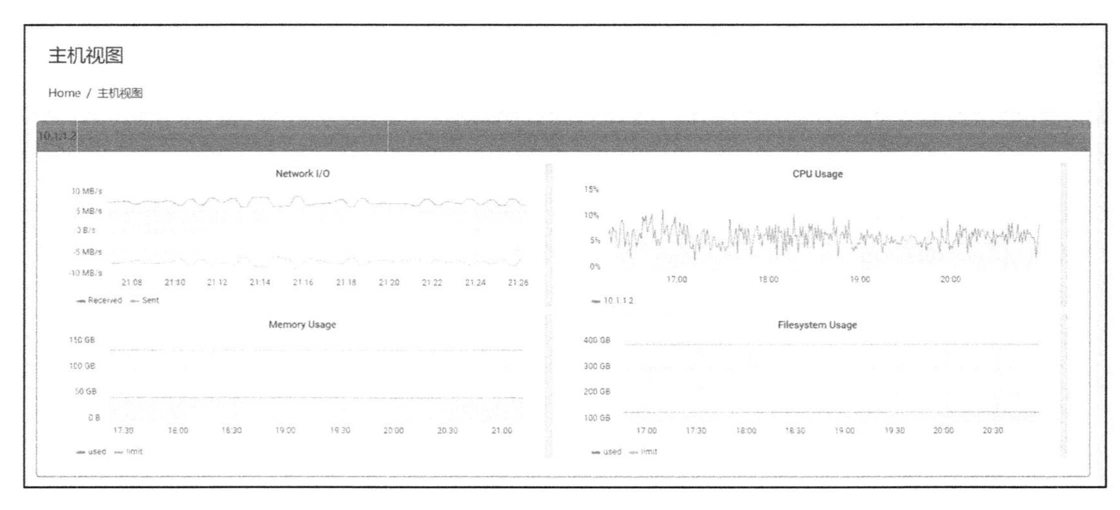


图 7-27

### 3．服务监控视图

容器云 PaaS 平台从业务服务的维度提供对业务服务（总体和各容器）的 CPU、内存、网络 I/O 等关键性能指标的监控，提供实时综合监控视图和历史性能数据监控视图。服务监控视图界面如图 7-28 所示。

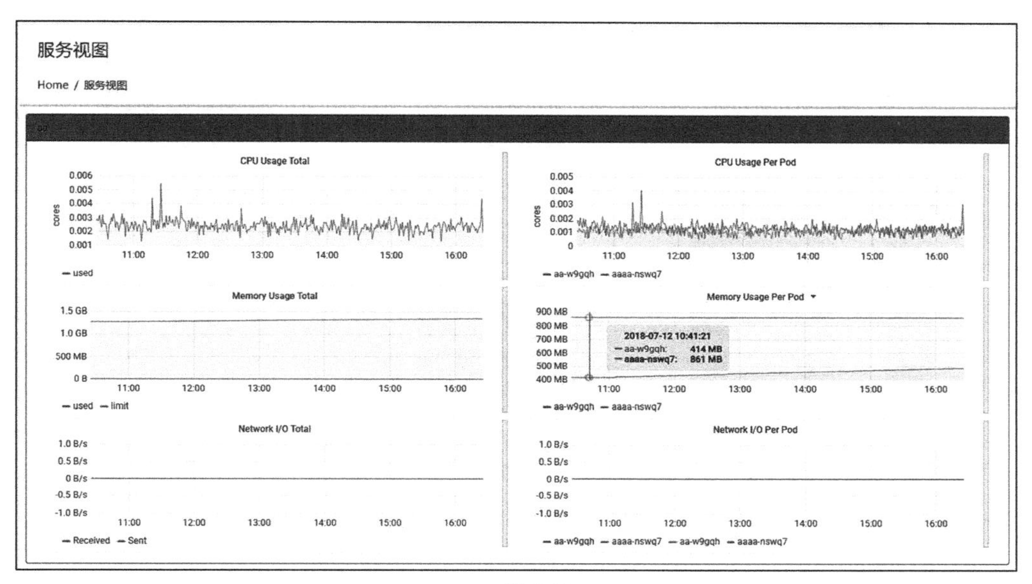


图 7-28

## 7.5.2　事件响应和处理

容器云 PaaS 平台是一个综合多个项目、多类业务的大型基础设施平台，如何运维一个日趋复杂的大型分布式计算系统，以及如何快速响应和处理各类业务、系统、应用的事件和问题，是我们在实践工作中面临的巨大挑战。对于容器云 PaaS 平台的运维事件响应和处理过程，这里给出如图 7-29 所示的运维管理全景框架。

对于容器云 PaaS 监控平台产生的事件和告警，需要提供完备的事件响应流程、运维处理流程、告警处理机制和故障处理流程。

在 PaaS 平台上管理着各类容器化服务和非容器化服务，其相应的运维流程、涉及的运维角色和工作分工也各不相同。

◎　对于在 PaaS 平台上运行的容器化服务（包括企业基础服务和自定义业务服务），其基础服务的日常监控、运维、告警处理由 PaaS 平台的 SRE 人员来负责，其业务服务的日常监控、运维、告警处理则由各项目的业务运维人员来负责。

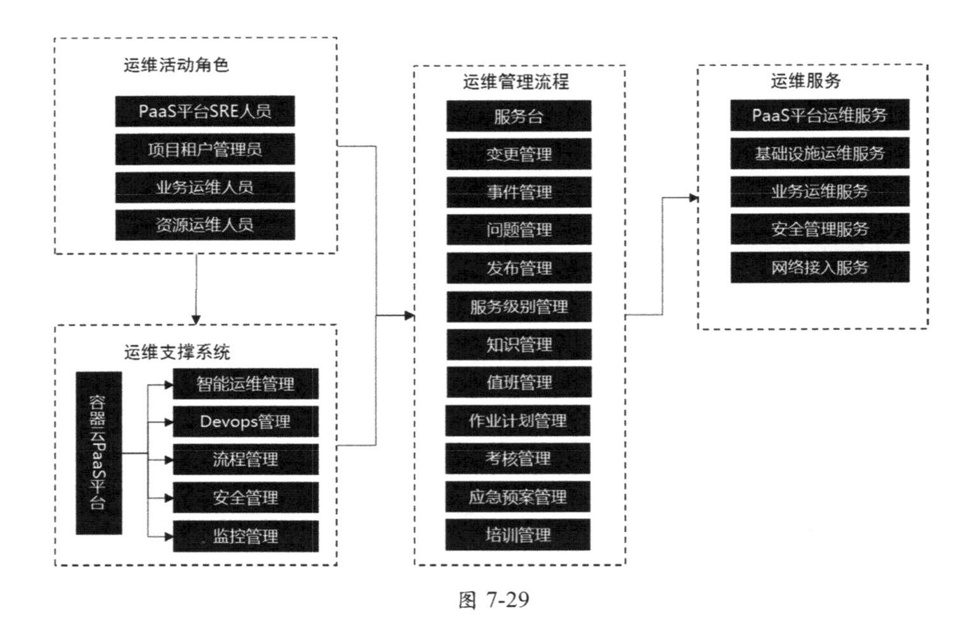


图 7-29

◎ 对于在 PaaS 平台上运行的非容器化的基础服务（如 Hadoop、Oracle 等），一般由 PaaS 平台的 SRE 人员将监控告警派单给各项目的系统运维人员来进行告警和故障处理。

PaaS 平台承载的容器化业务服务的性能质量直接影响业务应用的好坏，因此，对容器化业务服务提供高效的运维指导是 PaaS 平台的关键。PaaS 平台针对系统资源和日志进行监控，监控指标如下。

◎ 系统性能指标（如 CPU、内存、磁盘空间使用率等）。
◎ 采集分析系统日志，监控异常日志，统计分析业务处理的成功率。
◎ 配置告警策略（如根据系统性能指标进行实时短信告警，针对系统异常日志进行短信告警，针对业务失败率进行短信告警），运维人员在接收到告警短信后，第一时间进行故障处理。

告警处理机制如图 7-30 所示。首先，进行原因定位，如果为主机、网络、存储故障，则第一时间升级到 IaaS 资源层去解决；如果为容器应用故障，则查看容器的运行时信息。其次，对于服务、容器问题，则迅速深入容器内部查看容器运行日志来定位具体原因；对于平台上的某些复杂调度等全局性问题，则需要结合集群中各节点的服务日志进行故障排查。

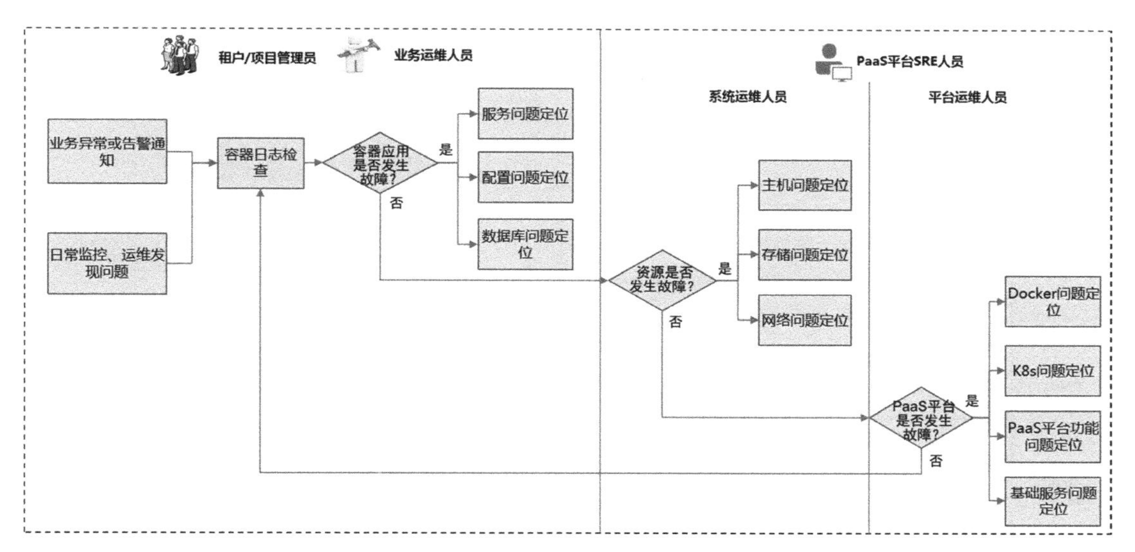


图 7-30

在告警升级为故障后，进入故障处理流程。故障是指发生了非常规的运作情况，包括用户请求、影响用户的业务操作和系统正常运作的故障，以及影响业务流程或违背服务水平协议的情况。故障管理关注的重点在于如何尽快响应、处理或恢复，而不是直接查找具体的详细原因。

容器云 PaaS 平台的用户申报及故障处理，建议采取“一点受理、闭环管理”的原则，因为在容器云 PaaS 平台上承载的是各类项目的业务平台，因此对于容器云 PaaS 平台故障发起申报的可能者有：PaaS 平台的 SRE 人员、项目运维人员及 PaaS 平台监控告警系统（硬件层面的监控、虚拟化层面的监控及业务层面的监控告警）。对于通过各种途径发现的故障，建议统一由容器云 PaaS 平台的故障管控方进行受理，并做一定的预处理，如果无法解决，则进行故障分类，并判断在故障处理的过程中是否需要业务平台或资源层面的维护人员进行配合，由故障管控方通知项目业务平台的运维人员或资源层运维人员处理或配合处理故障。在故障处理完成后，需要对故障进行分析并向上级主管部门提交故障处理报告，并反馈给故障管控方进行故障归档管理。故障处理的详细流程如图 7-31 所示。

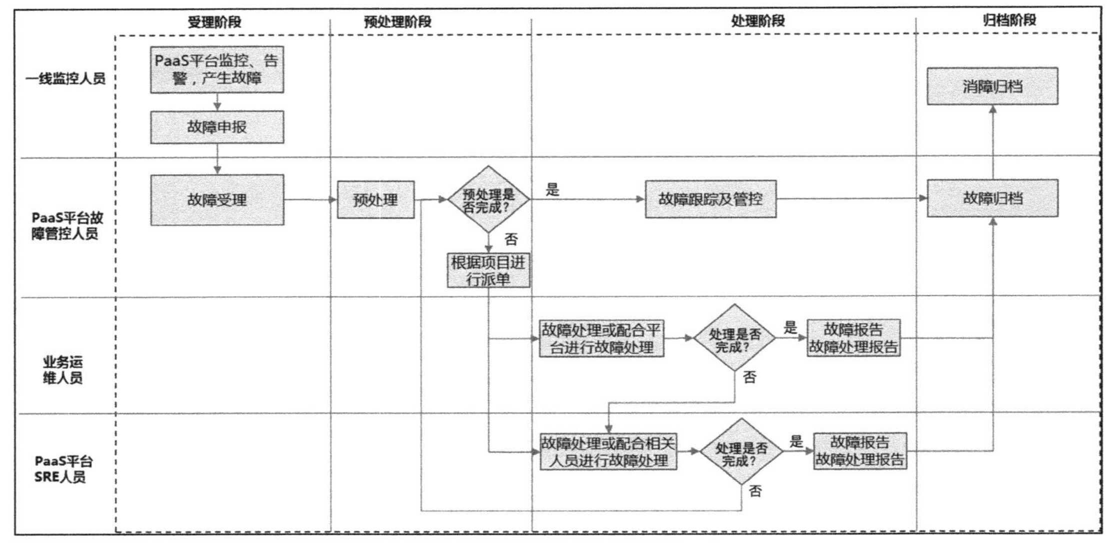


图 7-31

## 7.5.3 数据分析和度量

DevOps 基于精益思想发展而来，而持续改进是精益思想的核心理念之一。设立清晰可量化的度量指标，有助于衡量改进效果和实际产出，并不断迭代后续的改进方向。根据容器云 PaaS 平台系统自身的需求和用户关注的指标需求收集相关数据，在收集数据的基础上进行数据的分析、度量、预测和反馈，因此，数据收集是数据分析和度量的基础。数据收集往往需要做大量的工作，在收集数据样本时要注意样本的代表性和广泛性，其过程一般如下。

◎ 明确收集的目的，确定收集对象。

◎ 选择合适的数据收集方式。

◎ 在系统运行的过程中收集数据。

◎ 整理数据，收集的数据结果比较混乱，为了便于分析，可采用条形图、扇形图、表格等方式对数据进行整理和呈现。

◎ 分析数据，得出结论。

度量指标的精选和设定是度量和反馈的前提和基础，科学合理的设定度量指标有助于改进目标的达成。在拣选度量指标时需要关注两个方面：度量指标的合理性和度量指标的有效性。在合理性方面依托于对当前业务价值流的分析，从过程指标和结果指标两个维度来识别软件项目的实施结果，以及整个软件交付过程的改进方向；在有效性方面一般遵循 SMART 原则，即指标必须是具体的、可衡量的、可达到的、同其他目标相关的、有明确的截止时间，通过这五大原则可以保证目标的科学有效。

度量指标的设定一般包括业务指标和系统指标。业务指标要根据具体业务 KPI 的运营情况来具体分析和选择。容器云 PaaS 平台的系统运营指标的设定，可参考以下要求，如表 7-3 所示。

表 7-3

| 分　类 | 指　标 | 描　述 |
| --- | --- | --- |
| 集群管理要求 | 单集群物理节点数量 | 单集群支持的物理节点数大于 2000 个 |
| | 可管理多集群数量 | 支持至少管理 100 个集群数量 |
| 高可用性要求 | 支持集群环境的多样性 | 支持跨数据中心、跨广域网、跨 VLAN 的多集群管理 |
| | 应用服务高可用 | 在部分应用实例或主机不可用时，不影响正常服务的提供；服务访问的成功率达到 99.99%以上 |
| | PaaS 平台高可用 | PaaS 平台能够提供持续的高可用服务，即在发生不可预测事件时（如某个管理节点失效），平台整体对外的服务能力保持不变 |
| | 数据高可用 | 整个平台的配置管理数据必须提供备份和快速恢复功能 |
| | PaaS 平台的容灾 | 各核心模块采用动态可扩展式设计，不会出现单点故障。当某个集群发生故障时，支持异地的容灾切换，由容灾集群自动接管所有故障的业务服务 |
| | 灰度发布快速完成 | 应用灰度发布能做到快速完成，对业务无影响，让用户无感知 |
| | 系统持续运行稳定性 | 在系统方案中应考虑硬件、数据库、应用服务器及 Web 服务器、管理平台等层面的高可用，系统可保证 7×24 小时连续稳定地工作，每月的可用率达到 99.9%。在任意情况下，系统故障都不应造成业务数据的丢失 |
| 扩展性要求 | 平台线性扩展能力 | PaaS 平台能够提供在线的水平能力扩展，可以通过扩展硬件设备线性地提高系统性能和容量，即系统性能随着节点数量的增加能够同比例提升 |
| | 应用自动扩缩容能力 | 在达到设定阈值时，系统能够实现基于 CPU、内存或用户自定义策略的应用自动扩缩容 |
| | 应用部署和更新的多集群支持 | 同一应用可实现在多集群同时部署和更新 |
| 可管理性需求 | 和安全系统的对接 | PaaS 平台提供接口，和外围的安全系统实现对接和整合，例如 4A 系统 |
| | 和网管系统的对接 | PaaS 平台提供接口和数据给外围网管系统，实现与网管系统的对接和整合 |

续表

| 分　类 | 指　标 | 描　述 |
|---|---|---|
| | 和短彩信系统的对接 | PaaS 平台提供接口和数据给外围短信和彩信系统，实现与短信和彩信系统的对接和整合 |
| 性能要求 | 应用部署、更新及扩缩容快速完成 | 应用的部署、更新、扩缩容保证在 1 分钟之内（包含镜像拉取和分发）完成 100 个应用实例的部署 |
| | 网络 I/O 时延 | PaaS 平台的网络 I/O 时延性能相比裸机损耗控制在 10%以内 |
| | 存储 I/O 时延 | PaaS 平台的存储 I/O 时延性能相比裸机损耗控制在 10%以内 |
| | 业务吞吐量 | PaaS 平台上的业务吞吐量应不低于裸机集群的 95% |
| | 资源利用率 | PaaS 平台的平均资源利用率应能比裸机集群提高 30% |
| | 灾备切换时长 | 灾备切换时长在 1 分钟之内完成 |

## 7.6　反馈与优化

容器云 PaaS 平台的运营和运维管理应遵守持续改进的管理框架。设立及时有效的反馈和优化机制，可以加快信息的传递速度，有助于在初期发现问题、解决问题并及时修正目标，减少后续返工带来的成本浪费。反馈与优化的良性循环流动框架如图 7-32 所示，包括例行操作、响应处置、咨询评估和优化改善四个方面。

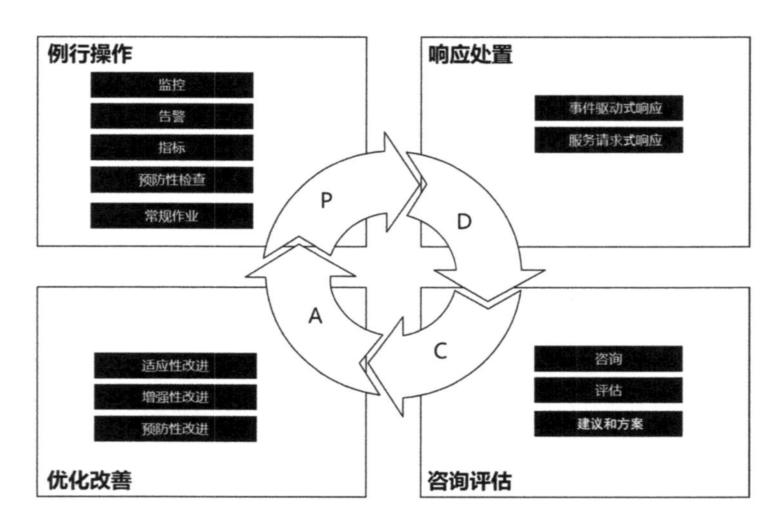


图 7-32

根据例行操作的监控、告警、指标、预防性检查、常规作业等事件和活动驱动，来进行相应的需求响应和处置。相关响应处置可分为两种，一种为事件驱动式响应，另一种为服务请求式响应。在对响应的处置过程中，给出咨询、评估和处理或改进的建议/方案，最后给出适应性改进、增强性改进或预防性改进的优化改善执行操作。至此，便完成了一个完整生命周期的良性循环，可在此基础上不断重复该过程，进行容器云 PaaS 平台的运营和运维的持续优化和改进。

# 第 8 章 案例分享

本章介绍三个实际案例，包括某大型企业的容器云 PaaS 平台应用案例、Kubernetes 在大数据领域的应用案例和 Kubernetes 在 NFV 领域的应用案例，通过这三个案例来讲解如何在大规模数据中心的环境中将业务应用上云，以及如何将复杂的分布式系统应用于容器云平台上，为大型系统的容器化应用提供参考。

## 8.1 某大型企业的容器云 PaaS 平台应用案例

某大型企业的核心系统包括多个业务子系统，各系统呈烟囱化建设，在小型机时代由于主机集成度高、性能稳定，因此主机数量较少，多项目集群建设、运维尚能保持平稳。但随着系统 X86 化逐步推进，在多项目集群中分别管理的主机、网络、存储等资源数量成几何级数增长，对项目建设和运维开发等各个流程都带来颠覆性的挑战，如下所述。

（1）在资源层面，各个项目的资源分散在各个数据中心和私有云里，对跨数据中心的资源和系统的统一管理难度较大。

（2）在网络层面，每个项目都跨多个网络域，例如核心域、DMZ 域和互联网域，之间有多层防火墙隔离，而且不同的系统对安全等级的要求不同，不同域的数据访问对安全控制的要求也不相同。

（3）在技术层面，缺乏统一的技术和平台来实现业务能力的快速扩展，尤其是无法满足互联网业务发展导致的剧烈波动的业务的快速上线，弹性伸缩能力差。

（4）各项目采用的技术和框架各异，在底层无法直接进行技术复用和共享。

在多种复杂环境下，业务支撑中心要实现对多系统、多资源、多网络、多数据中心、多技术架构的统一管理，就需要通过构建容器云 PaaS 平台，来实现对多项目的统一管理，快速提升业务支撑能力。

该大型企业容器云 PaaS 平台共管理了 10 多个项目的业务系统，集群数量超过 50 个，由 5000 多台 X86 服务器组成，系统分布在全国多个数据中心，整体架构如图 8-1 所示。

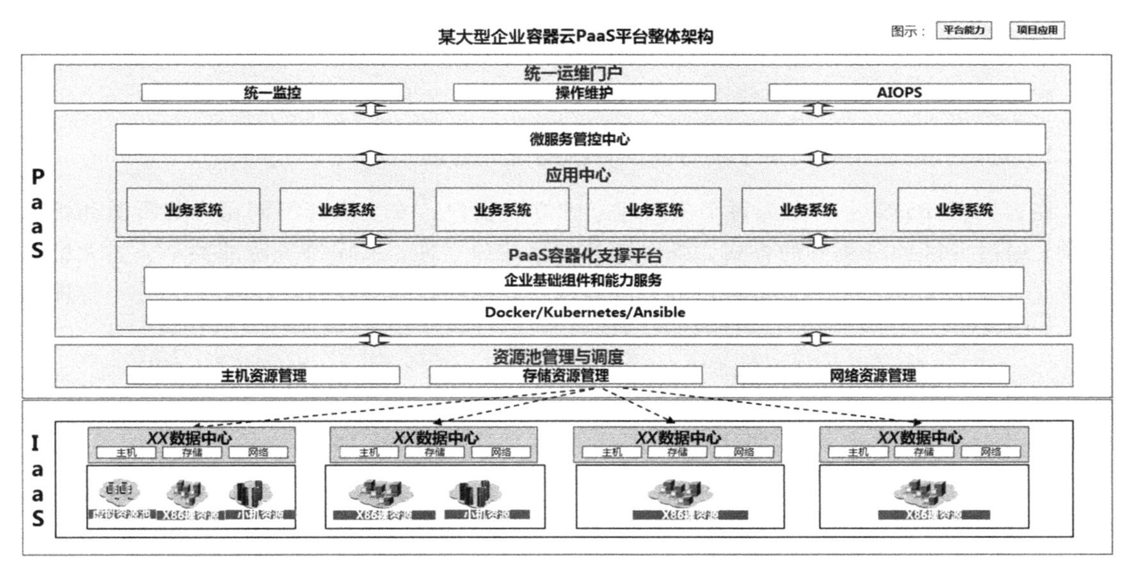


图 8-1

既要保持各个项目的灵活性及整体架构不受冲击，又要实现集中的资源和应用管理，是 PaaS 多集群管理平台的设计重点。下面从对多集群、资源、多租户、镜像、基础服务、应用部署、微服务、DevOps 和智能运维等的统一管理，介绍容器云 PaaS 平台的建设和应用。

### 1. 对多集群的统一管理

我们结合 Docker 和 Kubernetes 容器管理的先进技术，通过自主研发的容器云 PaaS 平台，来实现多集群的统一管理，尽可能做到对各个项目的影响最小，对系统架构不需要做大的调整，同时实现资源集中管理和统一服务调度，以及统一的镜像管理、应用管理、配置管理、资源管理和监控管理等功能。多集群管理界面如图 8-2 所示。

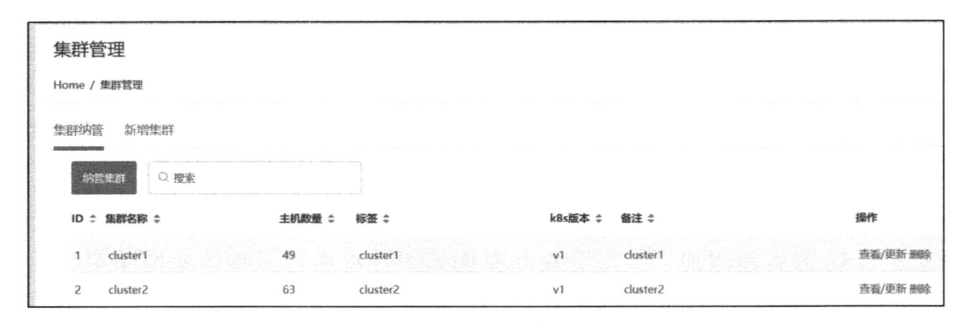


图 8-2

容器云 PaaS 平台的多集群统一管理功能可以涵盖以下典型应用场景。

**1）对同一数据中心的多个项目共享资源的统一管理**

在容器云 PaaS 平台上为每个项目建立独立的租户，安全隔离不同租户的资源和访问权限。通过分区和分集群的方式，既保持各项目的独立性，又保持资源的共享。为大型项目建立独立的集群，为小型项目通过分区实现安全隔离。多个项目共享资源的统一管理如图 8-3 所示。

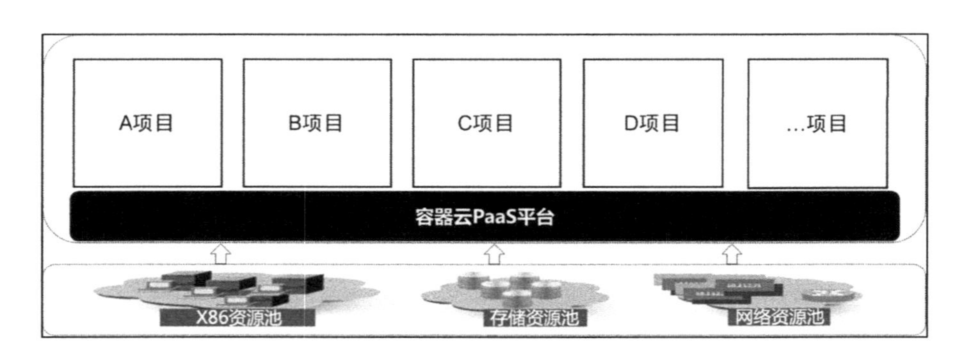


图 8-3

**2）对同一数据中心跨多个网络域项目的统一管理**

由容器云 PaaS 平台实现对同一数据中心跨多个网络域项目的统一管理，对于 DMZ 域和互联网域部署的一般都是 Web 类应用和 Proxy 应用，比较轻量但弹性扩展需求强；复杂的后台服务类和分析类应用则可以部署在核心域中。跨多个网络域的多集群统一管理如图 8-4 所示。

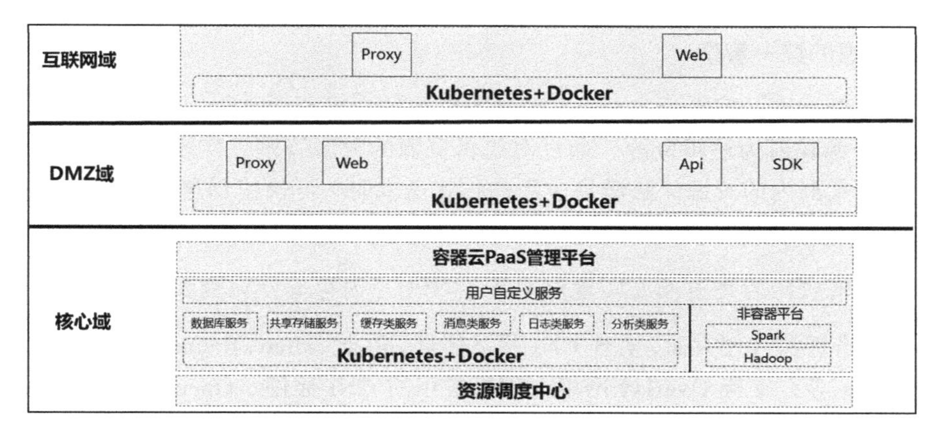


图 8-4

**3）对多数据中心的统一管理**

该大型企业的业务支撑系统部署跨多个数据中心，多个数据中心分布在全国不同的地理区域，容器云 PaaS 平台对多数据中心的统一管理如图 8-5 所示。

图 8-5

对于企业级容器云 PaaS 平台，在多集群管理模式下，每个功能都会变得非常复杂。首先，需要对 PaaS 平台的基础资源进行统一管理，其功能如图 8-6 所示。

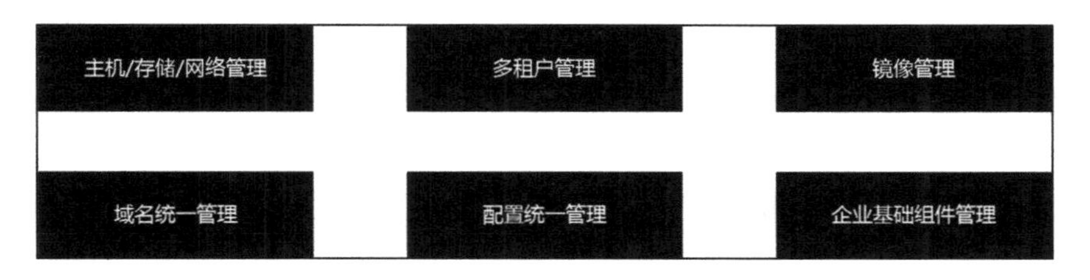


图 8-6

### 2. 对资源的统一管理

在基础设施层面，容器云 PaaS 平台对主机池的主机资源进行综合管理，与资源层对接，将物理资源映射为逻辑资源，通过对逻辑资源的分区管理，实现租户间的资源隔离。同时，当项目集群内的资源无法满足应用的扩容需求时，可快速创建相应的资源模板，实现应用的快速、动态扩容。

（1）在计算资源管理方面，实现对 CPU、GPU、内存等计算资源的管理。

（2）在网络资源管理方面，实现 CNI 网络插件，包括 calico、flannel、macvlan、ipvlan、weave、Multus 等；支持 Overlay 网络，包括常用的 CNI 插件、Open vSwitch、直接路由等；实现 DNS 的管理；实现软件负载均衡器的管理，包括 Nginx、HAProxy、Traefik 等；实现硬件负载均衡器（F5、Array、A10）等的管理；实现租户之间及服务之间的网络策略的管理等。图 8-7 描述了在 PaaS 平台上对 CNI 网络的创建管理。

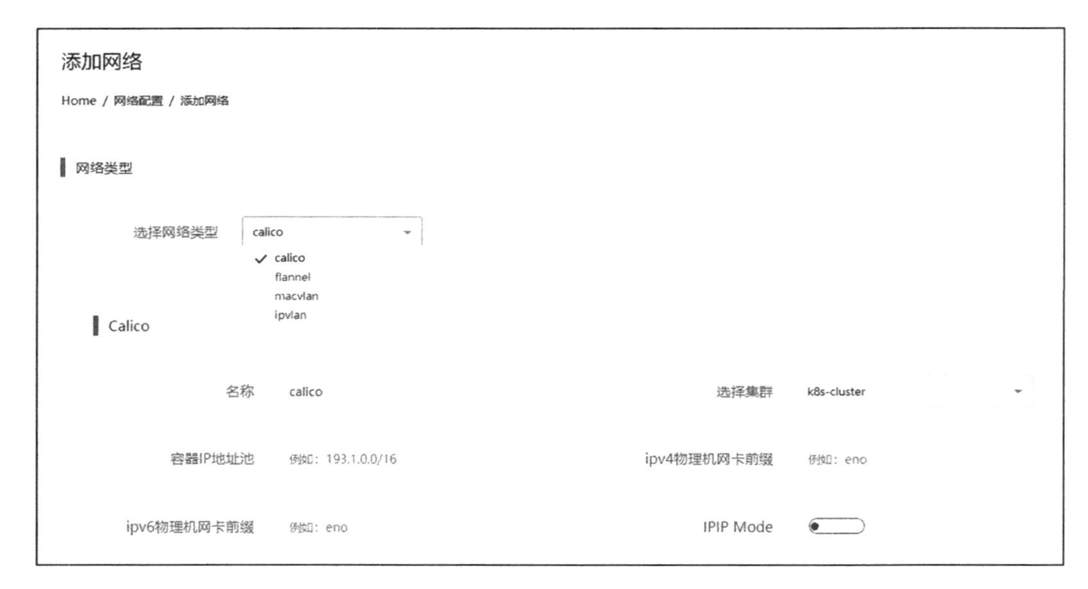


图 8-7

（3）在存储资源管理方面，实现对 CSI 存储插件（支持 NFS、hostpath 等）、PV/StorageClass（支持 GlusterFS、iSCSI、NFS、FC、Ceph 等）的管理。图 8-8 描述了在 PaaS 平台上对共享存储的可用空间管理。

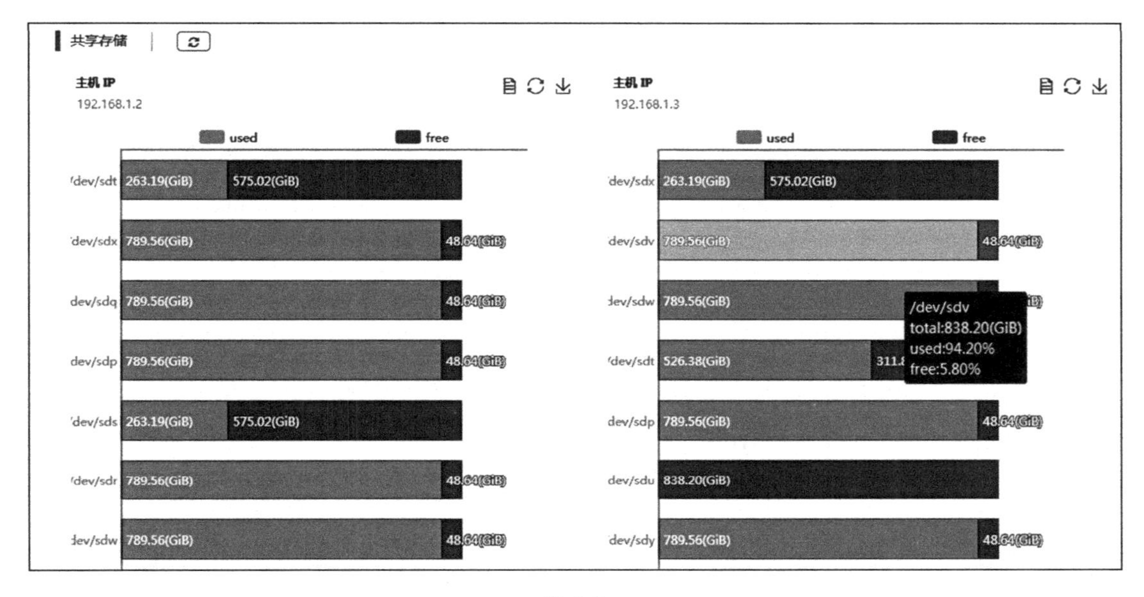


图 8-8

### 3．对多租户的统一管理

对多租户的安全管控，通过平台超级管理员来进行，不同的租户管理不同的集群，由租户管理员管理该租户下的所有用户和权限，达到安全、集中管控的目的。通过对集群资源分区的综合管理，以及将不同的应用部署到不同的资源分区，来实现应用在资源层面的 SLA 管控。分区管理的内容包括 Namespace、指定资源分区所对应的 CPU 限额、内存限额、Pods 限额、PV 限额等。多集群资源分区管理界面如图 8-9 所示。

分区视图

Home / 分区视图

新增资源分区　搜索

| 集群名称 | 分区名称 | 主机数量 | CPU数量 | 内存 | Pod数量 | 资源限制 | 操作 |
|---|---|---|---|---|---|---|---|
| cluster1 | partition1 | 3 | 96 | 384GB | 330 | 配置 | 更新 删除 |
| cluster1 | partition2 | 全部 | 无限制 | 无限制 | 无限制 | 配置 | 更新 删除 |
| cluster1 | partition3 | 3 | 96 | 384GB | 330 | 配置 | 更新 删除 |

图 8-9

### 4. 对镜像的统一管理

镜像的统一管理是在多集群模式下的一个非常重要的功能，容器云 PaaS 平台需要对镜像做集中管控，但要考虑镜像部署的效率，我们在 PaaS 平台上设计了两级镜像的架构。

（1）在主镜像库实现对镜像的全生命周期管理，镜像的入库、出库和版本更新都在主镜像库中集中管理；并和 DevOps 整合在一起，进行应用镜像的统一开发和持续运营管理。

（2）每个集群都有一个子库或者几个集群共享一个子库。子库可以设定同步规则，只同步一部分镜像到子库中，因此，每个项目都可以只同步自己的镜像到自己的集群中，提高集群应用部署的效率，并实现跨数据中心的镜像同步和更新。

两级镜像管理界面如图 8-10 所示。

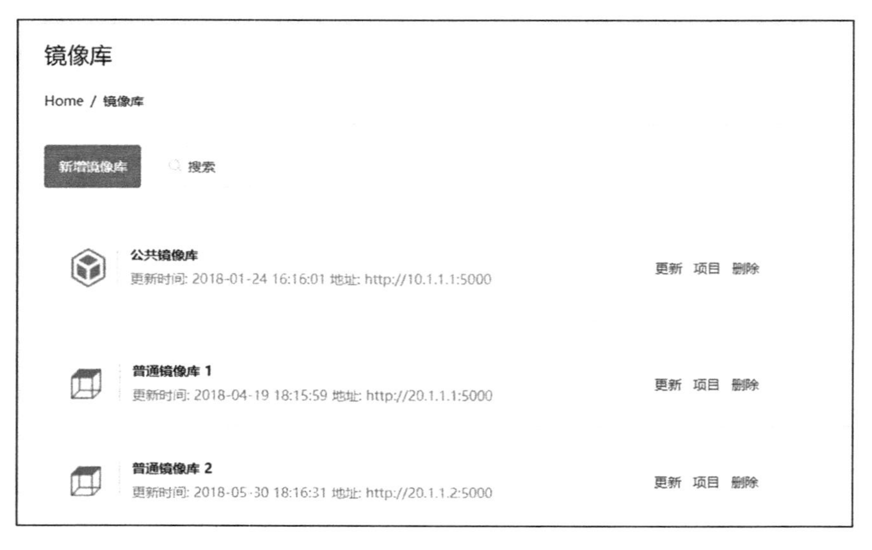


图 8-10

### 5. 对基础服务的统一管理

除了对计算资源、存储资源、网络资源、域名资源、负载均衡等基础设施资源及镜像资源的统一管理，容器云 PaaS 平台还包含诸多基础服务的功能，其中包括数据库服务、缓存服务、日志服务、消息服务、工作流服务、流式服务、分析服务、数据采集、数据分析等。图 8-11 显示了部分 PaaS 平台内置的基础服务列表，用户可以在按需申请后一键开通，供业务应用使用。

图 8-11

#### 6．多集群环境下的应用部署管理

在多集群环境下，应用部署也是容器云 PaaS 平台最主要的管理功能之一，需要考虑的情况比较复杂。

◎　应用需要支持跨广域网、跨集群统一部署。
◎　应用需要支持部署到不同集群的不同分区之上。
◎　应用需要支持跨集群灰度发布和滚动升级。

针对这些要求，容器云 PaaS 平台对应用部署进行了如图 8-12 所示的框架设计。

用户在定义完应用之后选择匹配的镜像包并启动部署，会显示该用户具有权限的集群和分区的列表，用户可以选择在某个集群的某个分区上部署应用，即可实现一键式部署应用到多个集群上。

容器云 PaaS 平台的自动化部署模块统一对各数据中心进行服务自动化安装部署。通过多集群的统一调度引擎，引入“智能调度”机制来对应用的多集群进行统一部署，可以实现：

◎　智能感知不同集群中的资源的利用率；
◎　根据算法指定同一应用在不同集群上部署容器数量的比例；
◎　在某一集群发生故障时，实现应用在集群间的无缝迁移。

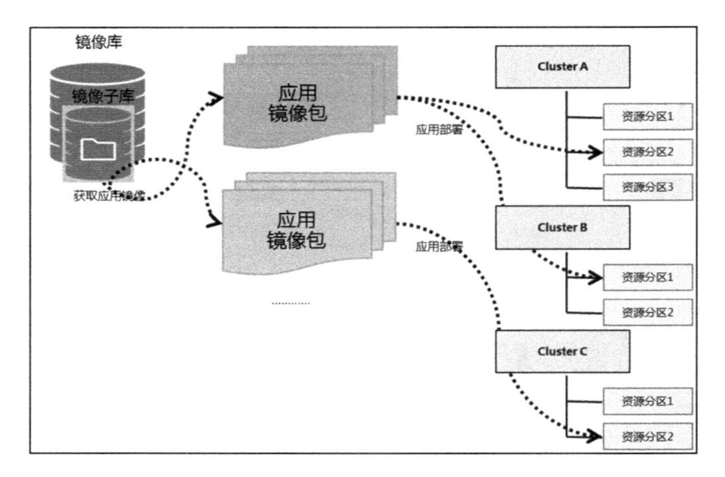


图 8-12

在应用升级时，用户可以选择按集群和分区进行灰度发布和滚动升级，保证在上线时系统业务不中断。

该方案解决了系统分布在不同地域的多个集群、跨多个网络域的智能应用部署和调度。应用自动化部署管理界面如图 8-13 所示。

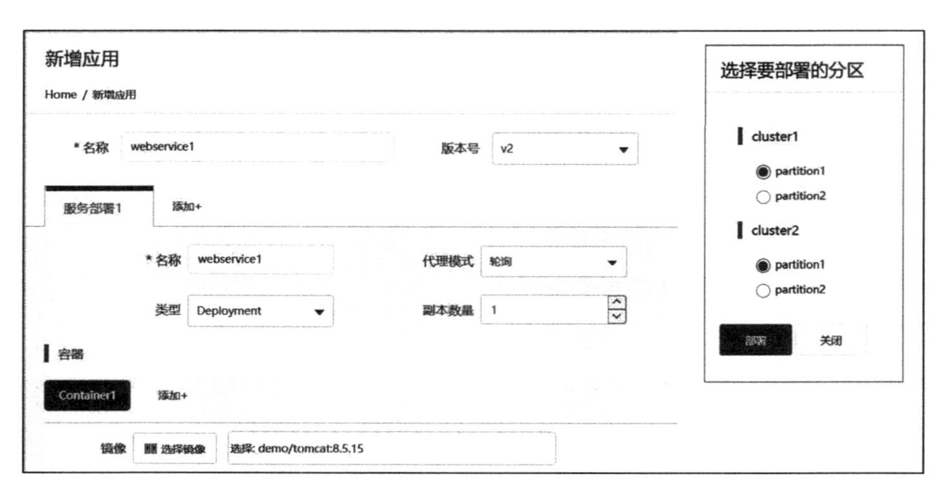


图 8-13

### 7. 基于服务网格（Service Mesh）的微服务管理

在微服务管理层面，将系统按照业务责任划分为彼此独立的多个服务，既保证了业务概念的清晰，又保证了系统的灵活性、伸缩性。面对杂乱不可靠的现实，我们在实现上注重每个服务的自治性，也就是能独立部署，具备自动化、可观察、故障隔离、自动恢复等特性，由此提供高可用保障。我们引入了基于 Service Mesh（服务网格）架构的微服务管理。按照微服务生命周期划分的服务治理平台架构如图 8-14 所示。

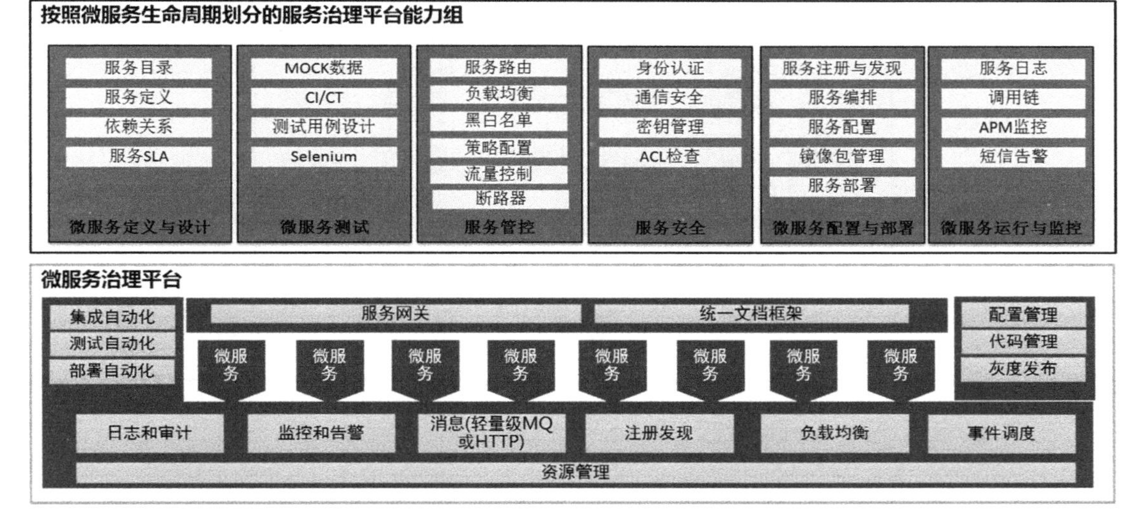


图 8-14

在采用微服务架构后，我们不像原来那样会有一个很重的 ESB 总线，微服务架构抛弃了 ESB 过度复杂的业务规则编排、消息路由等，将服务作为智能终端，所有业务的智能逻辑在服务内部处理，而服务间的通信尽可能轻量化，不添加任何额外的业务规则。所以这里的智能终端指服务本身，而哑管道是通信机制，它们只作为消息通道，在传输过程中不会附加额外的业务智能。

在 Service Mesh 框架里，与各应用配合的 Sidecar 相互连接形成网格（Mesh），如图 8-15 所示。

容器云 PaaS 平台的服务管理功能提供对微服务之间的路由配置管理和策略管理，对路由策略的管理如图 8-16 所示。

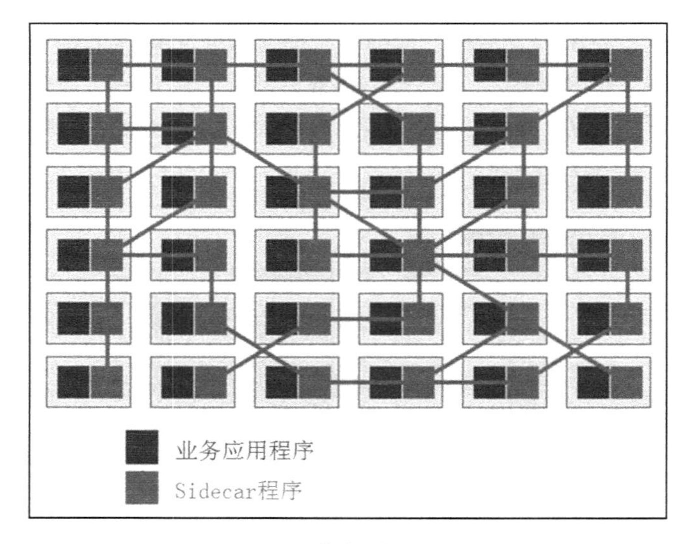


图 8-15

路由策略

Home / 路由策略

* 名称 route-to-v2

* 选择分区 partition1

* 选择服务 webservice1

路由规则

标签信息

标签名称 v2

选择端口

端口 number 80

权重

权重 100

图 8-16

### 8. DevOps 管理

单一进程的传统应用被拆分为一系列多实例微服务，意味着开发、调试、测试、监控和部署的复杂度都会相应增加，必须有合适的自动化基础设施来支持微服务架构模式，否则开发、运维成本将大大增加。基于 DevOps 流水线的敏捷开发和应用快速部署流程如图 8-17 所示。

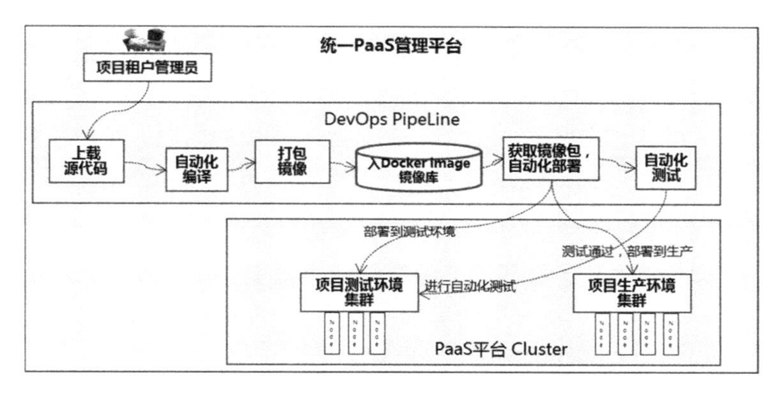


图 8-17

我们采用流程驱动流水线的方式，通过可视化的图形界面，用拖拉拽的方式快速实现自动化镜像打包、自动化测试、自动化部署和灰度发布等 DevOps 运维流程，通过自动化流水线作业来驱动持续集成、持续测试和持续部署工作，如图 8-18 所示。

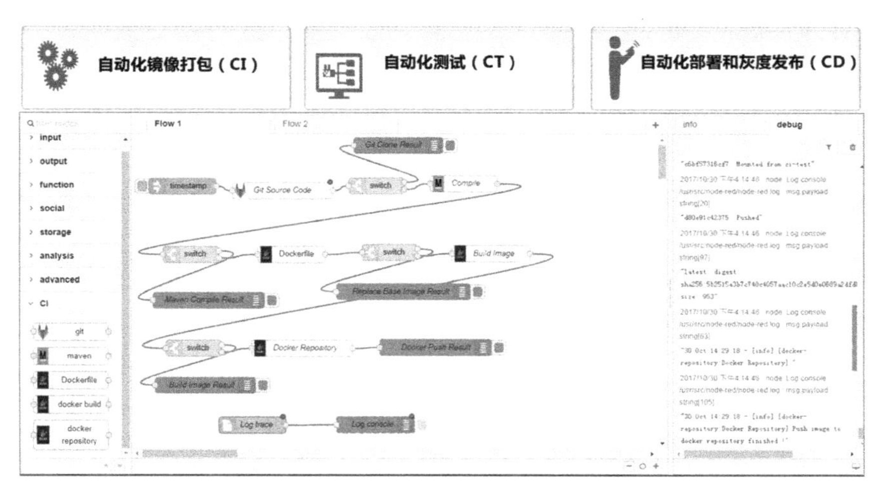


图 8-18

运行在 PaaS 平台的各项目租户可借助 PaaS 平台的 Devops 流水线来实现代码的自动编译、打包，实现对镜像库版本的统一管理，并通过流水式的全自动化测试、部署、集成和灰度发布，实现新业务的快速上线；还可通过对服务“调用链”的监控，实现对应用微服务的性能管理和业务保障。

#### 9. 智能运维管理

容器云 PaaS 平台管理着海量的机器设备，运行着海量的微服务，由于业务频繁变更，运维工作量增大，人工运维和简单的监控工具已不足以应对；另外，在传统开发模式下，开发人员和运维人员的工作角色存在脱节。针对运维方面的问题，我们从智能运维架构设计和团队组织两方面入手，提高运维效率，提升运维质量，来应对容器云 PaaS 平台上多租户、多项目集中统一的运维管理工作。

在架构设计方面，建立基于机器学习的智能运维框架，通过采集、建模、测量、分析、决策、控制来形成有效闭环、不断改进的运维框架体系，提炼实际运维过程中的知识经验，设计自动化运维流程，建立多条自动化机器运维流水线。

自动化的智能运维基于应用和系统日志，借助机器学习和智能分析算法，根据关键阈值进行预警，或自动优选匹配结果进行工单智能处理，提供的功能包括：

- ◎ 自动设备巡检；
- ◎ 自动健康分析；
- ◎ 指标异常根源分析；
- ◎ 日常运维工作自动化；
- ◎ 自动处理工单及生成报表；
- ◎ 机器智能学习分析；
- ◎ 故障根源分析，影响分析；
- ◎ 智能推送经验知识；
- ◎ 运维助手机器人；
- ◎ 自动生成、发送检查报告。

## 8.2 Kubernetes 在大数据领域的应用案例

Hadoop 与 Kubernetes 有很深的渊源，都出自 IT 豪门——Google，只不过，Kubernetes

一出世便威名远播。伴随着 Kubernetes 的迅猛发展，Hadoop 的后辈们如 Spark、Storm 等都有了在 Kubernetes 上部署运行的成功案例，但几乎没有 Hadoop 部署在 Kubernetes 上的资料，这主要是由以下原因导致的。

◎ Hadoop 集群重度依赖 DNS 机制，一些组件还使用了反向域名解析，以确定集群中的节点身份，这对 Hadoop 在 Kubernetes 上的建模和运行带来了极大挑战，需要深入了解 Hadoop 集群的工作原理并且精通 Kubernetes，才能很好地解决这一难题。

◎ Hadoop 的新 Map-Reduce 计算框架 YARN 的模型出现得比较晚，其集群机制要比 HDFS 复杂，资料也相对较少，增加了 Hadoop 整体建模与迁移 Kubernetes 平台的难度。

◎ Hadoop 与 Kubernetes 分别属于两个不同的领域，一个是传统的大数据领域，一个是新兴的容器与微服务架构领域，这两个领域之间的交集本来很小，加上 Hadoop 最近几年失去焦点，已经没有多少人关注和研究 Hadoop 在 Kubernetes 上的部署问题。

Hadoop 2.0 其实是由两套完整的集群组成的，一个是基本的 HDFS 文件集群，一个是 YARN 资源调度集群，如图 8-19 所示。

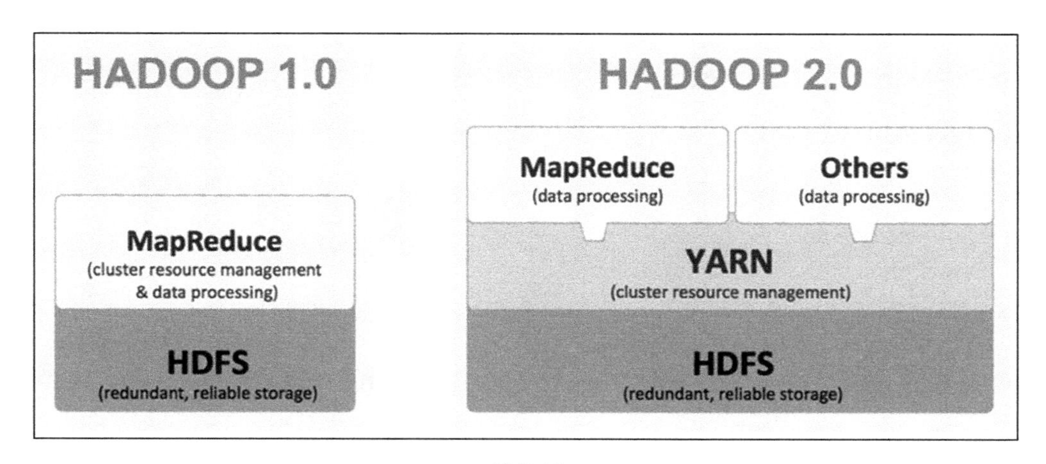


图 8-19

因此在 Kubernetes 上部署 Hadoop 之前，我们需要分别对这两种集群的工作机制和运行原理进行深入分析。如图 8-20 所示是 HDFS 集群的架构图。

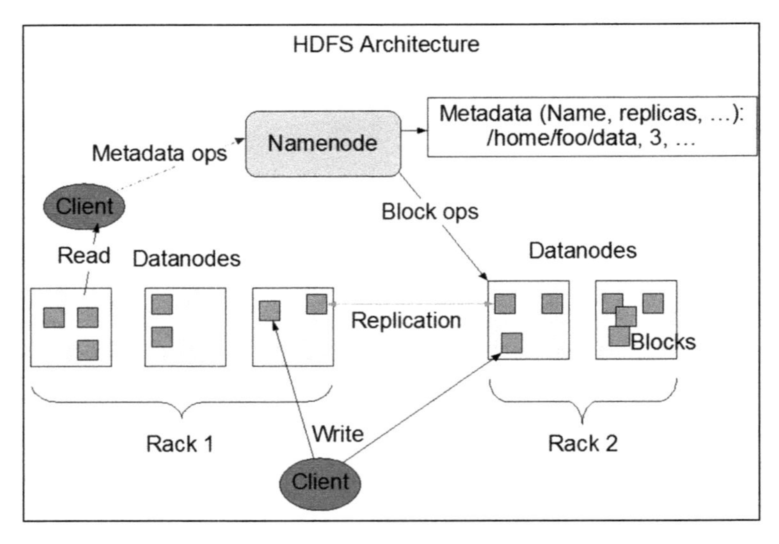


图 8-20

可以看出，HDFS 集群是由 Namenode（Master 节点）和 Datanode（数据节点）等两类节点组成的，其中，客户端程序（Client）及 Datanode 节点会访问 Namenode，因此，Namenode 节点需要建模为 Kubernetes Service 以提供服务。以下是 Namenode 的 Service 定义：

```
apiVersion: v1
kind: Service
metadata:
  name: k8s-hadoop-master
spec:
  type: NodePort
  selector:
    app: k8s-hadoop-master
  ports:
    - name: rpc
      port: 9000
      targetPort: 9000
    - name: http
      port: 50070
      targetPort: 50070
      nodePort: 32007
```

其中，Namenode 暴露了以下两个服务端口号。

◎　9000 端口用于内部 IPC 通信，主要用于获取文件的元数据。

◎　50070 端口用于 HTTP 服务，为 Hadoop 的 Web 管理使用。

为了减少 Hadoop 镜像的数量，我们构建了一个镜像，并且通过容器的环境变量 HADOOP_NODE_TYPE 来区分不同的节点类型，从而启动不同的 Hadoop 组件。在启动命令里将 Hadoop 配置文件（core-site.xml 与 yarn-site.xml）中的 HDFS Master 节点地址，用环境变量中的参数 HDFS_MASTER_SERVICE 来替换，YARN Master 节点地址则用 HDOOP_YARN_MASTER 来替换。如图 8-21 所示是 Hadoop HDFS 2 节点集群的完整建模示意图。

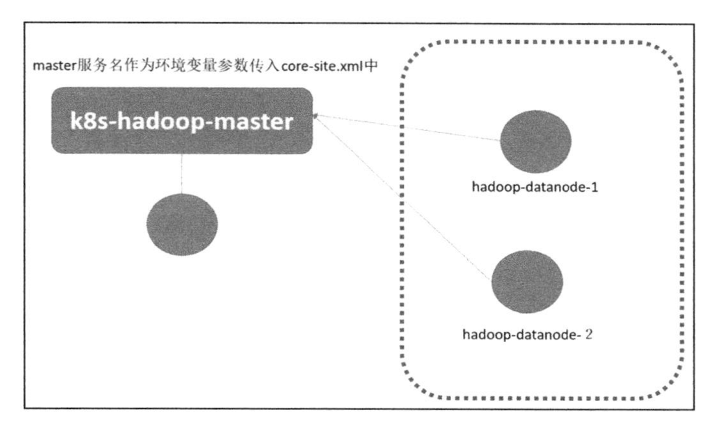


图 8-21

图 8-21 中的圆圈表示 Pod，可以看到，Datanode 并没有建模 Kubernetes Service，而是建模为独立的 Pod，这是因为 Datanode 并不直接被客户端所访问，因此无须建模 Service。当 Datanode 运行在 Pod 容器里的时候，我们需要修改配置文件中的以下参数，取消 Datanode 节点所在主机的主机名（DNS）与对应 IP 地址的检查机制：

```
dfs.namenode.datanode.registration.ip-hostname-check=false
```

如果没有修改上述参数，就会出现 Datanode 集群“分裂”的假象，因为 Pod 的主机名无法对应 Pod 的 IP 地址，因此界面会显示两个节点，这两个节点都为异常状态。

下面是 HDFS Master 节点的 Service 对应的 Pod 定义：

```
apiVersion: v1
kind: Pod
metadata:
```

```
  name: k8s-hadoop-master
  labels:
    app: k8s-hadoop-master
spec:
  containers:
    - name: k8s-hadoop-master
      image: kubeguide/hadoop
      imagePullPolicy: IfNotPresent
      ports:
        - containerPort: 9000
        - containerPort: 50070
      env:
        - name: HADOOP_NODE_TYPE
          value: namenode
        - name: HDFS_MASTER_SERVICE
          valueFrom:
            configMapKeyRef:
              name: ku8-hadoop-conf
              key: HDFS_MASTER_SERVICE
        - name: HDOOP_YARN_MASTER
          valueFrom:
            configMapKeyRef:
              name: ku8-hadoop-conf
              key: HDOOP_YARN_MASTER
  restartPolicy: Always
```

下面是 HDFS 的 Datanode 的节点定义（hadoop-datanode-1）:

```
apiVersion: v1
kind: Pod
metadata:
    name: hadoop-datanode-1
    labels:
      app: hadoop-datanode-1
spec:
  containers:
    - name: hadoop-datanode-1
      image: kubeguide/hadoop
      imagePullPolicy: IfNotPresent
      ports:
        - containerPort: 9000
        - containerPort: 50070
```

```
        env:
          - name: HADOOP_NODE_TYPE
            value: datanode
          - name: HDFS_MASTER_SERVICE
            valueFrom:
              configMapKeyRef:
                name: ku8-hadoop-conf
                key: HDFS_MASTER_SERVICE
          - name: HDOOP_YARN_MASTER
            valueFrom:
              configMapKeyRef:
                name: ku8-hadoop-conf
                key: HDOOP_YARN_MASTER
      restartPolicy: Always
```

实际上，Datanode 也可以通过 DaemonSet 方式在每个 Kubernetes 节点上部署一个实例，在本例中为了清晰起见，仅使用 Pod 方式进行说明。

接下来，我们来看看 YARN 框架是如何建模的，如图 8-22 所示是 YARN 框架的集群架构图。

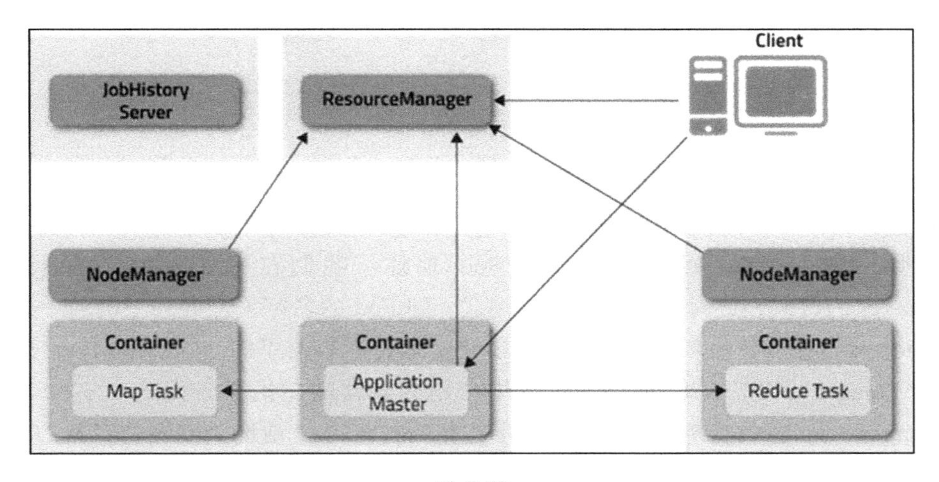


图 8-22

我们看到，在 YARN 集群中存在两种角色的节点：ResourceManager 及 NodeManager，前者属于 YARN 集群的头脑（Master），后者是工作承载节点（Work Node），这个架构虽然与 HDFS 很相似，但因为一个重要细节的差别，无法沿用 HDFS 的建模方式，这个细节就是 YARN 集群中的 ResourceManager 要对 NodeManager 节点进行严格验证，即

NodeManager 节点所在主机的主机名（DNS）与对应的 IP 地址严格匹配，简单来说，就是要符合如下规则：

NodeManager 在建立 TCP 连接时所用的 IP 地址，必须是该节点的主机名对应的 IP 地址，即在主机名通过 DNS 解析后返回节点的 IP 地址。

所以，我们采用了 Kubernetes 里较为特殊的一种 Service——Headless Service 来解决这个问题，即为每个 NodeManager 节点建模一个 Headless Service 与对应的 Pod。如图 8-23 所示是一个 ResourceManager 与两个 NodeManager 节点所组成的 YARN 集群的建模示意图。

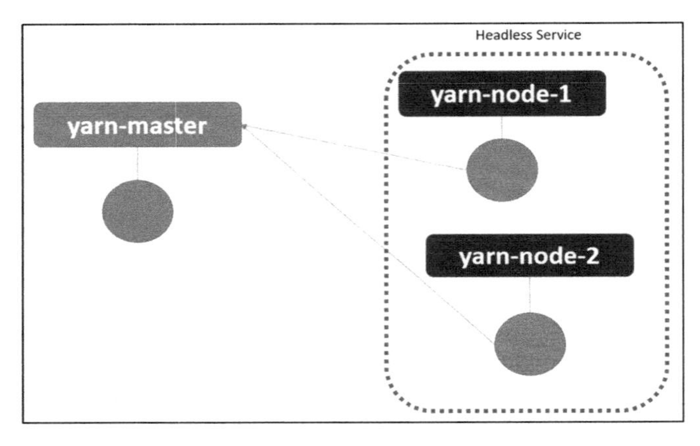


图 8-23

Headless Service 的特殊之处在于这种 Service 没有分配 Cluster IP，在 Kubernetes DNS 里 Ping 这种 Service 的名称时，会返回后面对应的 Pod 的 IP 地址，如果后面有多个 Pod 实例，则会随机轮询返回其中一个的 Pod 地址。我们在用 Headless Service 建模 NodeManager 的时候，还有一个细节需要注意，即 Pod 的名字（容器的主机名）必须与对应的 Headless Service 的名字一样，这样一来，运行在容器里的 NodeManager 进程在向 ResourceManager 发起 TCP 连接的过程中会用到容器的主机名，而这个主机名恰好是 NodeManager Service 的服务名，而这个服务名解析出来的 IP 地址又刚好是容器的 IP 地址，这样一来，就巧妙地解决了 YARN 集群的 DNS 限制问题。

目前，这个方案还遗留了一个问题有待解决：HDFS Namenode 节点重启后的文件系统格式化问题，这个问题可以通过启动脚本来解决，即判断 HDFS 文件系统是否已经被格式化，如果没有，就在启动时执行格式化命令，否则跳过格式化命令。

在安装完毕后，我们就可以通过浏览器访问 Hadoop 的 HDFS 管理界面，单击主页上的 Overview 页签，会显示我们熟悉的 HDFS 界面，如图 8-24 所示。

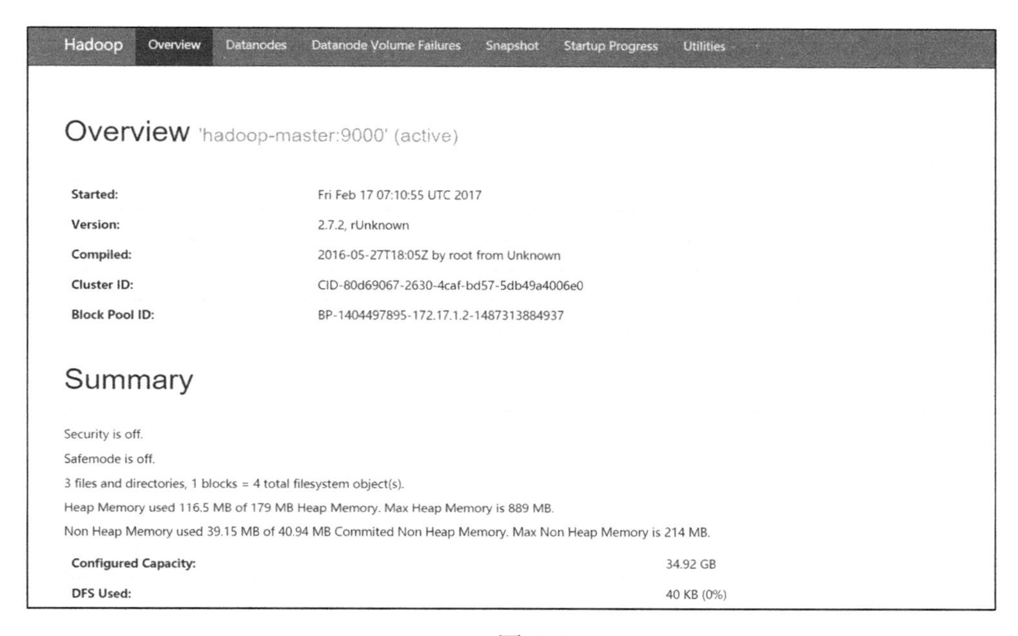


图 8-24

切换到 Datanodes 页签,就可以看到每个 Datanodes 的信息及当前状态,如图 8-25 所示。

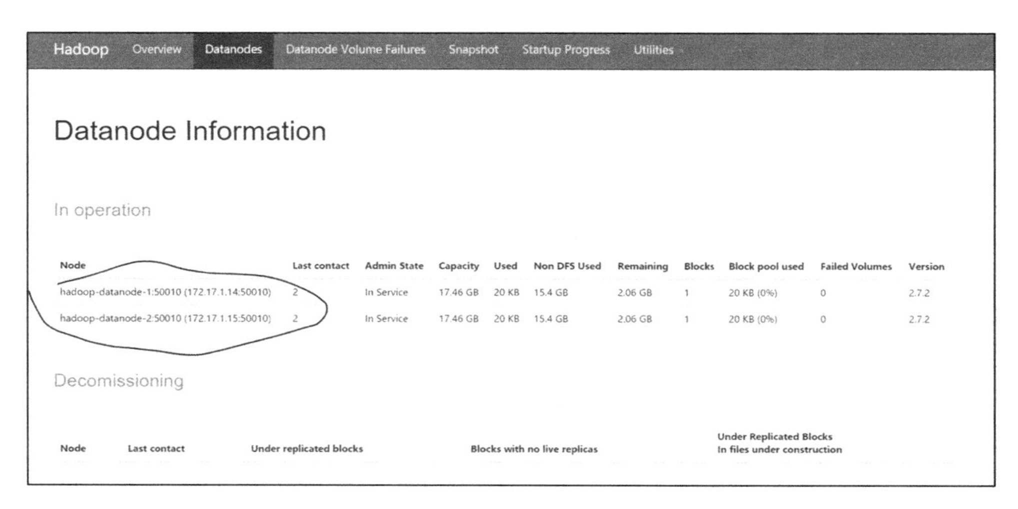


图 8-25

接下来，我们再登录到 hadoop-master 对应的 Pod 上，启动一个 Map-Reduce 测试作业——wordcount，在作业启动后，就可以在 YARN 的管理界面中看到作业的执行信息，如图 8-26 所示。

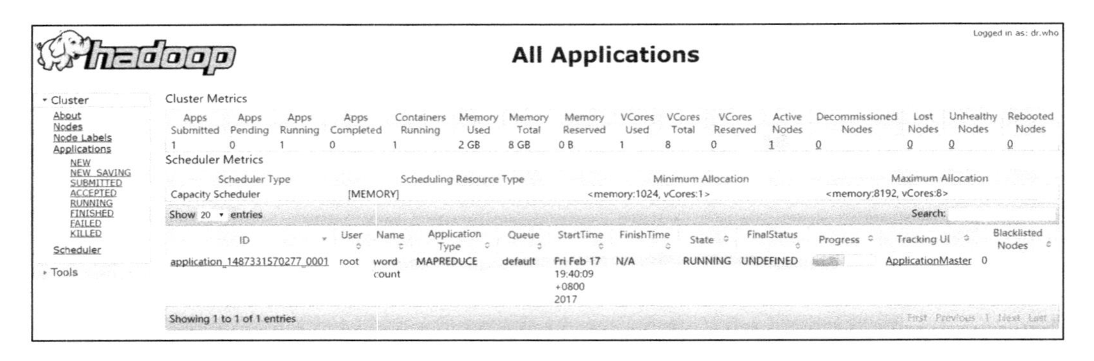


图 8-26

然后，我们可以在 HDFS 管理界面中浏览 HDFS 文件系统，验证刚才的操作结果，如图 8-27 所示。

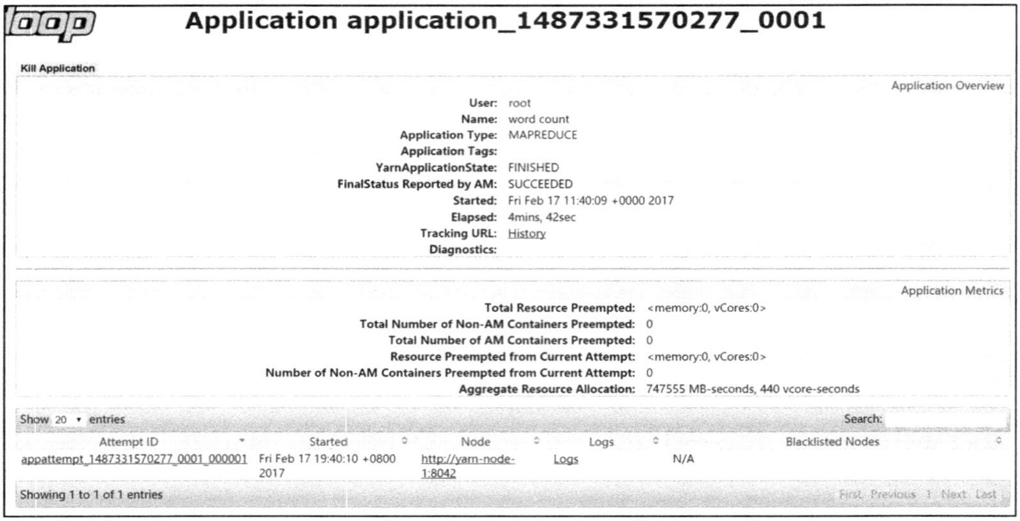

**Application application_1487331570277_0001**

Kill Application

Application Overview

| | |
|---|---|
| User: | root |
| Name: | word count |
| Application Type: | MAPREDUCE |
| Application Tags: | |
| YarnApplicationState: | FINISHED |
| FinalStatus Reported by AM: | SUCCEEDED |
| Started: | Fri Feb 17 11:40:09 +0000 2017 |
| Elapsed: | 4mins, 42sec |
| Tracking URL: | History |
| Diagnostics: | |

Application Metrics

| | |
|---|---|
| Total Resource Preempted: | <memory:0, vCores:0> |
| Total Number of Non-AM Containers Preempted: | 0 |
| Total Number of AM Containers Preempted: | 0 |
| Resource Preempted from Current Attempt: | <memory:0, vCores:0> |
| Number of Non-AM Containers Preempted from Current Attempt: | 0 |
| Aggregate Resource Allocation: | 747555 MB-seconds, 440 vcore-seconds |

Show 20 entries　Search:

| Attempt ID | Started | Node | Logs | Blacklisted Nodes |
|---|---|---|---|---|
| appattempt_1487331570277_0001_000001 | Fri Feb 17 19:40:10 +0800 2017 | http://yarn-node-1:8042 | Logs | N/A |

Showing 1 to 1 of 1 entries　First Previous 1 Next Last

图 8-27

最后，对比测试裸机版 Hadoop 集群与 Kubernetes 之上的 Hadoop 集群的性能，测试环境为由 10 台服务器组成的集群，具体参数如下。

硬件规格如下。

◎　CPU：2 × E5-2640v3-8Core。
◎　内存：16 × 16GB DDR4。
◎　网卡：2 × 10GE 多模光口。
◎　硬盘：12 × 3TB SATA。

软件配置如下。

◎　Redhat Enterprise Linux 7（GNU/Linux 3.10.0-514.el7.X86_64 X86_64）。
◎　Hadoop 2.7.2。
◎　Kubernetes 1.7.4 + Calico v3.0.1。

我们执行了以下这些标准测试项。

◎　TestDFSIO：分布式系统读写测试。
◎　NNBench：Namenode 测试。
◎　MRBench：MapReduce 测试。
◎　WordCount：单词频率统计任务测试。
◎　TeraSort：TeraSort 任务测试。

我们通过综合测试发现，Hadoop 运行在 Kubernetes 集群上时，性能有所下降，以 TestDFSIO 的测试为例，如图 8-28 所示是 Hadoop 集群文件读取的性能测试对比。

可以看到，Kubernetes 集群上的文件读性能与物理机相比，下降了 30%左右，并且任务执行时间也增加不少。

再对比文件写入的性能，测试结果如图 8-29 所示。

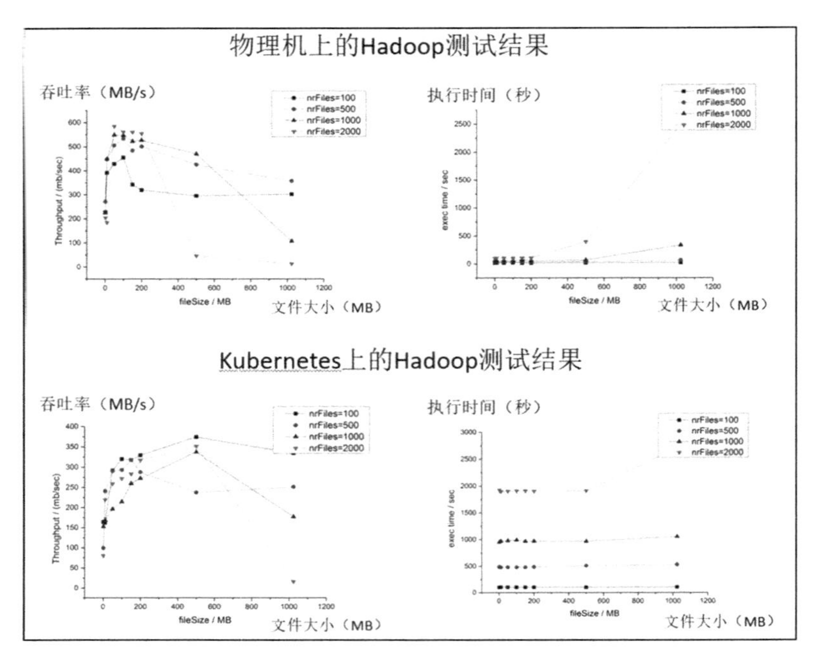
物理机上的Hadoop测试结果
吞吐率（MB/s）
执行时间（秒）
nrFiles=100
nrFiles=500
nrFiles=1000
nrFiles=2000
Throughput / (mb/sec)
exec time / sec
fileSize / MB
文件大小（MB）
Kubernetes上的Hadoop测试结果
吞吐率（MB/s）
执行时间（秒）
文件大小（MB）

图 8-28

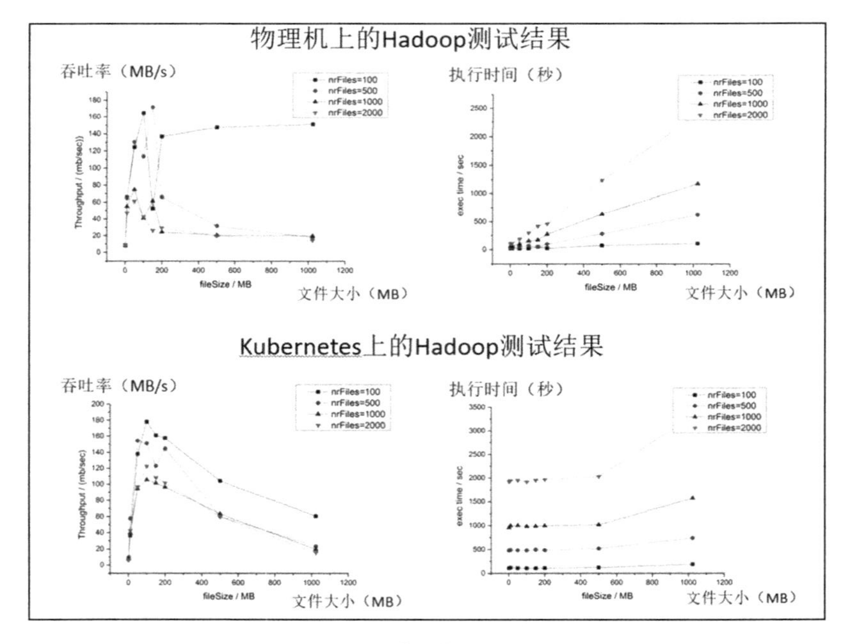
物理机上的Hadoop测试结果
吞吐率（MB/s）
执行时间（秒）
nrFiles=100
nrFiles=500
nrFiles=1000
nrFiles=2000
fileSize / MB
文件大小（MB）
Kubernetes上的Hadoop测试结果
吞吐率（MB/s）
执行时间（秒）
文件大小（MB）

图 8-29

可以看出，写文件性能的差距并不大，这里的主要原因是在测试过程中，HDFS 写磁盘的速度远远慢于读磁盘的速度，因此无法拉开差距。

部署在 Kubernetes 上的 Hadoop 集群的性能之所以会下降，主要是因为容器虚拟网络所带来的性能损耗，如果用 Host Only 模型，则两者之间的差距会进一步缩小。如图 8-30 所示是在 TestDFSIO 测试中 Hadoop 集群文件读取的性能测试对比。

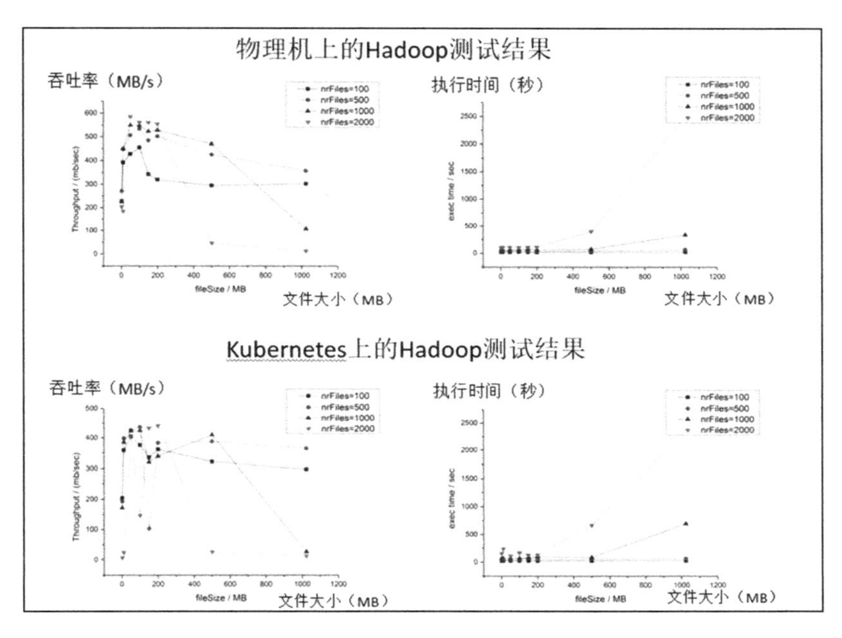


图 8-30

因此，建议在生产环境中采用 Host Only 的网络模型，以提升 Hadoop 集群的性能。

## 8.3　Kubernetes 在 NFV 领域的应用案例

XEN、KVM、VMware 等传统虚拟化技术在过去几年中被引入电信网络中，并且带来了一定的好处，但是这种重型虚拟化的基础设施也带来一些新问题，比如整体特别“重”，对于 IT 软件系统的部署、微服务化改造来说也没有特别多的价值。而作为后起之秀的容器技术相比传统的虚拟化技术，其优势在于运行时的轻量级和应用部署的高效性，同时借助于 Google 新一代的基于容器技术的微服务架构基础设施——Kubernetes 的支持，运营商很容易升级现有的业务系统为最新的微服务架构，大大提高电信业务部署的灵活性，加快新业务的推出速度，支持业务的不中断升级特性，并且具备很强的弹性扩容能力。

自 2015 年以来，NFV 和容器都成为各自领域里最热门的技术，这两项技术也被很多业内人士认为是未来的发展趋势。NFV 领域里的一个热点目标是 IMS 平台，因为 IMS 系统成为 4G VoLTE 正式商用的必需条件。当前，全球运营商都在开始加速实现 VoLTE 商用的业务目标，这也重新促进了大家对 IMS 平台的重视，特别是 IMS 平台容器化的可能性。我们知道，在开源 IMS 领域内有两个比较知名的项目：Clearwater 与 Kamalio，那么 Clearwater 与 Kamalio 又有什么重要的区别呢？答案是架构。Clearwater 一开始就定位在云上的 IMS，其宣传口号为“IMS in the Cloud”，它采用了大型互联网软件架构的设计思路，以微服务的方式设计各个组件，使得系统本身具有很好的弹性伸缩能力，成为一个电信级的开源 IMS 平台。

Clearwater 包括一系列符合 IMS 标准的组件，提供了语音、视频、即时消息等服务。用户可以使用 Clearwater 模拟出运营商级别的 IMS 系统，因此被业界广泛认可。官方网站（http://www.projectclearwater.org/）发布了一则声明，声称在 AWS 公有云上部署了一个支持几百万用户的 Clearwater 集群，每个用户每年的使用成本少于两美分。

本节分享我们在 Clearwater 容器化改造探索过程中的一些收获和经验。

如图 8-31 所示是来自 Clearwater 官网的架构图，虚线方框里的组件是 Clearwater 的核心组件，也是 IMS 系统的核心组件。

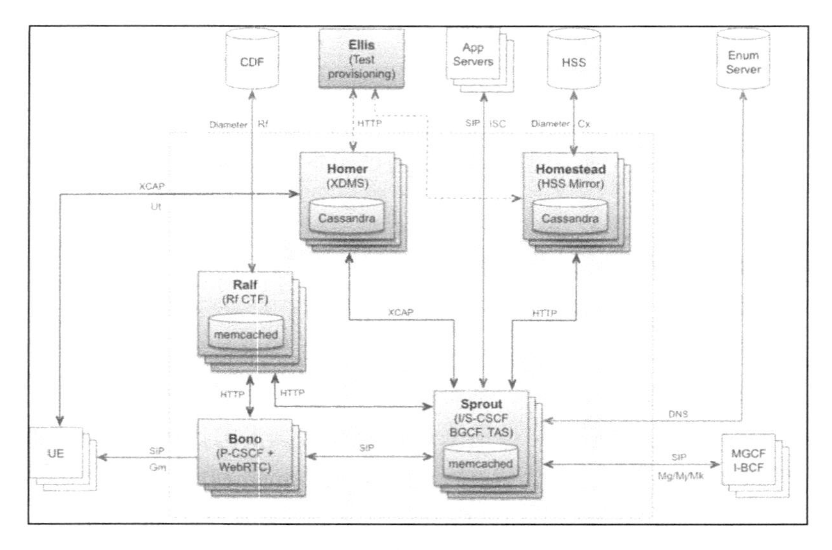


图 8-31

下面简单介绍一下如图 8-31 所示的各个组件的功能。

首先，位于边缘的 Bono 组件充当了 IMS 中的 P-CSCF 功能，它相当于对外的联络点，负责接收客户端的 SIP 请求，即 VIOP 客户端直接跟它建立 TCP 连接并发起 SIP 协议的信令报文。然后，Bono 会把 SIP 报文传送给 IMS 中的 I-CSCF 节点，即图 8-31 中的 Sprout 节点。I-CSCF 是运营商的核心网络——也就是运营商内部网络的入口，Sprout 节点发送请求给 HSS 节点（Home Subscriber Server），HSS 节点存储用户的账号数据、用户订购的业务和配置参数，以及用户的归属地等资料。HSS 在收到 Sprout 节点发来的请求后，查询此用户的归属地信息，并且自动分配一个用户归属地所在的空闲 S-CSCF 节点为其提供 SIP 服务。S-CSCF 节点相当于真正的 VoIP 里 Proxy Server 的角色，负责完成用户注册认证和 VIOP 呼叫的路由处理，以及电话业务的触发（一个业务应用在 IMS 里被称为一个 Application Server，独立为一个子系统，并统一接入 IMS 平台）。Sprout 组件同时担当了 S-CSCF 的角色，如果在 Clearwater 集群中部署了多个 Sprout 副本节点，则任意一个节点都可以同时担当 S-CSCF 与 I-CSCF，Clearwater 内在的基于 DNS 轮询的负载均衡机制在这里发挥了重要作用。

Homer 组件则用于存取用户开通 MMTel 业务（多媒体电话业务）时与业务相关的配置信息，在用户发起 VIOP 请求时，Spout 通过它还获取相关的用户配置信息。Homer 与 Homestead 使用了同一个 Cassandra 集群。由于 Cassandra 集群本身提供了分布式海量存储，所以 Clearwater 可以实现对大规模用户的支持能力。

接下来说说 Ralf 组件，在 SIP 业务过程中，Bono 与 Sprout 会产生可以用于产生用户账单的一些计费事件，这些事件就被发送到 Ralf，Ralf 把它们存储到 Memcached 中，并通过标准的接口报告给外部的 CDF（计费数据功能），以最终完成用户的计费和账单流程。由于 Ralf 组件的水平扩展能力比较有限，而且存在单点故障，所以 Clearwater 后来开发了新的组件——Chronos，Chronos 配合 Ralf 一起工作，弥补这个明显的短板。

Ellis 提供了一个简单的 Web 界面，用来完成 SIP 用户的注册管理功能。在严格意义上，Ellis 不属于 Clearwater 产品的一部分，因为在正常情况下，在我们的环境中有一个现成的外部 HSS 来存储用户数据，然后通过 Homestead 组件自动或手动同步用户数据。我们在测评 Clearwater 时，通过自带的 Ellis 创建任意数量的测试账号，来加速整个测试流程。

在 Clearwater 集群架构中还用到了流行的 etcd 组件。etcd 用来解决 Clearwater 集群下的系统配置文件问题并实现 Clearwater 集群的服务发现功能。Cassandra、Memcached 及

Chronos 集群的信息都被存储在 etcd 中，举个例子，在一个 Sprout 节点启动的过程中，Clearwater 的集群管理器进程（clearwater-cluster-manager）首先会通过 etcd 查询当前存在的 Memcached 与 Chronos 集群，并为这个 Sprout 节点生成正确的配置文件，随后 Sprout 进程才启动并开始工作，因此，Clearwater 集群中的组件很容易动态扩容。

Clearwater 早先针对虚拟机部署的方式提供了 ISO 镜像文件，于 2016 年年初开始进行容器化改造的工作，这就是 Clearwater on Docker。总体来说，Clearwater 的容器化部署仍然是个相当复杂的任务，因为与 Clearwater 集群相关的镜像共有 9 个，整个集群会启动 10 个容器！在 Kubernetes 平台上，我们可以将 Clearwater 的各个组件定义成 Kubernetes Service，在不同的组件之间用 Service 的 DNS 名称进行通信，这样就可以借助 Kubernetes 的功能来实现 Clearwater 集群的弹性扩缩容了。除此之外，Kubernetes 平台强大的自动化与自我治愈能力也大大降低了人工运维 Clearwater 这种复杂系统的难度。下面是我们的 Clearwater On Kubernetes 的改造探索之旅。

首先，我们针对 Clearwater 组件分别定义了 10 个 Service，如表 8-1 所示。

表 8-1

| Service 名称 | Service Cluster IP | Service 端口 |
| --- | --- | --- |
| bono | 169.169.158.205 | 5060/TCP、5062/TCP、3478/TCP，都绑定 NodePort |
| cassandra | 169.169.177.75 | 7001/TCP、9042/TCP、9160/TCP |
| chronos | 169.169.40.5 | 7253/TCP |
| ellis | 169.169.27.30 | 8080/TCP，绑定 NodePort |
| etcd | 169.169.187.149 | 2379/TCP、2380/TCP、4001/TCP |
| homer | 169.169.216.109 | 7888/TCP |
| homestead | 169.169.128.31 | 8888/TCP、8889/TCP |
| memcached | 169.169.206.186 | 11211/TCP |
| ralf | 169.169.233.244 | 10888/TCP |
| sprout | 169.169.54.86 | 5052/TCP、5054/TCP |

上述 Kubernetes Service 与 Pod 的定义并不难，根据官方给出的 Clearwater On Docker 资料就可以改造完成。下面以最复杂的 Bono 服务为例，给出它的 Pod 与 Service 定义文件及主要参数的说明。

首先是 Pod 的定义：

```
apiVersion: v1
```

```
kind: Pod
metadata:
  name: clearwater-bono
  labels:
     app: clearwater-bono
spec:
     containers:
        - name: clearwater-bono
          image: 10.34.40.11:1179/clearwater-bono
          env:
            - name: PUBLIC_IP
              value: 15.116.146.11
          imagePullPolicy: IfNotPresent
          ports:
          - containerPort: 22
          - containerPort: 3478
          - containerPort: 5060
          - containerPort: 5062
          - containerPort: 5060
            protocol: UDP
          - containerPort: 5062
            protocol: UDP
     restartPolicy: Always
```

Bono 容器进程需要一个 PUBLIC_IP 的环境变量，可以理解为集群的“公网 IP”，在没有外部负载均衡器的情况下，这里可以填写 Kubernetes 集群中任意 Node 节点的 IP 地址。

接下来是 Bono 对应的 Service 的定义文件：

```
apiVersion: v1
kind: Service
metadata:
  name: bono
spec:
  type: NodePort
  ports:
    - name: 5060t
      port: 5060
      protocol: TCP
      nodePort: 5060
    - name: 5060u
      port: 5060
```

```
      protocol: UDP
      nodePort: 5060
    - name: 5062t
      port: 5062
      protocol: TCP
      nodePort: 30002
    - name: 5062u
      port: 5062
      protocol: UDP
      nodePort: 5062
    - name: 3478t
      port: 3478
      protocol: TCP
      nodePort: 3478
    - name: 3478u
      port: 3478
      protocol: UDP
      nodePort: 3478
  selector:
    app: clearwater-bono
```

由于Bono需要暴露SIP接入与STUN服务的端口，供客户端连接，所以Bono的5060、5062及3478等端口都采用NodePort方式绑定到Node上，SIP客户端便可以与集群中的任意Node建立通信连接。更好的方式是在外部提供负载均衡器，将BONO服务的端口映射到公网上，供外部用户使用。如图8-32所示是推荐的部署示意图。

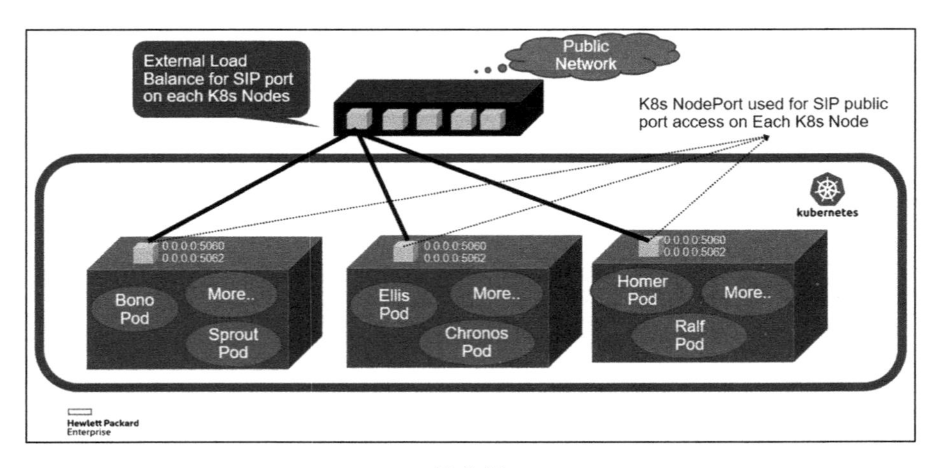


图 8-32

如图 8-33 所示是 Clearwater On Kubernetes 的整体建模示意图。

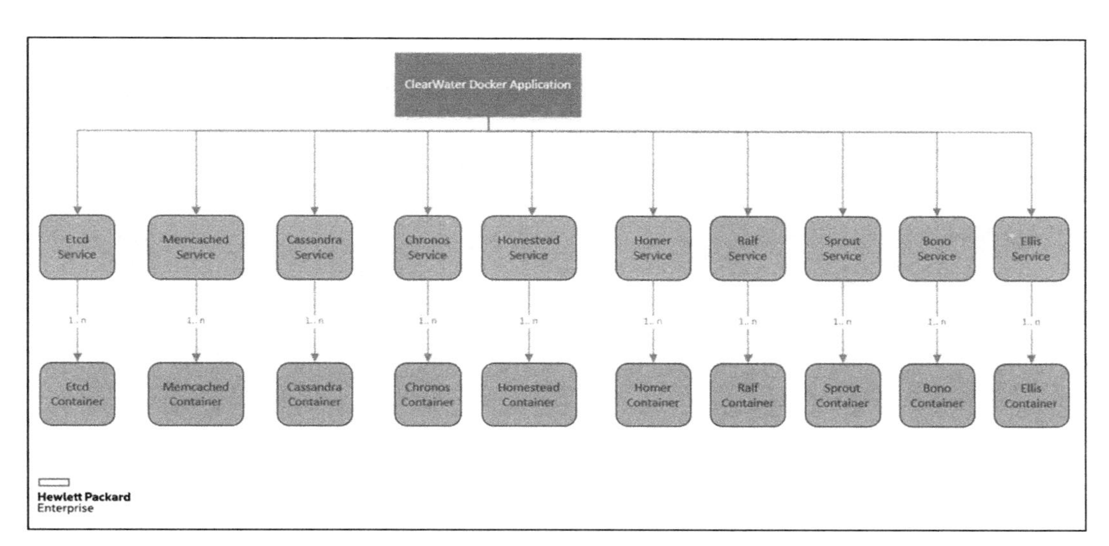


图 8-33

如图 8-34 所示是 Clearwater 集群中 Service 的 Pod 副本数量的建议。

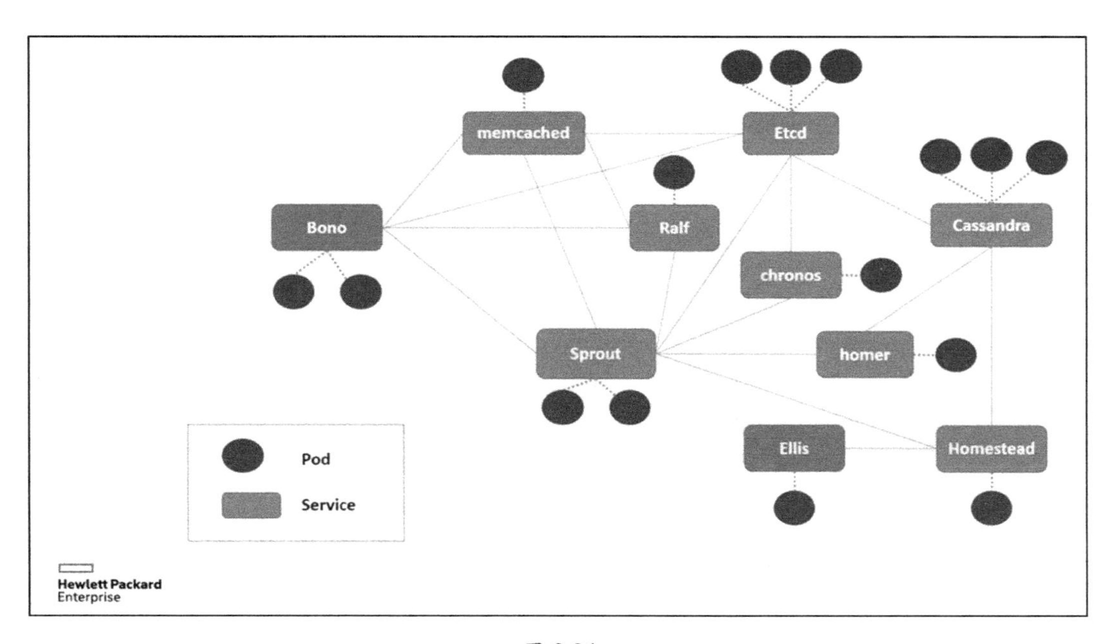


图 8-34

随后，我们用 kubectrl 命令将定义好的 YAML 文件部署到 Kubernetes 集群上。在几分钟后，Clearwater 的容器便全部启动成功，如图 8-35 所示。

| NAME | CLUSTER-IP | EXTERNAL-IP | PORT(S) | AGE |
|---|---|---|---|---|
| bono | | <nodes> | 5060/TCP,5060/UDP,5062/TCP,5062/UDP,3478/TCP,3478/UDP | 17d |
| cassandra | | <none> | 7001/TCP,9042/TCP,9160/TCP | 17d |
| chronos | | <none> | 7253/TCP | 17d |
| ellis | | <nodes> | 80/TCP | 17d |
| etcd | | <none> | 2379/TCP,2380/TCP,4001/TCP | 17d |
| homer | | <none> | 7888/TCP | 17d |
| homestead | | <none> | 8888/TCP,8889/TCP | 17d |
| kubernetes | | <none> | 443/TCP | 29d |
| memcached | | <none> | 11211/TCP | 17d |
| ralf | | <none> | 10888/TCP | 17d |
| sprout | | <none> | 5052/TCP,5054/TCP | 17d |

图 8-35

最终，我们在公有云上成功部署了一套 Clearwater 环境，并成功实现了即时通信、VoIP 及视频通话等功能。如图 8-36 所示是 Clearwater 视频电话的演示截图。

图 8-36

Clearwater 这种复杂的、重量级的 IMS 平台被成功迁移到 Kubernetes 平台上，并且能正常稳定运行，这个事实充分说明 Kubernetes 这种先进的基于容器的微服务架构基础平台不仅适用于互联网应用，也适用于传统的密切依赖网络的电信系统的改造升级。一旦旧系统改造成功并被迁移到 Kubernetes 平台上，Kubernetes 平台强大的弹性伸缩能力和运维高度自动化的优点就会带来可观的收益，包括提高系统的吞吐量和高峰时期业务的弹性支撑能力，缩短新业务的上线时间，并在很大程度上降低电信运营商的综合运营成本。

# 反侵权盗版声明

电子工业出版社依法对本作品享有专有出版权。任何未经权利人书面许可，复制、销售或通过信息网络传播本作品的行为；歪曲、篡改、剽窃本作品的行为，均违反《中华人民共和国著作权法》，其行为人应承担相应的民事责任和行政责任，构成犯罪的，将被依法追究刑事责任。

为了维护市场秩序，保护权利人的合法权益，我社将依法查处和打击侵权盗版的单位和个人。欢迎社会各界人士积极举报侵权盗版行为，本社将奖励举报有功人员，并保证举报人的信息不被泄露。

举报电话：（010）88254396；（010）88258888

传　　真：（010）88254397

E-mail：　dbqq@phei.com.cn

通信地址：北京市万寿路 173 信箱

　　　　　电子工业出版社总编办公室

邮　　编：100036